高等院校土木工程专业规划教材

工程招投标与合同管理

杨　平　主　编
张莉莉　副主编

清华大学出版社
北京

内容简介

本书依据相关的招投标的法律、法规和规范，结合工程实践编写而成，全面系统地介绍了建设工程招投标与合同管理的基本理论和方法，突出"实例与案例分析"的特点，强调与工程实践相结合，注重实用性和可操作性。

全书共分为7章，内容包括工程招投标概述，建设工程招标，建设工程投标，建设工程开标、评标与定标，国际工程招投标，建设工程合同，建设工程施工索赔。

本书主要作为房地产专业、建筑工程管理专业、建筑经济专业、工程造价专业的教学用书，旨在使欲投身房地产开发企业、建筑施工企业、招标代理机构、工程造价和监理等咨询机构的学生和社会在职人员学习和参考。

图书在版编目(CIP)数据

工程招投标与合同管理/杨平主编. --北京：清华大学出版社，2015 (2025.1重印)
高等院校土木工程专业规划教材
ISBN 978-7-302-39879-0

Ⅰ. ①工… Ⅱ. ①杨… Ⅲ. ①建筑工程－招标－高等学校－教材 ②建筑工程－投标－高等学校－教材 ③建筑工程－经济合同－管理－高等学校－教材 Ⅳ. ①TU723

中国版本图书馆CIP数据核字(2015)第080701号

责任编辑：赵益鹏　赵从棉
封面设计：陈国熙
责任校对：刘玉霞
责任印制：宋　林

出版发行：清华大学出版社
网　　址：https://www.tup.com.cn, https://www.wqxuetang.com
地　　址：北京清华大学学研大厦A座　　**邮　　编**：100084
社 总 机：010-83470000　　**邮　　购**：010-62786544
投稿与读者服务：010-62776969，c-service@tup.tsinghua.edu.cn
质量反馈：010-62772015，zhiliang@tup.tsinghua.edu.cn
印 装 者：三河市君旺印务有限公司
经　　销：全国新华书店
开　　本：185mm×260mm　　**印　　张**：14.25　　**字　　数**：342千字
版　　次：2015年5月第1版　　**印　　次**：2025年1月第5次印刷
定　　价：39.80元

产品编号：057135-03

前 言

根据我国建筑业面临的新形势和新要求以及"高等院校土木工程专业规划教材"的编写要求，本书立足于建筑及工程管理应用型专业人才的培养，内容力求紧跟建设工程发展形势，依据《中华人民共和国建筑法》《中华人民共和国招标投标法》《中华人民共和国招标投标法条例》《中华人民共和国合同法》《中华人民共和国政府采购法》和国家有关部门最新颁布的招标投标、政府采购及合同管理方面的法律、法规的规定，全面反映了招标投标、政府采购及合同管理的理论、法律知识和操作方法。

全书通过招投标实例和案例分析的方式，对建设工程领域中招标投标与合同管理的相关知识、理论等作了诠释和分析，以求提高相关从业人员综合运用理论知识解决实际问题的能力。

招标投标与合同管理涉及的知识面很广，包括工程技术、经济、工程造价、法律和管理等领域，是一项综合性很强的经济活动。本书分为工程招投标概述，建设工程招标，建设工程投标，建设工程开标、评标与定标，国际工程招投标，建设工程合同，建设工程施工索赔等7章。力求全面贯彻"高等院校土木工程专业规划教材"的编写原则和要求，以适应建筑及工程管理应用型专业教育的要求，使学生能掌握工程招标投标与合同管理的相关知识，具有从事工程项目招标投标和合同管理的能力。

本书主要作为房地产专业、工程管理专业、建筑经济专业、工程造价专业的教学用书，旨在使欲投身房地产开发企业、建筑施工企业、招标代理机构、工程造价和监理等咨询机构的学生和社会在职人员学习和参考。

本书由成都大学杨平担任主编并负责大纲拟定和全书统稿，沈阳大学张莉莉任副主编，成都大学刘棋等参编。编写分工如下：第1、3章由张莉莉执笔，第2、4、6章由杨平执笔，第5、7章由刘棋执笔。

本书在编写过程中进行了系统的资料检索，参考了国家有关部门最新颁布的相关法律、法规，同时参考和引用了书后所列参考文献中的部分内容，在此表示深切谢意。

限于编者水平，书中必定有错误和不当之处，敬请专家和同行批评指正。

编 者

2015年3月

前言

目　录

第 1 章　工程招投标概述 ………… 1

1.1　建筑市场 ………… 1

1.1.1　建筑市场的概念 ………… 1

1.1.2　建筑市场的主体 ………… 1

1.1.3　建筑市场的客体 ………… 3

1.1.4　建筑市场管理体制 ………… 5

1.1.5　建筑市场的资质管理 ………… 6

1.1.6　建设工程交易中心(有形建筑市场) ………… 10

1.2　建设工程承发包 ………… 13

1.2.1　工程承发包的概念 ………… 13

1.2.2　工程承发包的内容 ………… 14

1.2.3　工程承发包方式 ………… 17

1.3　建设工程招投标 ………… 22

1.3.1　建设工程招标投标的概念、分类和特点 ………… 22

1.3.2　建设工程招标投标的基本原则 ………… 26

1.4　工程招投标相关法律、法规 ………… 27

1.4.1　工程招投标相关国家法律 ………… 27

1.4.2　工程招投标相关行政法规 ………… 28

1.4.3　工程招投标相关部委规章 ………… 29

习题 ………… 31

第 2 章　建设工程招标 ………… 32

2.1　建设工程招标概述 ………… 32

2.1.1　建设工程招标的概念 ………… 32

2.1.2　建设工程招标的范围 ………… 32

2.1.3　建设工程招标条件 ………… 33

2.2　建设工程招标的程序 ………… 35

2.2.1　设立招标组织或者委托招标代理人 ………… 36

2.2.2　办理招标备案手续，申报招标的有关文件 ………… 37

2.2.3　发布招标公告或者发出投标邀请书 ………… 37

2.2.4　资格预审 ………… 40

2.2.5 分发招标文件和有关资料,收取投标保证金 …… 42
2.2.6 组织投标人踏勘现场,对招标文件进行答疑 …… 43
2.2.7 召开开标会议 …… 43
2.2.8 组建评标组织进行评标 …… 43
2.2.9 择优定标,发出中标通知书 …… 44
2.2.10 签订合同 …… 44
2.3 建设工程招标文件的编制 …… 44
2.3.1 招标文件的组成 …… 44
2.3.2 编写建设工程招标文件的注意事项 …… 52
2.3.3 建设工程招标标底的编制和招标控制价 …… 54
2.4 政府采购招标 …… 58
2.4.1 采购招标的概念和特点 …… 58
2.4.2 政府采购的对象 …… 59
2.4.3 政府采购的模式 …… 59
2.4.4 政府采购的方式 …… 59
2.4.5 政府采购程序 …… 60
2.5 建设工程施工招标文件的编制实例 …… 61
习题 …… 77

第3章 建设工程投标 …… 79

3.1 建设工程投标人 …… 79
3.1.1 建设工程投标人应具备的条件 …… 79
3.1.2 建设工程投标人的投标资质 …… 79
3.1.3 建设工程投标人的权利和义务 …… 81
3.2 建设工程投标的一般程序 …… 82
3.2.1 投标的前期工作 …… 82
3.2.2 参加资格预审 …… 83
3.2.3 购买和分析招标文件 …… 84
3.2.4 收集资料、准备投标 …… 84
3.2.5 编制投标文件 …… 86
3.2.6 提交投标文件 …… 87
3.2.7 参加开标会 …… 87
3.2.8 中标和授标 …… 87
3.3 建设工程投标决策 …… 87
3.3.1 投标决策的含义及内容 …… 87
3.3.2 决策阶段的划分 …… 89
3.3.3 影响投标决策的因素 …… 90
3.4 建设工程投标策略和技巧 …… 92
3.4.1 建设工程投标策略 …… 92

3.4.2 开标前的投标技巧 …… 93
3.4.3 开标后的投标技巧分析 …… 94
3.5 建设工程投标报价 …… 95
3.5.1 概述 …… 96
3.5.2 投标报价的编制方法 …… 96
3.5.3 工程量清单报价的编制 …… 98
3.6 工程施工投标文件 …… 102
3.6.1 投标文件的组成 …… 102
3.6.2 投标文件的编制 …… 103
3.6.3 投标文件的格式及文件实例 …… 105
习题 …… 110

第4章 建设工程开标、评标与定标 …… 111

4.1 建设工程开标 …… 111
4.1.1 开标概述 …… 111
4.1.2 开标程序 …… 111
4.1.3 程序性废标的确认 …… 112
4.1.4 开标注意事项 …… 113
4.2 建设工程评标、定标 …… 113
4.2.1 评标、定标评审 …… 113
4.2.2 评标原则 …… 113
4.2.3 评标组织 …… 114
4.2.4 评标程序 …… 115
4.2.5 评标内容 …… 117
4.2.6 有关废标的法律规定 …… 118
4.2.7 评标方法 …… 118
4.2.8 中标通知书 …… 121
4.2.9 签订合同 …… 121
4.2.10 招标失败的处理 …… 121
4.2.11 评标、定标的期限规定 …… 121
4.2.12 评标报告的撰写和提交 …… 122
习题 …… 122

第5章 国际工程招投标 …… 123

5.1 国际工程招投标的含义与特征 …… 123
5.1.1 国际工程招投标的含义 …… 123
5.1.2 国际工程招投标的特征 …… 123
5.2 国际工程招标方式 …… 125
5.2.1 国际竞争性招标 …… 125

5.2.2 国际有限招标 …… 126
5.2.3 两阶段招标 …… 126
5.2.4 议标 …… 127
5.3 世界不同地区的工程项目招标习惯方式 …… 128
5.3.1 世界银行推行的做法 …… 128
5.3.2 英联邦地区的做法 …… 129
5.4 国际工程招标程序及招标文件 …… 130
5.4.1 国际工程招标程序(世界银行) …… 130
5.4.2 国际工程项目招标文件 …… 133
5.5 国际工程项目投标报价 …… 135
5.5.1 研究分析招标文件 …… 135
5.5.2 确定担保单位和开具银行保函 …… 136
5.5.3 投标书的编制 …… 136
5.5.4 国际工程常用报价技巧 …… 138
5.5.5 我国对外投标报价的具体做法简介 …… 139
习题 …… 140
第6章 建设工程合同 …… 141
6.1 合同与合同法 …… 141
6.1.1 合同概述 …… 141
6.1.2 合同法 …… 142
6.1.3 合同法律关系 …… 144
6.1.4 合同的形式及主要条款 …… 145
6.2 建设工程合同概述 …… 146
6.2.1 建设工程合同的概念及特征 …… 146
6.2.2 建设工程合同的类型 …… 147
6.2.3 建设工程合同管理的基本原则 …… 149
6.2.4 建设工程合同体系 …… 149
6.3 建设工程施工合同 …… 152
6.3.1 建设工程施工合同概述 …… 152
6.3.2 建设工程施工合同示范文本 …… 153
6.3.3 建设工程施工合同管理内容 …… 155
6.4 建设工程其他相关合同 …… 174
6.4.1 建设工程勘察设计合同 …… 174
6.4.2 建设工程监理合同 …… 175
6.4.3 建设工程物资采购合同 …… 178
6.5 FIDIC施工合同条件 …… 181
6.5.1 FIDIC合同条件概述 …… 181
6.5.2 FIDIC施工合同条件 …… 182

习题 …… 186

第 7 章　建设工程施工索赔 …… 187

7.1 索赔的基本理论 …… 187
7.2 索赔的分类 …… 189
7.2.1 按索赔目标分类 …… 189
7.2.2 按索赔的依据分类 …… 189
7.2.3 按索赔处理方式分类 …… 190
7.2.4 按索赔当事人分类 …… 191
7.2.5 按索赔事件的性质分类 …… 192
7.3 索赔的证据及程序 …… 192
7.3.1 索赔的证据 …… 192
7.3.2 索赔的程序 …… 193
7.4 费用索赔 …… 196
7.4.1 费用索赔的基本概念 …… 196
7.4.2 费用索赔值的计算 …… 197
7.4.3 不允许索赔的费用 …… 200
7.5 工期索赔 …… 202
7.5.1 工期索赔的原因 …… 202
7.5.2 工期拖延的分类及处理措施 …… 202
7.6 索赔管理 …… 204
7.6.1 索赔管理的特点和原则 …… 204
7.6.2 承包人在施工索赔中应注意的问题 …… 205
7.7 反索赔 …… 208
7.7.1 反索赔的基本概念 …… 208
7.7.2 反索赔的种类和具体内容 …… 210
7.7.3 反索赔的主要步骤 …… 212
7.7.4 反索赔报告的注意事项 …… 214
习题 …… 215

参考文献 …… 216

<<< 第1章

工程招投标概述

1.1 建筑市场

1.1.1 建筑市场的概念

建筑市场是指以建筑产品承发包交易活动为主要内容的市场，也可称做建设市场或建筑工程市场。市场的原义是指商品交换的场所，但随着商品交换的发展，市场已经突破了城市、国家的界限，实现了世界贸易乃至网上交易，因而广义的市场应定义为商品交换关系的总和。

按照这个定义，建筑市场也有广义的市场和狭义的市场之分。狭义的建筑市场一般指有形建筑市场，有固定的交易场所，如建筑工程交易中心。广义的建筑市场包括有形市场和无形市场，它是工程建设生产和交易关系的总和，其中包括与工程建设有关的技术、租赁、劳务等各种要素市场，为工程建设提供专业服务的中介组织；通过广告、通信、中介机构及经纪人等媒介沟通买卖双方或招投标等多种方式成交的各种交易活动，建筑商品生产过程及流通过程中的经济联系和经济关系。

由于建筑产品具有生产周期长、价值量大、生产过程的不同阶段对承包的能力和特点要求不同等特点，决定了建筑市场交易贯穿于建筑产品生产的整个过程。从工程建设的决策、设计、施工，一直到工程竣工、保修期结束，发包方与承包商、分包商所进行的各种交易以及相关的商品混凝土供应、构配件生产、建筑机械租赁等活动，都是在建筑市场中进行的。生产活动和交易活动交织在一起，使得建筑市场在许多方面不同于其他产品市场。

建筑市场经过近几年来的快速发展，目前已形成由发包方、承包方、为双方服务的中介咨询服务机构和市场组织管理者组成的市场主体，有形建筑工程和无形建筑产品为对象组成的市场客体，以招投标为主要交易形式的市场竞争机制，以资质管理为主要内容的市场监督管理体系，还有我国特有的有形建筑市场等，这些因素共同构成了我国完整的建筑市场体系。

1.1.2 建筑市场的主体

建筑市场的主体是指参与建筑市场交易活动（业主给付建设费、承包商交付工程的过程）的各方。我国建筑市场的主体主要包括发包方（业主或建设单位）、承包商（勘察、设计、施工、物资供应）、工程咨询服务机构（咨询、监理）等。

1. 发包方

发包方是指既有某项工程建设需求，又拥有该工程的建设资金和各种项目建设的准建手续，在建筑市场中发包工程项目建设的勘察、设计、施工任务，并最终取得建筑产品以达到其经营使用目的的政府部门、企业单位、事业单位和个人。

在我国，发包方又通常称为业主或建设单位，只有在发包工程或组织工程建设时才成为市场主体，故又称为发包方或招标人。因此，业主方作为市场主体具有不确定性。为了规范业主行为，我国建立了投资责任约束机制，即项目法人责任制，又称业主责任制，就是由项目业主对其项目建设全过程负责。

项目业主主要有以下三种。

1）企、事业单位

如某工程为企、事业单位投资的新建、扩建、改建工程，则该企业或单位即为项目业主。

2）联合投资董事会

由不同投资方参股或共同投资的项目，其业主是共同投资方组成的董事会或管理委员会。

3）各类开发公司

开发公司自行融资或由投资方协商组建或委托开发的工程管理公司也可成为业主。

业主在项目建设过程中的主要职责是：

(1) 建设项目立项决策；

(2) 建设项目的资金筹措与管理；

(3) 办理建设项目的有关手续(如征地、建筑许可等)；

(4) 建设项目的招标与合同管理；

(5) 建设项目的施工与质量管理；

(6) 建设项目的竣工验收和试运行；

(7) 建设项目的统计及文档管理。

2. 承包方

承包方是指有一定的生产能力、建筑装备、流动资金和工程技术经济管理人员及一定数量的工人，具有承包工程建设任务的资格和资质，在建筑市场中能够按照业主的要求，提供不同形态的建筑产品，并最终得到相应工程价款的建筑施工企业。承包方有时也称承包单位、施工企业(《建筑法》中的称谓)、施工人(《合同法》中的称谓)。

相对于业主，承包商是建筑市场主体中的主要成分，在整个经营期间都是建筑市场的主体。因此，国内外一般都对承包商实行从业资格管理。根据我国目前执行建设部令第87号、第2号《建筑业企业资质管理规定》及《施工企业资质管理规定》，承包商从事建设生产一般需要具备以下三个方面的条件：

(1) 拥有符合国家规定的注册资本；

(2) 拥有与其资质等级相适应且具有注册执业资格的专业技术和管理人员；

(3) 具有从事相应建筑活动所需的技术培训装备。

经资格审查合格，才能取得资质证书和营业执照。承包商按其从事的专业分为：土建、水电、道路、港口、铁路、市政工程等专业公司。在市场经济条件下，承包商需要通过市场竞争(投标)取得施工项目，需要依靠自身的实力去赢得市场。承包商应具有以下四个方面的实力：

1）技术方面的实力

有精通本行业的工程师、造价师、经济师、会计师、项目经理、合同管理等专业人员队伍；有施工专业装备；有承揽不同类型项目施工的经验。

2）经济方面的实力

拥有相当数量的周转资金用于工程准备，具有一定的融资和垫付资金的能力；拥有相当数量的固定资产和为完成项目需购入大型设备所需的资金；具有支付各种担保和保险的能力，有承担相应风险的能力；如承担国际工程尚需具备筹集外汇的能力。

3）管理方面的实力

建筑承包市场属于买方市场，承包商为打开局面，往往需要低利润报价以取得项目，因此，必须在成本控制上下功夫，向管理要效益，并采用先进的施工方法提高工作效率和技术水平。因此，承包商必须拥有一批过硬的项目经理和管理专家。

4）信誉方面的实力

承包商要有良好的信誉，这将直接影响企业的生存与发展。要建立良好的信誉，就必须遵守相应的法律法规，能够认真履约，能够保证工程的质量和安全、按期交工，并做到文明施工。

承包商承揽工程，必须根据本企业的施工力量、机械装备、技术力量、施工经验等方面的条件，选择适合发挥自己优势的项目，避开企业不擅长或缺乏经验的项目，做到扬长避短，避免给企业带来不必要的风险和损失。

3. 工程咨询服务机构

工程咨询服务机构是指具有一定注册资金和相应的专业服务能力，持有从事相关业务的资质证书和营业执照，能对工程建设提供估算测量、管理咨询、建设监理等智力型服务或代理，并取得服务费用的咨询服务机构和其他为工程建设服务的专业中介组织。

国际上，工程中介机构一般称为咨询公司。在国内，工程服务咨询机构包括勘察设计机构、工程造价（测量）咨询单位、招标代理机构、工程监理公司、工程管理公司等。这类企业主要是向业主提供工程咨询和管理等智力型服务或代理，以弥补业主对工程建设业务不熟悉的缺陷。

工程咨询服务机构虽然不是工程承、发包的当事人，但其受业主委托或聘用，与业主订有协议书或合同，因而对项目的实施负有相当重要的责任。咨询任务可以贯穿于从项目立项到竣工验收乃至使用阶段的整个项目建设过程，也可只限于其中某个阶段，例如可行性研究咨询、施工图设计和施工监理等。

1.1.3 建筑市场的客体

建筑市场的客体，一般称做建筑产品，是建筑市场的交易对象，既包括有形产品（建筑物、构筑物），也包括无形产品（咨询、监理等智力型服务）。

1. 建筑产品的特点

建筑产品是一种特殊的产品，其本身及其生产过程都有别于其他工业产品。在不同的生产交易阶段，建筑市场的客体，即建筑产品可以表现为不同的形态。它可以是中介机构提供的咨询报告、咨询意见或其他服务；可以是勘察设计单位提供的设计方案、施工图纸、勘察报告；可以是生产厂家提供的混凝土构件；也可以是承包商生产的各类建筑物和构筑物。总结建筑产品的特点，主要有以下六个方面：

(1) 建筑产品的固定性和生产过程的流动性

建筑物与土地相连，不可移动，这就要求施工人员和施工机械只能随建筑物不断流动，从而带来施工管理的多变性和复杂性。

(2) 建筑产品的单件性

由于业主对建筑产品的用途、性能要求不同，以及建设地点的差异，决定了多数建筑产品都需要单独进行设计、施工，不能批量生产。

(3) 建筑产品的整体性和施工生产的专业性

这个特点决定了建筑产品的生产需要采用总包和分包相结合的特殊承包形式。随着经济的发展和建筑技术的进步，施工生产的专业性越来越强。在建筑生产中，由各种专业施工企业分别承担工程的土建、安装、装饰、劳务分包，有利于施工生产技术和效率的提高。

(4) 建筑生产的不可逆性

建筑产品一旦进入生产阶段，其产品不可能退换，也难以重新建造，否则双方都将承受极大的损失。所以，建筑生产的最终产品质量是由各阶段成果的质量决定的。设计、施工必须按照规范和标准进行，才能保证生产出合格的建筑产品。

(5) 建筑产品的社会性

绝大部分建筑产品都具有相当广泛的社会性，涉及公众的利益和生命财产的安全，即使是私人住宅，也会影响到环境，影响到进入或靠近它的人员的生活和安全。政府作为公众利益的代表，加强对建筑产品的规划、设计、交易、建造的管理是非常必要的，有关工程建设的市场行为都应受到管理部门的监督和审查。

(6) 建筑产品的投资额大，生产周期和使用周期长

建筑产品工程量巨大，消耗大量的人力、物力和资金。在长期内，投资可能受到物价涨落、国内国际经济形势的影响，因而投资管理非常重要。

2. 建筑产品的商品属性

长期以来，受计划经济体制影响，工程建设由工程指挥部管理，工程任务由行政部门分配，建筑产品价格由国家规定，抹杀了建筑产品的商品属性。

改革开放以后，由于推行了一系列以市场为取向的改革措施，建筑企业成为独立的生产单位。建设投资由国家拨款改为多种渠道筹措，市场竞争代替行政分配任务，建筑产品价格也逐步走向以市场形成价格的价格机制。建筑产品的商品属性的观念已为大家所共识，这成为建筑市场发展的基础，并推动了建筑市场的价格机制、竞争机制和供求机制的形成。使实力强、素质高、经营好的企业在市场上更具竞争性，能够更快地发展，实现资源的优化配置，提高了全社会的生产力水平。

3. 工程建设标准的法定性

建筑产品的质量不仅关系着承、发包双方的利益，也关系到国家和社会的公共利益，正是由于建筑产品的这种特殊性，其质量标准是以国家标准、国家规范等形式颁布实施的。从事建筑产品生产必须遵守这些标准规范的规定，违反这些标准规范的将受到国家法律的制裁。

工程建设标准是指对工程勘察、设计、施工、验收、质量检验等各个环节的技术要求。标

准具体包括 5 个方面的内容：

（1）工程建设勘察、设计、施工及验收等的质量要求和方法；

（2）与工程建设有关的安全、卫生、环境保护的技术要求；

（3）工程建设的术语、符号、代号、量与单位、建筑模数和制图方法；

（4）工程建设的试验、检验和评定方法；

（5）工程建设的信息技术要求。

工程建设标准涉及的范围很宽，包括房屋建筑、交通运输、水利、电力、通信、采矿冶炼、石油化工、市政公用设施等诸多方面。工程建设标准在具体形式上，包括标准、规范、规程等。它一方面通过有关的标准规范为相应的专业技术人员提供了需要遵循的技术要求和支持；另一方面，由于标准的法律属性和权威属性，保证了从事工程建设的有关人员按照规定去执行，同时也为保证工程质量打下了基础。

1.1.4 建筑市场管理体制

不同的国家由于社会制度的不同、国情的不同，建筑市场管理体制也差别很大，其管理内容也是各具特色。例如，美国没有专门的建设主管部门，相应的职能由其他各部设立专门分支机构解决。管理并不具体针对行业，例如《公司法》、《合同法》、《破产法》、《反垄断法》等为规范市场行为制定的法令，都并不仅限于建设市场管理。日本则有针对性比较强的法律，如《建设业法》、《建筑基准法》等，对建筑物安全、审查培训、从业管理等方面均有详细规定。政府按照法律规定行使检查监督权。

1. 发达国家的管理体制

很多发达国家建设主管部门对企业的行政管理并不占重要的地位。政府的作用是建立有效、公平的建筑市场，提高行业服务质量和促进建筑生产活动的安全、健康，推进整个行业的良性发展，而不是过多地干预企业的经营和生产。对建筑业的管理主要通过政府引导、法律规范、市场调节、行业自律、专业组织辅助管理来实现。在市场机制下，经济手段和法律手段成为约束企业行为的首选方式。法制是政府管理的基础。

在管理职能方面，立法机构负责法律、法规的制定和颁布；行政机关负责监督检查、发展规划和对有关事情作出批准；司法部门负责执法和处理。此外，作为整个管理体制的补充，其行业协会和一些专业组织也承担了相当一部分工作，如制定有关技术标准、对合同的仲裁等。以国家颁布的法律为基础，地方政府往往也制定相对独立的法规。

2. 我国的管理体制

我国的建设管理体制是建立在社会主义公有制基础之上的。计划经济时期，无论是建设单位，还是施工企业、材料供应部门均隶属于不同的政府管理部门，各个政府部门主要是通过行政手段管理企业，在一些基础设施部门则形成所谓行业垄断。改革开放初期，虽然政府机构进行多次调整，但分行业进行管理的格局基本没有改变。国家各个部委均有本行业关于建设管理的规章，有各自的勘察、设计、施工、招标投标、质量监督等一系列管理制度，形成了对建筑市场的分割。随着社会主义市场经济体制的逐步建立，政府在机构设置上也进行了很大的调整，除保留了少量的行业管理部门外，撤销了大批专业政府部门，并将政府部门与所属企业脱钩。机构的调整为建设管理体制的改革提供了良好的条件，使原来的部门管理逐步转向行业管理。建设部及各级建设行政主管部门的组织结构图见图 1-1，图 1-2。

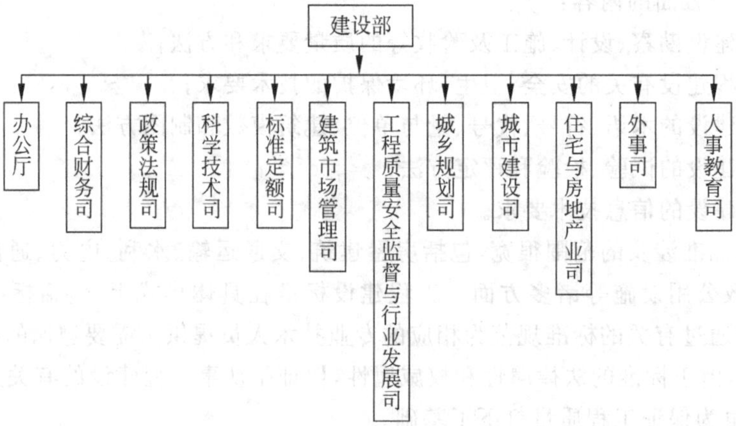

图 1-1 建设部组织结构图

3. 政府对建筑市场的管理

不同国家由于体制的差异，建设行政主管部门的设置不同，管理范围和管理内容也各不相同。但综合各国的情况，政府对建筑市场的管理还是具有一定的共性的，主要表现在以下几个方面：

(1) 制定建筑法律、法规；

(2) 制定建筑规范与标准（国外大多由行业协会或专业组织编制）；

(3) 对承包商、专业人士的资质管理；

(4) 安全和质量管理（国外主要通过专业人士或机构进行监督检查）；

(5) 行业资料统计；

(6) 公共工程管理；

(7) 国际合作和开拓国际市场。

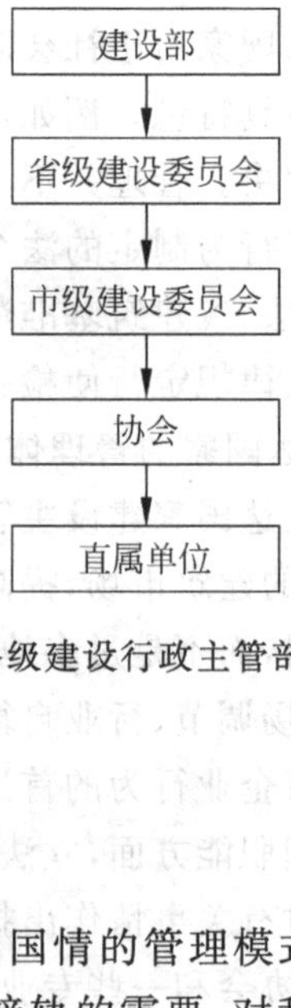

图 1-2 各级建设行政主管部门结构图

我国通过近年来的学习和实践，已逐步摸索出一套适应我国国情的管理模式。但这种管理模式还将随着我国社会主义市场经济体制的确立和与国际接轨的需要，对我国目前的管理体制和管理内容、方式不断加以调整和完善。

1.1.5 建筑市场的资质管理

建筑活动的专业性及技术性都很强，而且建设工程投资大、周期长，一旦发生问题将给社会和人民的生命财产安全造成极大损失。因此，为保证建设工程的质量和安全，对从事建设活动的单位和专业技术人员必须实行从业资格管理，即资质管理制度。

建筑市场的从业资质管理包括两类：对从业单业的资质管理、对专业从业人员的执业资格管理。

1. 从业单业资质管理

我国《建筑法》规定，对从事建筑活动的施工企业、勘察设计单位、工程咨询机构（含监理单位）实行资质管理。

资质管理具体是指建设行政主管部门对从事建筑活动相关企业，按照其拥有的注册资本、专业技术人员、技术装备和工程业绩等不同条件，划分为不同的资质等级，经资质审查合格，取得相应等级的资质证书后，方可在其资质等级许可的范围内从事建筑活动的一种管理制度。

1）工程勘察设计企业资质管理

《建设工程勘察设计资质管理规定》（建设部第 160 号令）规定：在中华人民共和国境内申请建设工程勘察、工程设计资质，实施对建设工程勘察、工程设计资质的监督管理适用本规定。

《工程勘察资质分级标准》和《工程设计资质标准》对工程勘察和设计企业的资质等级与标准、申请与审批、业务范围等作了明确的规定。

我国建设工程勘察资质分为工程勘察综合资质、工程勘察专业资质和工程勘察劳务资质。其中，工程勘察综合资质只设甲级；工程勘察专业资质设甲级、乙级，根据工程性质和技术特点，部分专业可以设丙级；工程勘察劳务资质不分等级。

我国建设工程设计资质分为工程设计综合资质、工程设计行业资质、工程设计专业资质和工程设计专项资质。其中，工程设计综合资质只设甲级；工程设计行业资质、工程设计专业资质、工程设计专项资质设甲级、乙级，根据工程性质和技术特点，个别行业、专业、专项资质可以设丙级；建筑工程专业资质可以设丁级。

我国取得建设工程勘察、设计资质的企业，可以承接的业务范围参见表 1-1 的有关规定。国务院建设行政主管部门及各地建设行政主管部门负责工程勘察、设计企业资质的审批、晋升和处罚。

表 1-1 我国勘察设计企业的业务范围

企业类别	资质分类	等级	承担业务范围
勘察企业	综合资质	不分级	承担工程勘察业务范围和地区不受限制，并可承担劳务类业务
	专业资质（分专业设立）	甲级	承担本专业工程勘察业务范围和地区不受限制
		乙级	可承担本专业工程勘察中、小型工程项目，承担工程勘察业务的地区
		丙级	可承担本专业工程勘察小型工程项目，承担工程勘察业务限定在省、自治区、直辖市所辖行政区范围内
	劳务资质	不分级	只能承担岩石工程治理、工程钻探、凿井等工程勘察劳务工作，承担工程勘察劳务工作的地区不受限制
设计企业	综合资质	不分级	承担工程设计业务范围和地区不受限制
	行业资质（分行业设立）	甲级	承担相应行业建设项目的工程设计范围和地区不受限制，并可承担相应的咨询业务
		乙级	承担相应行业的中、小型建设项目的工程设计任务，承担任务的地区不受限制，并可承担相应的咨询业务
		丙级	承担相应行业的小型建设项目的工程设计任务，地区限定在省、自治区、直辖市所辖行政区范围内
	专项资质（分专业设立）	甲级	承担大、中、小型专项工程设计的项目，承担任务的地区不受限制，并可承担相应的咨询业务
		乙级	承担中、小型专项工程设计的项目，承担任务的地区不受限制

2) 建筑业企业(承包商)资质管理

建筑业企业(承包商)是指从事土木工程、建筑工程、线路管道及设备安装工程、装修工程等的新建、扩建、改建活动的企业。

我国的建筑业企业资质分为施工总承包、专业承包和劳务分包3个序列。施工总承包企业又按工程性质分为房屋建筑、公路、铁路、港口、水利、电力、矿山、冶金、化工石油、市政公用、通信、机电等12个类别；专业承包企业又根据工程性质和技术特点划分为60个类别；劳务分包企业按技术特点划分为13个类别。

工程施工总承包企业资质等级分为特、一、二、三级企业；专业承包企业资质等级分为一、二、三级企业；劳务分包企业资质等级木工、模板、脚手架、钢筋、砌筑、焊接分为一、二级，其余抹灰、石制品、油漆、混凝土、水暖、钣金、架线作业不分级。这3类企业的资质等级标准，由建设部统一组织制定和发布。

工程施工总承包企业和施工专业承包企业的资质实行分级审批。下列建筑业企业资质的许可，由国务院建设主管部门实施：

(1) 施工总承包序列特级资质、一级资质；

(2) 国务院国有资产管理部门直接监管的企业及其下属一层级的企业的施工总承包二级资质、三级资质；

(3) 水利、交通、信息产业方面的专业承包序列一级资质；

(4) 铁路、民航方面的专业承包序列一级、二级资质；

(5) 公路交通工程专业承包不分等级资质、城市轨道交通专业承包不分等级资质。

省、自治区、直辖市人民政府建设主管部门应当自受理申请之日起20日内初审完毕并将初审意见和申请材料报国务院建设主管部门。国务院建设主管部门应当自省、自治区、直辖市人民政府建设主管部门受理申请材料之日起60日内完成审查，公示审查意见，公示时间为10日。其中，涉及铁路、交通、水利、信息产业、民航等方面的建筑业企业资质，由国务院建设主管部门送国务院有关部门审核，国务院有关部门在20日内审核完毕，并将审核意见送国务院建设主管部门。

下列建筑业企业资质许可，由企业工商注册所在地省、自治区、直辖市人民政府建设主管部门实施：

(1) 施工总承包序列二级资质(不含国务院国有资产管理部门直接监管的企业及其下属一层级的企业的施工总承包序列二级资质)；

(2) 专业承包序列一级资质(不含铁路、交通、水利、信息产业、民航方面的专业承包序列一级资质)；

(3) 专业承包序列二级资质(不含民航、铁路方面的专业承包序列二级资质)；

(4) 专业承包序列不分等级资质(不含公路交通工程专业承包序列和城市轨道交通专业承包序列的不分等级资质)。

省、自治区、直辖市人民政府建设主管部门应当自作出决定之日起30日内，将准予资质许可的决定报国务院建设主管部门备案。

经审查合格的企业，由资质管理部门颁发相应等级的建筑业企业(施工企业)资质证书。建筑业企业资质证书由国务院建设行政主管部门统一印制，分为正本(1本)和副本(若干本)，正、副本具备同等法律效力。任何单位和个人不得涂改、伪造、出借、转让资质证书，复印的资质证书无效。资质证书有效期为5年。我国房屋建筑企业承包工程范围见表1-2。

表1-2 我国房屋建筑业企业承包工程范围

企业类别	等级	承包工程范围
施工总承包企业(12类)	特级	(以房屋建筑工程为例)可承担各类房屋建筑工程的施工
	一级	(以房屋建筑工程为例)可承担单项建安合同额不超过企业注册资本金5倍的下列房屋建筑工程的施工:(1)40层及以下、各类跨度的房屋建筑工程;(2)高度240m及以下的构筑物;(3)建筑面积20万m^2及以下的住宅小区或建筑群体
	二级	(以房屋建筑工程为例)可承担单项建安合同额不超过企业注册资本金5倍的下列房屋建筑工程的施工:(1)28层及以下、单跨跨度36m以下的房屋建筑工程;(2)高度120m及以下的构筑物;(3)建筑面积12万m^2及以下的住宅小区或建筑群体
	三级	(以房屋建筑工程为例)可承担单项建安合同额不超过企业注册资本金5倍的下列房屋建筑工程的施工:(1)14层及以下、单跨跨度24m以下的房屋建筑工程;(2)高度70m及以下的构筑物;(3)建筑面积6万m^2及以下的住宅小区或建筑群体
专业承包企业(60类)	一级	(以土石方工程为例)可承担各类土石方工程的施工
	二级	(以土石方工程为例)可承担单项合同额不超过企业注册资本金5倍且60万m^2及以下的石方工程的施工
	三级	(以土石方工程为例)可承担单项合同额不超过企业注册资本金5倍且15万m^2及以下的石方工程的施工
劳务分包企业(13类)	一级	(以木工作业为例)可承担各类工程木工作业分包业务,但单项合同额不超过企业注册资本金的5倍
	二级	(以木工作业为例)可承担各类工程木工作业分包业务,但单项合同额不超过企业注册资本金的5倍

3)工程咨询单位资质管理

我国对工程咨询单位也实行资质管理。目前,已有明确资质等级评定条件的有:工程监理、招标代理、工程造价咨询等中介机构。

(1)工程监理

工程监理企业应当按照其拥有的注册资本、专业技术人员和工程监理业绩等资质条件申请资质,经审查合格,取得相应等级的资质证书后,方可在其资质等级许可的范围内从事工程监理活动。

工程监理企业资质等级分为综合资质、专业资质和事务所资质。其中专业资质分为甲级、乙级和丙级三个级别。丙级监理单位的业务范围只能是本地区、本部门的三级建设工程项目的监理业务及相应类别建设工程的项目管理、技术咨询等相关服务;乙级监理单位的业务范围是本地区、本部门的二、三级建设工程项目的监理业务及相应类别建设工程的项目管理、技术咨询等相关服务;甲级监理单位可以跨地区、跨部门监理一、二、三级建设工程。

(2)工程招标代理

《工程建设项目招标代理机构资格认定办法》所称工程建设项目招标代理,是指工程招标代理机构接受招标人的委托,从事工程的勘察、设计、施工、监理以及与工程建设有关的重要设备(进口机电设备除外)、材料采购招标的代理。

工程招标代理机构资格分为甲级、乙级和暂定级。甲级工程招标代理机构可以承担各类工程的招标代理业务，工程的范围和地区不受限制；乙级工程招标代理机构只能承担工程总投资1亿元人民币以下的工程招标代理业务，地区不受限制；暂定级工程招标代理机构，只能承担工程总投资6000万元人民币以下的工程招标代理业务，地区不受限制。

(3) 工程造价咨询

工程造价咨询企业是指接受委托，对建设项目投资、工程造价的确定与控制提供专业咨询服务的企业。从事工程造价咨询活动，应当遵循公开、公正、平等竞争的原则，不得损害社会公共利益和他人的合法权益。任何单位和个人不得分割、封锁、垄断工程造价咨询市场。

工程造价咨询企业资质等级分为甲级和乙级两类。工程造价咨询企业应当依法取得工程造价咨询企业资质，并在其资质等级许可的范围内从事工程造价咨询活动。工程造价咨询企业依法从事工程造价咨询活动，不受行政区域限制。其中，甲级工程造价咨询企业可以从事各类建设项目的工程造价咨询业务，乙级工程造价咨询企业可以从事工程造价5000万元人民币以下的各类建设项目的工程造价咨询业务。

2. 专业人士资格管理

在建筑市场中，把具有从事工程咨询资格的专业工程师称为专业人士。他们在建筑市场管理中起着非常重要的作用。

我国在参考发达国家有关制度的基础上，从1995年起，逐步建立和完善了建筑专业人士注册执业资格管理制度。是指对具有一定专业学历、资历的从事建筑活动的专业技术人员，通过国家相关考试和注册确定其执业的技术资格，获得相应的建筑工程文件签字权的一种制度。从事建筑活动的专业技术人员，应当依法取得相应的执业资格证书，并在执业资格证书许可的范围内从事建筑活动。

目前，我国建筑领域的专业技术人员执业资格制度主要有以下几种类型，即注册建筑师、注册监理工程师、注册结构工程师、注册城市规划师、注册造价工程师、注册咨询师、注册安全师、注册建造师和房地产估价师等。由全国资格考试委员会负责组织专业人士的考试。由建设行政主管部门负责专业人士注册。专业人士的资格和注册条件为：大专以上的专业学历、参加全国统一考试且成绩合格、具有相关专业的实践经验。

目前我国专业人士制度尚处在起步阶段，但随着建筑市场的进一步完善，对其管理会进一步规范化和制度化。

1.1.6 建设工程交易中心(有形建筑市场)

建设市场交易是业主给付建设费，承包商交付工程的过程。而建设工程交易中心是我国建设市场有形化的管理方式。有形建筑市场是我国所特有的一种管理形式，在世界上是独一无二的，是与我国的国情相适应的。

建设工程从投资性质上可分为两大类：一类是国家投资项目，另一类是私人投资项目。在西方发达国家中，私人投资占了绝大多数，私人投资工程项目管理是业主自己的事情，政府只是监督他们是否依法建设。对国有投资项目，一般设置专门的管理部门，代为行使业主的职能。

我国是以社会主义公有制为主体的国家，政府部门、国有企业、事业单位投资在社会投资中占有主导地位。建设单位使用的都是国有资产。由于国有资产管理体制的不完善和建设单位内部管理制度的薄弱，很容易造成工程发包中的不正之风和腐败现象。针对上述情况，20 世纪 90 年代以来，按照建设部和监察部的统一部署和要求，全国各地相继建立起各级有形建筑市场，把所有代表国家或国有企、事业单位投资的业主请进建设工程交易中心进行招标，设置专门的监督机构，这是我国解决国有建设项目交易透明度差的问题和加强建筑市场管理的一种独特方式。经过多年的运行，有形建筑市场作为建筑市场管理和服务的一种新形式，在规范建筑市场交易行为、提高建设工程质量和方便市场主体等方面已取得了一定的积极成效。

1. 建设工程交易中心的性质

建设工程交易中心是服务性机构，不是政府管理部门，也不是政府授权的监督机构，本身并不具备监督管理职能。但建设工程交易中心又不是一般意义上的服务机构，其设立需得到政府或政府授权主管部门的批准，并非任何单位和个人可随意成立。它不以营利为目的，旨在为建立公开、公正、平等竞争的招投标制度服务，只可经批准收取一定的服务费，工程交易行为不能在场外发生。

2. 建设工程交易中心的基本功能

按照我国有关规定，所有建设项目都要在建设工程交易中心内报建、发布招标信息、进行合同授予、申领施工许可证。招投标活动都需在场内进行，并接受政府有关管理部门的监督。我国的建设工程交易中心是按照三大功能进行构建的：

1）信息服务功能

包括收集、存储和发布各类工程信息、法律法规、造价信息、建材价格、承包商信息、咨询单位和专业人士信息等。在设施上配备有大型电子墙、计算机网络工作站，为承发包交易提供广泛的信息服务。

2）场所服务功能

对于政府部门、国有企业、事业单位的投资项目，我国明确规定，一般情况下都必须进行公开招标，只有特殊情况下才允许采用邀请招标。所有建设项目进行招标投标必须在有形建筑市场内进行，必须由有关管理部门进行监督。按照这个要求，工程建设交易中心必须为工程承、发包交易双方包括建设工程的招标、评标、定标、合同谈判等提供设施和场所服务。建设部《建设工程交易中心管理办法》规定，建设工程交易中心应具备信息发布大厅、洽谈室、开标室、会议室及相关设施，以满足业主和承包商、分包商、设备材料供应商之间的交易需要。同时，要为政府有关管理部门进驻集中办公，办理有关手续和依法监督招标投标活动提供场所服务。

3）集中办公功能

由于众多建设项目要进入有形建筑市场进行报建、招标投标交易和办理有关批准手续，这样，就要求政府有关建设管理部门进驻工程交易中心集中办理有关审批手续和进行管理，建设行政主管部门的各职能机构进驻建设工程交易中心。受理申报的内容一般包括：工程报建、招标登记、承包商资质审查、合同登记、质量报监、施工许可证发放等。进驻建设工程交易中心的相关管理部门集中办公，公布各自的办事制度和程序，既能按照各自的职责依法对建设工程交易活动实施有力监督，又方便当事人办事，有利于提高办公效率。

3. 建设工程交易中心运作的一般程序

按照有关规定，建设项目进入建设工程交易中心后，一般按下列程序运行。

1) 报建备案

拟建工程得到计划管理部门立项(或计划)批准后，到中心办理报建备案手续。工程建设项目的报建内容主要包括：工程名称、建设地点、投资规模、资金来源、当年投资额、工程规模、工程筹建情况、计划开工和竣工日期等。

2) 确认招标方式

报建工程由招标监督部门依据《招标投标法》和有关规定确认招标方式。

3) 招投标程序

招标人依据《招标投标法》和有关规定，履行建设项目包括项目的勘察、设计、施工监理以及与工程建设有关的重要设备、材料等的招标投标程序。

(1) 编制招标文件　招标文件应包括工程的综合说明、施工图纸等有关资料、工程量清单、工程价款执行的定额标准和支付方式、拟签订合同的主要条款等。

(2) 招标申请　招标人向招投标监督部门进行招标申请，招标申请书的主要内容包括：建设单位的资格，招标工程具备的条件，拟采用的招标方式和对投标人的要求、评标方式等，并附招标文件。

(3) 发布招标信息　招标人在建设工程交易中心统一发布招标公告，招标公告应当载明招标人的名称和地址，招标项目的性质、数量、实施地点和时间以及获取招标文件的办法等事项。

(4) 投标人申请投标。

(5) 招标人对投标人进行资格预审，并将审查结果通知各申请投标的投标人。

(6) 在交易中心内向合格的投标人分发招标文件及设计图纸、技术资料等。

(7) 组织投标人踏勘现场，并对招标文件答疑。

(8) 建立评标委员会，制定评标、定标办法。

(9) 在交易中心内接受投标人提交的投标文件，并同时开标；在交易中心内组织评标，决定中标人。

(10) 向中标单位授予合同。

4) 书面报告、备案

招标程序结束后，招标人或招标代理机构按我国《招标投标法》及有关规定向招投标监管部门提交招标投标情况的书面报告，招投标监管部门对招标人或招标代理机构提交的招标投标情况的书面报告进行备案。

5) 缴纳费用

招标人、中标人需缴纳相关费用。

6) 其他手续

招标人、中标人还应向进驻有形建筑市场的有关部门办理合同备案、质量监督、安全监督等手续，并且，招标人或招标代理机构应将全部交易资料原件或复印件在有形建筑市场备案一份。

7) 办理施工许可证

招标人向进驻有形建筑市场的建设行政主管部门办理施工许可证。

4. 建设工程交易中心的运行原则

为了保证建设工程交易中心能够有良好的运行秩序和市场功能的充分发挥,必须坚持市场运行的一些基本原则,主要有:

1) 信息公开原则

建设工程交易中心必须充分掌握政策法规,工程发包、承包商和咨询单位的资质,造价指数,招标规则,评标标准,专家评委库等各项信息,并保证市场各方主体都能及时获得所需要的信息资料。

2) 依法管理原则

建设工程交易中心应严格按照法律、法规开展工作,尊重建设单位依照法律规定选择投标单位和选定中标单位的权利。尊重符合资质条件的建筑业企业提出的投标要求和接受邀请参加投标的权利。任何单位和个人不得非法干预交易活动的正常进行。监察机关应当进驻建设工程交易中心实施监督。

3) 公平竞争原则

建立公平竞争的市场秩序是建设工程交易中心的一项重要原则。进驻的有关行政监督管理部门应严格监督招标、投标单位的行为,防止行业、部门垄断和不正当竞争,不得侵犯交易活动各方的合法权益。

4) 属地进入原则

按照我国有形建筑市场的管理规定,建设工程交易实行属地进入。每个城市原则上只能设立一个建设工程交易中心,特大城市可以根据需要设立区域性分中心,在业务上受中心领导。对于跨省、自治区、直辖市的铁路、公路、水利等工程,可在政府有关部门的监督下,通过公告由项目法人组织招标投标。

5) 办事公正原则

建设工程交易中心是政府建设行政主管部门批准建立的服务性机构。须配合进场各行政管理部门做好相应的工程交易活动的管理和服务工作。要建立监督制约机制,公开办事规则和程序,制定完善的规章制度和工作人员守则。发现建设工程交易活动中的违法违规行为,应当向政府有关管理部门报告,并协助进行处理。

1.2 建设工程承发包

1.2.1 工程承发包的概念

工程承发包是一种商业行为,其含义是指在建筑产品市场上,根据协议,作为供应者的建筑施工企业,负责为作为需求者的建设单位完成某项工程的全部或其中的一部分工作,并按一定的价格取得相应的报酬。委托任务并负责支付报酬的一方称为建设单位(建设单位、业主),接受任务负责按时保质保量完成并且取得报酬的一方称为承包人(建筑施工企业、承包商)。发包方与承包方通过依法订立书面合同明确双方存在的经济上、法律上的权利、义务与责任。

我国在工程建设中的承包方式分为指定承包、协议承包和招标承包。

指定承包是指国家对建筑施工企业下达工程施工任务,建筑施工企业接受任务并完成。

协议承包是指建设单位与建筑施工企业就工程内容及价格进行协商，签订承包合同。

招标承包是指由三家以上建筑施工企业进行承包竞争，建设单位择优选定建筑施工企业，并与其签订承包合同。

1.2.2 工程承发包的内容

工程项目建设的整个过程可以分为编制项目建议书、可行性研究、勘察设计、材料及设备采购供应、建筑安装工程施工、生产准备和竣工验收等阶段。工程承发包的内容可以是对工程项目建设的全过程进行总承发包，也可以是对某一阶段的全部或一部分工作进行阶段性承发包。

1. 项目建议书

项目建议书是建设单位向国家提出的要求建设某一项目的建设文件，主要内容为项目的性质、用途、基本内容、建设规模及项目的必要性和可行性分析等。项目建议书可由建设单位自行编制，也可委托工程咨询机构代为编制。

2. 可行性研究

项目建议书经批准后，应进行项目的可行性研究。可行性研究是被国内外广泛采用的一种研究工程建设项目的技术先进性、经济合理性和建设可能性的科学方法，是在建设前期对工程项目的一种考察和鉴定。

可行性研究的全部工作主要集中在项目建设的三个核心问题上，分别是工艺技术、市场需求、财务经济。这三者中，市场是前提，技术是手段，财务是经济核心，即投资效益。

按我国现行规定，建设项目可行性研究报告的具体内容见表1-3。

表1-3 建设项目可行性研究报告的内容

主要结构	具体内容
一、总论	1. 项目提出的背景，投资的必要性和经济意义
	2. 研究工作的依据和范围
二、市场需求情况和拟建规模	1. 国内外市场近期需求情况
	2. 国内现有工厂生产能力的估计
	3. 销售预测、价格分析、产品竞争能力、进入国际市场的前景
	4. 拟建项目的规模、产品方案和发展方向的技术、经济比较和分析
三、资源、原材料、燃料及公用设施情况	1. 经过储量委员会正式批准的资源储量、品位、成分以及开采、利用条件的评述
	2. 原料、辅助材料、燃料的种类、数量、来源和供应可能
	3. 所需公用设施的数量、供应方式和供应条件
四、厂址方案和建厂条件	1. 建厂的地理位置、气象、水文、地质、地形条件和社会经济现状
	2. 交通、运输及水、电、气的现状和发展趋势
	3. 厂址方案比较与选择意见
五、设计方案	1. 项目的构成范围(指包含的主要单项工程)、技术来源和生产方法、主要技术工艺、设备备选型方案的比较
	2. 全厂土建工程量估算和布置方案的初步选择
	3. 公用辅助设施和厂内外交通运输方式的比较和初步设计
六、环境保护	环境现状、“三废”治理和回收的初步选择

续表

主要结构	具体内容
七、生产组织、劳动定员和人员培训(估计数)	
八、投资估算和资金筹措	1. 主体工程占有的资金和使用计划
	2. 与主体工程有关的外部协作配合工程的投资和使用计划
	3. 生产流动资金的估算
	4. 建设资金总计
	5. 资金来源、筹措方式
九、产品成本估算	
十、经济效果评价	

注：各部门可根据行业特点对可行性报告的内容加以适当的增减。

3. 勘察设计

勘察与设计两者之间既有密切联系，又有显著的区别。

1) 工程勘察

工程勘察主要内容为工程测量、水文地质勘察和工程地质勘察；其任务是查明工程项目建设地点的地形地貌、地层土壤岩性、地质构造、水文条件等自然地质条件，以便作出鉴定和综合评价，为建设项目的选址、工程设计和施工提供科学的依据。

(1) 工程测量

工程测量包括平面控制测量、高程控制测量、地形测量、摄影测量、线路测量和绘图复制等工作，其任务是为建设项目的选址(选线)、设计和施工提供有关地形地貌的科学依据。

(2) 水文地质勘察

水文地质勘察一般包括水文地质测绘、地球物理勘探、钻探、抽水试验、地下水动态观测、水文地质参数计算、地下水资源评价和地下水资源保护方案等方面的工作。其任务在于为建设项目的设计提供有关地下水源供水的详细资料。

(3) 工程地质勘察

工程地质勘察的任务在于为建设项目的选址(线)、设计和施工提供工程地质方面的详细资料。勘察阶段一般分为选址(线)勘察、初步勘察、详细勘察以及施工勘察。

2) 工程设计

工程设计是工程建设的重要环节，它是从技术和经济上对拟建工程进行全面规划的工作。设计文件是安排建设计划和组织施工的主要依据。

按我国现行规定，一般大中型建设项目采用两个阶段设计，即初步设计和施工图设计。对于重大型项目和特殊项目，采用三阶段设计，即初步设计、技术设计和施工图设计。对一些大型联合企业、矿区和水利水电枢纽工程，为解决总体部署和开发问题，还需进行总体规划设计和总体设计。此外，市镇的新建、扩建和改建规划以及住宅区或商业区的规划，就其性质而言也属于设计范围。

该阶段可通过方案竞选、招标投标等方式选定勘察设计单位。

4. 材料和设备的采购供应

建设项目所需的设备和材料涉及面广、品种多、数量大。设备和材料采购供应是工程建设实施过程中的一项重要工作，在准备阶段就应创造条件、着手进行。

1）材料的采购供应

国家重点建设项目由中国基建物资承包联合公司承包，供应给工程总承包单位；各省、自治区、直辖市的重点建设项目由地方基建物资配套承包公司承包供应；其他建设项目所需主要材料，由工程承包单位招标，选择物资供应单位承包供应。上述材料属于计划分配的，由物资承包公司按计划组织订货供应；不属于计划分配的，可委托物资承包公司从国内外市场采购，工程承包单位也可自行采购。至于使用国际金融机构贷款的建设项目，则须按有关规定公开招标，选择国内外适当的厂商承包器材供应。

2）设备的采购供应

我国重点建设项目和计划内的其他基本建设与技术改造项目所需的成套设备，由机械部和地方主管部门设立的各类设备成套公司承包供应，并提供咨询服务。对于机电设备，包括大型专用设备、通用设备和非标准设备，承包单位可视不同情况，分别采取招标、分包、订货和采购方式，从有关生产、经销厂商落实货源，组织供应。对重要的机电设备，还可按有关规定分别提请生产和分配主管部门，纳入指令性生产计划和分配计划，以保证供应。

5. 建筑安装工程施工

建筑安装工程施工是把建设计划付诸实施的决定性阶段。其任务是把设计图纸变成物质产品，如工厂、矿井、电站、桥梁、住宅、学校等，使预期的生产能力或使用功能得以实现。工程施工内容包括施工现场的准备工作，永久性工程的建筑施工、设备安装及工业管道安装工程、绿化工程等。此阶段主要采用招标投标的方式进行工程的承发包。

1）施工现场准备工作

施工现场准备工作是为正式施工创造条件的，主要内容就是通常所说的“三通一平”和大型临时设施。“三通一平”由建设单位负责组织，也可委托工程承包公司或施工单位施工。大型临时设施由施工单位负责，并在预算中包干。

2）建筑安装工程

建筑安装工程指建设项目中永久性房屋建筑、构筑物的土建工程、建筑设备与生产设备的安装施工。这是工程承包的主要内容，通常由土建施工单位做总包，若干专业施工单位做分包，各方协作施工。

土建工程包括土石方工程，桩基础工程，砖石工程，混凝土及钢筋混凝土工程，机械化吊装及运输工程，木结构及木装修工程，楼面工程，屋面工程，装饰工程，金属结构工程，构筑物工程，道路工程，排水工程等。

设备安装工程包括机械设备安装、电气设备安装及其线路的架设，通风、除尘、消声设备及其管道的安装，工业和民用给排水、空调、供热、供气装置与管道及附件的安装，自动化仪表和电子计算机及其外围设备的安装，通信和声像系统的安装等。

3）绿化工程

绿化工程是指作为建设项目组成部分的园林绿化，包括住宅小区、工厂、机关庭院内的草坪和花木栽植等。此类工程可由建设单位直接委托专业机构施工，也可由总包单位委托专业机构分包施工。

6. 生产职工培训

基本建设的最终目的就是形成新的生产能力。为了使新建项目建成后交付使用、投入生产，在建设期间就要准备合格的生产技术工人和配套的管理人员。因此，需要组织生产职工培训。这项工作通常由建设单位委托设备生产厂家或同类企业进行，在实行总承包的情况下，则由总承包单位负责，委托适当的专业机构、学校、工厂去完成。

7. 建设工程监理

建设工程监理是指监理单位受项目业主的委托，依据国家批准的工程项目建设文件、有关工程建设的法律法规和工程建设监理合同及其他工程建设合同，对工程建设实施的监督和管理。建筑工程监理作为一项新兴的承包业务，是近年逐渐发展起来的。工程管理过去是由建设单位负责管理，但这种机构是临时组成的，工程建成后又解散，使工程管理的经验不能积累，管理人员不能稳定，工程投资效益不能提高。专门从事工程监理的机构，其服务对象是建设单位，接受建设主管部门委托或建设单位委托，对建设项目的可行性研究、勘察设计、设备及材料采购供应、工程施工、生产准备直至竣工投产，实行总承包或分阶段承包。他们代表建设单位与设计、施工各方打交道，在设计阶段选择设计单位，提出设计要求，估算和控制投资额，安排和控制设计进度等；在施工阶段组织招标选择施工单位，安排施工合同并监督检查其执行，直至竣工验收。

1.2.3 工程承发包方式

工程承发包方式，是指建设单位与承包人双方之间的经济关系形式。受承包内容和具体环境的影响，承包方式多种多样。工程承发包方式可按发包承包的范围、承包人所处的地位、合同计价方式、获得任务的途径等分类。

1. 按承发包范围划分承发包方式

1）建设全过程承发包

建设全过程承发包又叫统包、一揽子承包、交钥匙合同。它是指建设单位一般只要提出使用要求、竣工期限或对其他重大决策性问题作出决定，承包人就可对项目建议书、可行性研究、勘察设计、材料及设备采购供应、建筑安装工程施工、生产准备、竣工验收，直到投产使用和建设后评估等全过程，实行全面总承包，并负责对各项分包任务和必要时被吸收参与工程建设有关工作的建设单位的部分力量，进行统一组织、协调和管理。

建设全过程承发包，主要适用于大中型建设项目。大中型建设项目由于工程规模大、技术复杂，要求工程承包公司必须具有雄厚的技术经济实力和丰富的组织管理经验，通常由实力雄厚的工程总承包公司（集团）承担。这种承包方式的优点是：由专职的工程承包公司承包，可以充分利用其丰富的经验，还可进一步积累建设经验，节约投资、缩短建设工期并保证建设项目的质量，提高投资效益。

2）阶段承发包

阶段承发包是指建设单位、承包人就建设过程中某一阶段或某些阶段的工作，如勘察、设计或施工、材料设备供应等，进行发包承包。例如，由设计机构承担勘察设计，由施工企业承担工业与民用建筑施工，由设备安装公司承担设备安装任务。其中，施工阶段承发包，还可依承发包的具体内容细分为以下3种方式：①包工包料，即工程施工所用的全部人工和材料由承包人负责。其优点是便于调剂余缺，合理组织供应，加快建设速度，促进施工企业加强企业管理，精打细算，厉行节约，减少损失和浪费；有利于合理使用材料，降低工程造价，减轻了建设单位的负担。②包工部分包料，即承包人负责提供施工的全部人工和一部分材料,其余部分材料由建设单位或总承包人负责供应。③包工不包料,又称包清工,实质上是劳务承包,即承包人(大多是分包人)仅提供劳务而不承担任何材料供应的义务。

3) 专项承发包

专项承发包是指建设单位、承包人就某建设阶段中的一个或几个专门项目进行发包承包。专项承发包主要适用于可行性研究阶段的辅助研究项目;勘察设计阶段的工程地质勘察、供水水源勘察、基础或结构工程设计、工艺设计,供电系统、空调系统及防灾系统的设计;施工阶段的深基础施工、金属结构制作和安装、通风设备和电梯安装;建设准备阶段的设备选购和生产技术人员培训等专门项目。由于专门项目专业性强,常常是由有关专业承包商承包,所以专项发包承包也称做专业发包承包。

4) 建造-经营-转让承包

这是20世纪80年代中后期新兴的一种带资承包方式,国际上通称BOT方式,即建造-经营-转让(build-operate-transfer)的英文缩写。该方式一般由一个或几个大承包商或开发商牵头,联合金融界组成财团,就某个工程项目向政府提出建议和申请,取得建设和经营该项目的许可。这些项目一般都是大型公共工程和基础设施,如隧道、港口、高速公路、电厂等。政府若同意建议和申请,则将建设和经营该项目的特许权授予财团。财团负责资金筹集、工程设计和施工的全部工作;竣工后,在特许期内经营该项目,通过向用户收取费用回收投资、偿还贷款并获取利润;特许期满将该项目无偿地移交给政府经营管理。

采取建造-经营-转让承包方式可解决项目所在国的政府建设资金短缺的问题,不形成债务,又可解决本国欠缺建设、经营管理能力等困难,而且不用承担建设、经营中的风险。所以,这种方式在许多发展中国家受到欢迎和推广。

项目承包商通过这种方式可以跳出设计、施工的小圈子,实现工程项目前期和后期全过程总承包,竣工后参与经营管理,利润来源也就不限于施工阶段,而是向前后延伸到可行性研究、规划设计、器材供应及项目建成后的经营管理,从被动招标的经营方式转向主动为政府、业主和财团提供超前服务,从而扩大了经营范围。当然,采用这种方式会增加风险,所以要求承包商有高超的融资能力和技术经济管理水平,包括风险防范能力。

BOT项目适用于发展中国家的大型能源、交通、基础设施建设。由于其投资回收慢,政府又缺少必要的资金,采用这种方式使政府及投资者都能获得利益。

2. 按承包人所处的地位划分承发包方式

1) 总承包

总承包方式是指一个建设项目建设全过程或其中某个或某几个阶段的全部工作由一个承包人负责组织实施。该承包人可以将在自己承包范围内的若干专业性工作交给不同的专业承包人去完成,并对其进行统一协调和监督管理。在一般情况下,建设单位(业主)仅与这个承包人发生直接关系,而不与各专业承包人发生直接关系。该承包人叫做总承包人,或简称总包。

采用总承包方式时,可以根据工程具体情况,将工程总承包任务发包给有实力的具有相应资质的咨询公司、勘察设计单位、施工企业及设计施工一体化的大建筑公司等承担。我国新兴的工程承包公司也是总包的一种组织形式。在法律规定许可的范围内,总包可将工程按专业分别发包给一家或多家经营资质、信誉等经业主(发包方)或其监理工程师认可的分包商。

总承包是目前建筑企业采用最多的一种工程承包模式，其主要特点如下：

(1) 对发包方(业主)而言，其合同结构简单，业主只与总承包单位签订合同；其组织管理和协调的工作量较少。

(2) 对总承包单位来说，其施工责任大、风险大。但其施工组织与管理存在较大的自主性，有充分发挥自身技术、管理综合实力的机会，施工效益的潜力也较大。

(3) 有利于实现以总承包为核心、从工程特点出发的施工作业队伍的优选和组合，有利于施工部署的动态推进。

(4) 相对于其他承发包模式，总承包模式有利于业主控制工程造价，即只要在招标和签约过程中能够将发包条件、工程造价及其计价依据和支付方式描述清楚，合同谈判中经过充分协商，双方认定发包的条件、责任和权利、义务，且在施工过程中不涉及合同以外的工程变更和调整，承包总价一般不会发生大的变化。这种情况下，施工过程存在的风险由总承包方预测分析，并采取一切可能的抗风险措施和手段，力求在造价不变的情况下，通过降低工程成本提高施工经营的经济效益。

2) 分承包

分承包简称分包，是相对于总承包而言的，指从总承包人承包范围内分包某一分项工程(土方、模板、钢筋等)或某种专业工程(钢结构制作和安装、电梯安装、卫生设备安装)。分承包人不与建设单位发生直接关系，而只对总承包人负责，在现场上由总承包人统筹安排其活动。

分承包人承包的工程，不能是总承包范围内的主体结构工程或主要部分(关键性部分)，主体结构工程或主要部分必须由总承包人自行完成。分包单位通常为专业工程公司，例如工业锅炉公司、设备安装公司、装饰工程公司等。

国际上现行的分包方式主要有两种：一是总承包合同约定的分包，总承包人可以直接选择分包人，经建设单位同意后与之订立分包合同；二是总承包合同未约定的分包，须经建设单位认可后总承包人方可选择分包人，与之订立分包合同。可见，分包事实上都要经过建设单位同意后才能进行。

3) 独立承包

独立承包是指承包人依靠自身力量自行完成承包任务的承发包方式。此方式主要适用于技术要求比较简单、规模较小的工程项目及修缮工程。

4) 联合体承包

联合体承包是相对于独立承包而言的，指建设单位将一项工程任务发包给两个以上承包人，由这些承包人联合体共同承包。联合体承包主要适用于大型或结构复杂的工程。参加联合体承包的各方，通常是采用成立工程项目合营公司、合资公司、联合集团等联营体形式，推选承包代表人，协调承包人之间的关系，统一与建设单位签订合同，共同对建设单位承担连带责任。参加联营的各方仍都是各自独立经营的企业，只是就共同承包的工程项目必须事先达成联合协议，以明确各个联合承包人的义务和权利，包括投入的资金数额、工人和管理人员的派遣、机械设备种类、临时设施的费用分摊、利润的分享及风险的分担等。

此种方式用联合体的名义与工程发包方签订承包合同，值得注意的是，建筑法第27条规定："大型建筑工程或者结构复杂的建筑工程，可以由两个以上的承包单位联合共同承包。共同承包的各方对承包合同的履行承担连带责任。""两个以上不同资质等级的单位实行联合共同承包的,应当按照资质等级低的单位的业务许可范围承揽工程。”此规定旨在防止那些资质等级低的施工企业搭车超范围承揽工程项目而使工程质量难以保证。

联合体承包方式在国际上得到广泛应用,我国一些大型、复杂的建设工程项目中也有采用。这种方式的优越性十分明显,主要体现在以下几个方面:①它可以有效地减弱多家承包商之间的竞争,化解和防范承包风险;②促进承包商在信息、资金、人员、技术和管理上互相取长补短,有助于充分发挥各自的优势;③增强共同承包大型或结构复杂的工程的能力,增加了中大标、中好标,共同获取更丰厚利润的机会。

5) 直接承包

直接承包是指不同的承包人在同一工程项目上,分别与建设单位签订承包合同,各自直接对建设单位负责。各承包商之间不存在总承包、分承包的关系,现场上的协调工作由建设单位自己去做,或由建设单位委托一个承包商牵头去做,也可聘请专门的项目经理来管理。

直接承包又称平行式承包。项目业主把施工任务按照工程的构成特点划分成若干个可独立发包的单元、部位和专业,线性工程(道路、管线、线路)划分成若干个独立标段等,分别进行招标承包。各施工单位分别与发包方签订承包合同,独立组织施工,施工承包企业相互之间为平行关系。其主要特点为:

(1) 工程项目施工可以在总体统筹规划的前提下,根据发包任务的分解情况分别考虑,只要该分解部分具备发包条件,就可以独立发包,以增强施工项目实施阶段设计和施工的搭接程度,缩短项目的建设周期。

(2) 由于直接承包的每项合同都是相对独立的,业主组织管理和协调的工作量增加了。

(3) 工程采取分解切块后发包,各独立施工任务并不是同步进行,对业主的投资控制的影响有两个方面。有利的一面是先实施的工程承包合同及时总结经验,指导后实施的承包合同投资控制,从而可以实现计划总造价的累计节超调节;不利的一面是整个招标过程延续时间较长,整个项目的总发包价要到最后一份合同签订时才能知道,一定程度上投资目标的控制将处于被动。

(4) 相对于总承包而言,直接承包每项发包的工程量小。一方面这种模式适用于不具备总承包能力的一般中小型企业;另一方面综合管理水平高的企业感到这种方式不利于发挥其技术和管理的综合优势,积极性不高。但对技术复杂、施工难度大的部分,水平高的企业的积极性会高些。

(5) 鉴于建筑法中规定“……禁止将建筑工程肢解发包”,所以对于将本来可以由一个施工企业完成的项目肢解为若干部分、划小发包段以达到规避招标承包中相关规定的违规行为,应当禁止。

6) 合作体承包

合作体承包是一种为承建工程而采取的合作施工的承包模式。它主要适用于项目所涉及的单项工程类型多、数量大、专业性强,一家施工企业无力承担施工总承包,而发包方又希望有一个统一的施工协调组织的情形。由各具特色的几家施工单位自愿结合成合作伙伴,成立施工合作体。

合作体承包的程序和做法是以施工合作体的名义与业主签订《施工承包意向合同》,主要对施工发包方式、发包合同基本条件、施工的总部署、实施协调的原则和方式等作出承诺。这种意向合同也称基本合同,达成协议后,各承包单位分别与发包方签订施工承包合同,并在施工合作体的统一计划、指挥和协调下展开施工，各尽其责、各得其利。

合作体承包方式有下列特点：

(1) 参加合作体的各方都不具备与发包方工程相适应的总承包能力。组成合作体时出于自主性的要求和相互信任度不够而不采取联合体的捆绑式经营方式。

(2) 合作体的各成员单位都有与所承包施工任务相适应的施工力量，包括人员、机械、资金、技术和管理等生产要素。

(3) 各成员单位在施工合作体组成机构的施工总体规划和部署下，实施自主作业管理和经营，自负盈亏，自担风险。

(4) 各成员单位与发包方直接签订工程施工承包合同，在项目施工过程中一旦有一家企业破产倒闭，其他成员单位及合作体机构不承担连带经济责任。这一风险由业主承担。

(5) 法律只承认业主与各施工企业签订的工程承包合同，而意向合同(基本合同)的法律效力待政府制定相应法律后方可认定。

3. 按合同计价方法划分承发包方式

1) 固定价格合同

(1) 固定总价合同

它又称总价合同，是指建设单位要求承包人按商定的总价承包工程，通常适用于规模较小、风险较小、技术简单、工期较短的工程。其主要做法是，以图纸和工程说明书为依据，明确承包内容、计算承包价，一般确定总价后，不予变更。这种方式因为有图纸和工程说明书为依据，建设单位、承包人都能较准确地估算工程造价，建设单位容易选择最优承包人。其缺点主要是承包商要承担一定的风险。因为如果设计图纸和说明书不太详细，未知数比较多；或者遇到材料涨价、地质条件变化和气候条件恶劣等意外情况，承包人风险就会增大，风险费加大不利于降低工程造价，最终对建设单位也不利。

(2) 固定单价合同

固定单价合同分为估算工程量单价合同与纯单价合同两种。

估算工程量单价合同是指以工程量清单和单价表为计算承包价依据的承发包方式。通常由建设单位或委托具有相应资质的中介咨询机构提出工程量清单，列出分部、分项工程量，由承包商根据建设单位给出的工程量，经过复核并填上适当的单价，再算出总造价，建设单位只要审核单价是否合理即可。这种承发包方式，结算时单价一般不能变化，但工程量可以按实际工程量计算，所以承包商只承担所报单价的风险，建设单位承担工程量变动带来的风险。

纯单价合同是指建设单位只向承包方给出发包工程的有关分部分项工程及工程范围，不对工程量作任何规定(即在招标文件中仅给出工程内各个分部分项工程一览表、工程范围和必要的说明，而不必提供实物工程量)，承包方在投标时只需要对这类给定范围的分部分项工程报出单价，合同实施过程中按实际完成的工程量进行结算的一种承发包方式。

2) 可调价格合同

可调价格合同是指对合同总价或者单价，在合同实施期内可根据合同约定，对因资源价格等因素的变化而调整价格的合同形式。

(1) 可调总价合同

可调总价合同是指在报价及签约时，按招标文件的要求和当时的物价来计算合同总价，在合同执行过程中,按照合同中约定的调整办法,对由于通货膨胀造成的成本增加,对合同总价进行相应的调整的一种合同形式。

(2) 可调单价合同

在合同中签订的单价,根据合同约定的条款,如在工程实施过程中物价发生变化等,可作调整。有的工程在签约时,因某些不确定因素而在合同中暂定某些分部分项工程的单价,在工程结算时,再根据实际情况和合同约定对合同单价进行调整,确定实际结算单价。

3) 成本加酬金合同

成本加酬金合同又称成本补偿合同,是指按工程实际发生的成本结算外,建设单位另加上商定好的一笔酬金(总管理费和利润)支付给承包人的一种承发包方式。工程实际发生的成本,主要包括人工费、材料费、施工机械使用费、其他直接费和现场经费及各项独立费等。其主要做法有:成本加固定酬金,成本加固定百分数酬金,成本加浮动酬金,目标成本加奖罚。

4. 按获得承包任务的途径划分承包方式

1) 计划分配

在传统的计划经济体制下,由中央或地方政府的计划部门分配建设工程任务,由设计、施工单位与建设单位签订承包合同。我国在改革开放前多采用这种方式。

2) 投标竞争

通过投标竞争,中标者获得工程任务,与建设单位签订承包合同。这是国际上通用的获得承包任务的主要方式。我国现阶段的工程任务是以投标竞争为主的承包方式。

3) 委托承包

委托承包又称协商承包,即不需经过投标竞争,建设单位直接与承包单位协商,签订委托其承包某项工程任务的合同。主要用于某些投资限额以下的小型工程。

4) 指令承包

指令承包是由政府主管部门依法指定工程承包单位。这是一种具有强制性的行政措施,仅适用于某些特殊情况,如少数特殊工程或偏僻地区工程,施工企业不愿投标的,可由项目主管部门或当地政府指定承包单位。

1.3 建设工程招投标

1.3.1 建设工程招标投标的概念、分类和特点

1. 建设工程招标投标的概念

1) 招标投标

招标投标是在市场经济条件下进行工程建设、货物买卖、中介服务的一种交易方式,其特征是引入竞争机制以求达成交易协议或订立合同。招标投标是指招标人对工程建设、货物买卖、中介服务等交易业务,事先公布采购条件和要求,吸引愿意承接任务的众多投标人参加竞争,招标人按照规定的程序和办法择优选定中标人的活动。

整个招标投标过程,包含着招标、投标和定标(决标)三个主要阶段。招标是招标人为签订合同而进行的准备,在性质上属要约邀请(要约引诱)。投标是投标人获悉招标人提出的

条件和要求后，以订立合同为目的向招标人作出愿意参加有关任务的承接竞争，在性质上属要约。定标是招标人完全接受众多投标人中提出最优条件的投标人，在性质上属承诺。承诺即意味着合同成立。定标是招标投标活动中的核心环节。

2）建设工程招标投标

按照我国有关规定，工程是指各类房屋和土木工程建造、设备安装、管线敷设、装饰装修等建设及附带的服务。建设工程招标投标是指建设单位或个人（即业主或项目法人）通过招标的方式，将工程建设项目的勘察、设计、施工、材料设备供应、监理等业务，一次或分步发包，由具有相应资质的承包单位通过投标竞争的方式承接。

建设工程招标整个过程首先是招标人（建设单位）向特定或不特定的人发出通知，说明建设工程的具体要求以及参加投标的条件、期限等，邀请对方在期限内提出报价。然后根据投标人提供的报价和其他条件，选择对自己最为有利的投标人作为中标人，并与之签订合同。如果招标人对所有的投标条件都不满意，也可以全部拒绝，宣布招标失败，并可另择日期，重新进行招标活动，直至选择最为有利的对象（称中标人）并与之达成协议，建设工程招标投标活动即告结束。

2. 建设工程招标投标的分类

建设工程招标投标按照标准的不同，主要有以下几种不同的分类方式：

1）按工程的建设程序分类

（1）建设项目可行性研究招标投标

（2）工程勘察设计招标投标

（3）材料设备采购招标投标

（4）施工招标投标

2）按建设项目的组成分类

（1）建设项目招标投标

（2）单项工程招标投标

（3）单位工程招标投标

（4）分部分项工程招标投标

3）按行业和专业分类

（1）工程勘察设计招标投标

（2）设备安装招标投标

（3）土建施工招标投标

（4）建筑装饰装修施工招标投标

（5）工程咨询和建设监理招标投标

（6）货物采购招标投标

4）按工程发包承包的范围分类

（1）工程总承包招标投标

（2）工程分承包招标投标

（3）工程专项承包招标投标

5）按工程是否有涉外因素分类

（1）国内工程招标投标

(2) 国外工程招标投标

需补充强调的是，我国为了防止任意肢解工程发包的行为，一般不允许分部工程及分项工程招标投标，但允许特殊专业及劳务工程招标投标。

3. 建设工程招标投标的特点

建设工程招标投标的目的就是在工程建设各阶段中引入竞争机制，将工程项目的发包方、承包方和中介方统一纳入市场，最终择优选定勘察、设计、设备安装、施工、装饰装修、材料设备供应、监理和工程总承包单位，以保证缩短工期、提高工程质量和节约建设资金。

工程招标投标总的特点是：①通过竞争机制，实行交易公开、透明；②鼓励竞争、防止和反对垄断，通过平等竞争，优胜劣汰，实现投资效益最优化；③通过科学合理和规范化的监管机制与运作程序，可有效地杜绝不正之风，保证交易的公正和公平。

由于各类建设工程招标投标的内容不尽相同，所以它们的招标投标意图或侧重点也就不尽相同，在具体操作上也会有细微的差别，呈现出不同的特点。

1) 工程勘察设计阶段招标投标的特点

(1) 工程勘察

工程勘察是指依据工程建设目标，通过对地形、地质、水文等要素进行测绘、勘探、测试及综合分析测定，查明建设场地和有关范围内的地质地理环境特征，提供工程建设所需的资料及其相关的活动。工程勘察具体包括工程测量、水文地质勘察和工程地质勘察。

工程勘察招标投标的主要特点是：①有批准的项目建议书或者可行性研究报告、规划部门同意的用地范围许可文件和要求的地形图；②采用公开招标或邀请招标方式；③申请办理招标登记，招标人自己组织招标或委托招标代理机构代理招标，编制招标文件，对投标单位进行资格审查，发放招标文件，组织勘察现场和进行答疑，投标人编制和递交投标书，开标、评标、定标，发出中标通知书，签订勘察合同；④在评标、定标上，着重考虑勘察方案的优劣，同时也考虑勘察进度的快慢，勘察收费依据与取费的合理性、正确性，以及勘察资历和社会信誉等因素。

(2) 工程设计

工程设计是指依据工程建设目标，运用工程技术和经济方法，对建设工程的工艺、土木、建筑、公用、环境等系统进行综合策划、论证，编制工程建设所需要的文件及其相关的活动。工程设计具体包括总体规划设计(或总体设计)、初步设计、技术设计、施工图设计和设计概(预)算编制。

工程设计招标投标的主要特点是：①在招标的条件、程序、方式上与勘察招标相同；②在招标的范围和形式上，主要实行设计方案招标，可以是一次性总招标，也可以分单项、分专业招标；③在评标、定标上，强调把设计方案的优劣作为择优、确定中标的主要依据，同时也考虑设计经济效益的好坏、设计进度的快慢、设计费报价的高低以及设计资历和社会信誉等因素；④中标人应承担初步设计和施工图设计，经招标人同意也可以向其他具有相应资格的设计单位进行一次性委托分包。

2) 施工招标投标的特点

建设工程施工是指把设计图纸变成预期的建筑产品的活动。施工招标投标是目前我国建设工程招标投标中开展得比较早、比较多、比较好的一类，其程序和相关制度具有代表性、典型性，甚至可以说，建设工程其他类型的招标投标制度，都是承袭施工招标投标制度而来的。

施工招标投标的主要特点是：①在招标条件上，比较强调建设资金的充分到位；②在招标方式上，强调公开招标、邀请招标，议标方式受到严格限制甚至被禁止；③在投标和评标、定标中，要综合考虑价格、工期、技术、质量、安全、信誉等因素，价格因素所占分量比较突出，可以说是关键一环，常常起决定性作用。

3）工程建设监理招标投标的特点

工程建设监理是指具有相应资质的监理单位和监理工程师，受建设单位或个人的委托，独立对工程建设过程进行组织、协调、监督、控制和服务的专业化活动。

工程建设监理招标投标的主要特点是：①在性质上属工程咨询招标投标的范畴；②在招标的范围上，可以包括工程建设过程中的全部工作，如项目建设前期的可行性研究、项目评估等，项目实施阶段的勘察、设计、施工等，也可以只包括工程建设过程中的部分工作，通常主要是施工监理工作；③在评标、定标上，综合考虑监理规划（或监理大纲）、人员素质、监理业绩、监理取费、检测手段等因素，但其中最主要的考虑因素是人员素质，分值所占比重较大。

4）材料设备采购招标投标的特点

建设工程材料设备是指用于建设工程的各种建筑材料和设备。材料设备采购招标投标的主要特点是：①在招标形式上，一般应优先考虑在国内招标；②在招标范围上，一般为大宗的而不是零星的建设工程材料设备采购，如锅炉、电梯、空调等的采购；③在招标内容上，可以就整个工程建设项目所需的全部材料设备进行总招标，也可以就单项工程所需材料设备进行分项招标或者就单件（台）材料设备进行招标，还可以进行从项目的设计，材料设备生产、制造、供应和安装调试到试用投产的工程技术材料设备的成套招标；④在招标中，一般要求做标底，标底在评标、定标中具有重要意义；⑤允许具有相应资质的投标人就部分或全部招标内容进行投标，也可以联合投标，但应在投标文件中明确一个总牵头单位承担全部责任。

5）工程总承包招标投标的特点

简单地讲，工程总承包是指对工程全过程的承包。按其具体范围可分为 3 种情况：

（1）对工程建设项目从可行性研究、勘察、设计、材料设备采购、施工、安装直到竣工验收、交付使用、质量保修等的全过程实行总承包，由一个承包商对建设单位或个人负总责，建设单位或个人一般只负责提供项目投资、使用要求及竣工、交付使用期限。这也就是所谓交钥匙工程。

（2）对工程建设项目实施阶段的全过程实行一次性总承包，从勘察、设计、材料设备采购、施工、安装直到交付使用等。

（3）对整个工程建设项目的某一阶段（如施工）或某几个阶段（如设计、施工、材料设备采购等）实行一次性总承包。

工程总承包招标投标的主要特点是：

（1）它是一种带有综合性的全过程的一次性招标投标；

（2）投标人在中标后应当自行完成中标工程的主要部分（如主体结构等），对中标工程范围内的其他部分，经发包方同意，有权作为招标人组织分包招标投标或依法委托具有相应资质的招标代理机构组织分包招标投标，并与中标的分包投标人签订工程分包合同；

(3) 分承包招标投标的运作一般按照有关总承包招标投标的规定执行。

1.3.2 建设工程招标投标的基本原则

1. 合法原则

合法原则是指建设工程招标投标主体的一切活动，必须符合法律、法规、规章和有关政策的规定。具体的主要包含以下四个方面的内容：

1) 主体资格要合法

招标人必须具备一定的条件才能自行组织招标，否则只能委托具有相应资格的招标代理机构组织招标；投标人必须具有与其投标的工程相适应的资格等级，并经招标人资格审查，报建设工程招标投标管理机构进行资格复查。

2) 活动依据要合法

招标投标活动应按照相关的法律、法规、规章和政策性文件开展。

3) 活动程序要合法

建设工程招标投标活动的程序，必须严格按照有关法规规定的要求进行。当事人不能随意增加或减少招标投标过程中某些法定步骤或环节，更不能颠倒次序、超过时限、任意变通。

4) 对招标投标活动的管理和监督要合法

建设工程招标投标管理机构必须依法监管、依法办事，不能越权干预招(投)标人的正常行为或对招(投)标人的行为进行包办代替，也不能懈怠职责、玩忽职守。

2. 统一、开放原则

1) 统一原则

统一原则主要包含三方面内容：

(1) 市场必须统一

任何分割市场的做法都是不符合市场经济规律要求的，也是无法形成公平竞争的市场机制的。

(2) 管理必须统一

要建立和实行由建设行政主管部门(建设工程招标投标管理机构)统一归口管理的行政管理体制。在一个地区只能有一个主管部门履行政府统一管理的职责。

(3) 规范必须统一

如市场准入规则的统一，招标文件文本的统一，合同条件的统一，工作程序、办事规则的统一等。只有这样，才能真正发挥市场机制的作用，全面实现建设工程招标投标制度的宗旨。

2) 开放原则

要求根据统一的市场准入规则，打破地区、部门和所有制等方面的限制和束缚，向全社会开放建设工程招标投标市场，破除地区和部门保护主义，反对一切人为的对外封闭市场的行为。

3. 公开、公平、公正原则

1) 公开原则

公开原则指建设工程招标投标活动应具有较高的透明度。具体包含以下四层含义：

(1) 建设工程招标投标的信息公开。通过建立和完善建设工程项目报建登记制度,及时向社会发布建设工程招标投标信息,让有资格的投标者都能享受到同等的信息。

(2) 建设工程招标投标的条件公开。什么情况下可以组织招标,什么机构有资格组织招标,什么样的单位有资格参加投标等,必须向社会公开,便于社会监督。

(3) 建设工程招标投标的程序公开。在建设工程招标投标的全过程中,招标单位的主要招标活动程序、投标单位的主要投标活动程序和招标投标管理机构的主要监管程序,必须公开。

(4) 建设工程招标投标的结果公开。哪些单位参加了投标,最后哪个单位中了标,应当予以公开。

2) 公平原则

公平原则是指所有投标人在建设工程招标投标活动中享有均等的机会,具有同等的权利,履行相应的义务,任何一方都不应受歧视。

3) 公正原则

公正原则是指在建设工程招标投标活动中,按照同一标准实事求是地对待所有的投标人,不偏袒任何一方。

4. 诚实信用原则

诚实信用原则,是指在建设工程招标投标活动中,招(投)标人应当以诚相待,讲求信义,实事求是,做到言行一致,遵守诺言,履行成约,不得见利忘义,投机取巧,弄虚作假,隐瞒欺诈,损害国家、集体和其他人的合法权益。诚实信用原则是市场经济的基本前提,是建设工程招标投标活动中的重要道德规范。

5. 求效、择优原则

求效、择优原则,是建设工程招标投标的终极原则。实行建设工程招标投标的目的,就是要追求最佳的投资效益,在众多的竞争者中选出最优秀、最理想的投标人作为中标人。讲求效益和择优定标,是建设工程招标投标活动的主要目标。在建设工程招标投标活动中,除了要坚持合法、公开、公正等前提性、基础性原则外,还必须贯彻求效、择优的目的性原则。贯彻求效、择优原则,最重要的是要有一套科学合理的招标投标程序和评标定标办法。

6. 招标投标权益不受侵犯原则

招标投标权益是当事人和中介机构进行招标投标活动的前提和基础,因此,保护合法的招标投标权益是维护建设工程招标投标秩序、促进建筑市场健康发展的必要条件。建设工程招标投标活动当事人和中介机构依法享有的招标投标权益,受国家法律的保护和约束。任何单位和个人不得非法干预招标投标活动的正常进行,不得非法限制或剥夺当事人和中介机构享有的合法权益。

1.4 工程招投标相关法律、法规

1.4.1 工程招投标相关国家法律

我国招标投标制度是伴随着改革开放而逐步建立并完善的。1984 年,原国家计委、城乡建设环境保护部联合下发了《建设工程招标投标暂行规定》,倡导实行建设工程招投标,我国由此开始推行招投标制度。我国政府有关部委为了推行和规范招标投标活动，先后发布了多项招标投标的相关法律、法规。

1.《中华人民共和国建筑法》

《中华人民共和国建筑法》(以下简称《建筑法》)由中华人民共和国第八届全国人民代表大会常务委员会第二十八次会议于1997年11月1日通过，自1998年3月1日起施行。《建筑法》是建筑业的基本法律，其制定目的是为了加强对建筑活动的监督管理，维护建筑市场秩序，保证建筑工程的质量和安全，促进建筑业健康发展。目前建筑法的有些条款已经不适应市场经济的发展需要，因此我国的建筑法正在修订之中。

2.《中华人民共和国招标投标法》

《中华人民共和国招标投标法》(以下简称《招标投标法》)由中华人民共和国第九届全国人民代表大会常务委员会第十一次会议于1999年8月30日通过，自2000年1月1日起施行。该法包括招标、投标、开标、评标、中标及相应的法律责任等。其制定目的在于规范招标投标活动，保护国家利益、社会公共利益和招标投标活动当事人的合法权益，提高经济效益，保证项目质量。在中华人民共和国境内进行招标投标活动，适用本法。

3.《中华人民共和国合同法》

《中华人民共和国合同法》(以下简称《合同法》)由中华人民共和国第九届全国人民代表大会第二次会议于1999年3月15日通过，自1999年10月1日起施行。其制定目的在于保护合同当事人的合法权益，维护社会经济秩序，促进社会主义现代化建设。

4.《中华人民共和国政府采购法》

《中华人民共和国政府采购法》(以下简称《政府采购法》)由中华人民共和国第九届全国人民代表大会常务委员会第二十八次会议于2002年6月29日通过，自2003年1月1日起施行。其制定目的在于规范政府采购行为，提高政府采购资金的使用效益，维护国家利益和社会公共利益，保护政府采购当事人的合法权益，促进廉政建设。在中华人民共和国境内各级国家机关、事业单位和团体组织，使用财政性资金采购依法制定的集中采购目录以内的或者采购限额标准以上的货物、工程和服务的行为适用本法。

1.4.2 工程招投标相关行政法规

1.《建设工程安全生产管理条例》

《建设工程安全生产管理条例》(国务院第393号令)经2003年11月12日国务院第二十八次常务会议通过，自2004年2月1日起施行。其制定目的在于加强建设工程安全生产监督管理，保障人民群众生命和财产安全。在中华人民共和国境内从事建设工程的新建、扩建、改建和拆除等有关活动及实施对土木工程、建筑工程、线路管道和设备安装工程及装修工程安全生产的监督管理，必须遵守本条例。

2.《建设工程质量管理条例》

《建设工程质量管理条例》(国务院第279号令)经2000年1月10日国务院第二十五次常务会议通过，自发布之日起施行。其制定目的在于加强对建设工程质量的管理，保证建设工程质量，保护人民生命和财产安全。凡在中华人民共和国境内从事土木工程、建筑工程、线路管道和设备安装工程及装修工程的新建、扩建、改建等有关活动及实施对建设工程质量监督管理的，必须遵守本条例。

1.4.3 工程招投标相关部委规章

1.《房屋建筑和市政基础设施工程施工招标投标办法》

《房屋建筑和市政基础设施工程施工招标投标管理办法》(以下简称建设部第 89 号令)已于 2001 年 5 月 31 日经第四十三次建设部常务会议讨论通过,自 2001 年 6 月 1 日发布之日起施行。本办法依据《建筑法》、《招标投标法》等法律、行政法规制定,其目的在于规范房屋建筑和市政基础设施工程施工招标投标活动,维护招标投标当事人的合法权益。凡在中华人民共和国境内从事房屋建筑和市政基础设施工程施工招标投标活动,实施对房屋建筑和市政基础设施工程施工招标投标活动的监督管理,均应遵守本办法。

2.《工程建设项目施工招标投标办法》

2003 年 3 月 8 日,国家计委、建设部、铁道部、交通部、信息产业部、水利部、中国民用航空总局审议通过了《工程建设项目施工招标投标办法》(简称七部委第 30 号令),自 2003 年 5 月 1 日起施行。其制定目的在于规范工程建设项目施工招标投标活动。凡在中华人民共和国境内进行工程施工招标投标活动,均适用本办法。

3.《房屋建筑和市政基础设施工程施工分包管理办法》

2003 年 11 月 8 日建设部第二十一次常务会议讨论通过《房屋建筑和市政基础设施工程施工分包管理办法》(简称建设部第 124 号令),2004 年 2 月 3 日发布,自 2004 年 4 月 1 日起施行。本办法根据《建筑法》、《招标投标法》、《建设工程质量管理条例》等有关法律、法规制定,其目的在于规范房屋建筑和市政基础设施工程施工分包活动,维护建筑市场秩序,保证工程质量和施工安全。凡在中华人民共和国境内从事房屋建筑和市政基础设施工程施工分包活动,实施对房屋建筑和市政基础设施工程施工分包活动的监督管理,适用本办法。

4.《工程建设项目招标范围和规模标准规定》

《工程建设项目招标范围和规模标准规定》(国家计委第 3 号令)于 2000 年 4 月 4 日经国务院批准,自 2000 年 5 月 1 日起施行。本办法根据《招标投标法》第三条的规定制定,其目的在于确定必须进行招标的工程建设项目的具体范围和规模标准,规范招标投标活动。办法中规定省、自治区、直辖市人民政府根据实际情况,可以规定本地区必须进行招标的具体范围和规模标准,但不得缩小本规定确定的必须进行招标的范围。国家发展计划委员会可以根据实际需要,会同国务院有关部门对本规定确定的必须进行招标的具体范围和规模标准进行部分调整。

5.《评标委员会和评标方法暂行规定》

为了规范评标委员会的组成和评标活动,国家计委、国家经贸委、建设部、铁道部、交通部、信息产业部、水利部联合制定了《评标委员会和评标方法暂行规定》(七部委第 12 号令),自 2001 年 7 月 5 日起施行。本办法依照《招标投标法》制定,其目的在于规范评标活动,保证评标的公平、公正,维护招标投标活动当事人的合法权益。依法必须招标项目的评标活动适用本规定。

6.《评标专家和评标专家库管理暂行办法》

《评标专家和评标专家库管理暂行办法》(国家计委第 29 号令),经国家计委审议通过,自 2003 年 4 月 1 日起施行。本办法根据《招标投标法》制定,其目的在于加强对评标专家的监督管理,健全评标专家库制度,保证评标活动的公平、公正,提高评标质量。本办法适用于评标专家的资格认定、入库及评标专家库的组建、使用、管理等活动。

7.《工程建设项目招标投标活动投诉处理办法》

国家发展和改革委员会、建设部、铁道部、交通部、信息产业部、水利部、中国民用航空总局联合发布《工程建设项目招标投标活动投诉处理办法》(以下简称七部委第 11 号令)，自 2004 年 8 月 1 日起施行。本办法根据《招标投标法》第六十五条规定制定，其目的在于保护国家利益、社会公共利益和招标投标当事人的合法权益，建立公平、高效的工程建设项目招标投标活动投诉处理机制。本办法适用于工程建设项目招标投标活动的投诉及其处理活动。

8.《工程建设项目勘察设计招标投标办法》

国家发展和改革委员会、建设部、铁道部、交通部、信息产业部、水利部、民航总局、广电总局联合发布《工程建设项目勘察设计招标投标办法》(简称八部委第 2 号令)，自 2003 年 8 月 1 日起施行。本办法根据《招标投标法》制定，其目的在于规范工程建设项目勘察设计招标投标活动，提高投资效益，保证工程质量。在中华人民共和国境内进行工程建设项目勘察设计招标投标活动，适用本办法。

9.《工程建设项目货物招标投标办法》

国家发展和改革委员会、建设部、铁道部、交通部、信息产业部、水利部、中国民用航空总局审议通过了《工程建设项目货物招标投标办法》(简称七部委第 27 号令)，自 2005 年 3 月 1 日起施行。本办法根据《招标投标法》和国务院有关部门的职责分工制定，其目的在于规范工程建设项目的货物招标投标活动，保护国家利益、社会公共利益和招标投标活动当事人的合法权益，保证工程质量，提高投资效益。本办法适用于在中华人民共和国境内依法必须进行招标的工程建设项目货物(指与工程建设项目有关的重要设备、材料等)招标投标活动。

10.《招标公告发布暂行办法》

《招标公告发布暂行办法》(国家计委第 4 号令)经国家计委主任办公会议讨论通过，自 2000 年 7 月 1 日起执行。本办法根据《招标投标法》制定，其目的在于规范招标公告发布行为，保证潜在投标人平等、便捷、准确地获取招标信息。本办法适用于依法必须招标项目的招标公告发布活动。

11.《工程建设项目自行招标试行办法》

《工程建设项目自行招标试行办法》(国家计委第 5 号令)已经国家计委主任办公会议讨论通过，自 2000 年 7 月 1 日起实施。本办法根据《招标投标法》和《国务院办公厅印发国务院有关部门实施招标投标活动行政监督的职责分工意见的通知》制定，其目的在于规范工程建设项目招标人自行招标行为，加强对招标投标活动的监督。本办法适用于经国家计委审批(含经国家计委初审后报国务院审批)的工程建设项目的自行招标活动。

12.《〈标准施工招标资格预审文件〉和〈标准施工招标文件〉试行规定》

为了规范施工招标资格预审文件、招标文件编制活动，促进招标投标活动的公开、公平和公正，国家发展和改革委员会、财政部、建设部、铁道部、交通部、信息产业部、水利部、民用航空总局、广播电影电视总局联合制定了《〈标准施工招标资格预审文件〉和〈标准施工招标文件〉试行规定》(九部委第 56 号令)及相关附件，自 2008 年 5 月 1 日起施行。本《标准文件》在政府投资项目中试行。国务院有关部门和地方人民政府有关部门可选择若干政府投资项目作为试点，由试点项目招标人按本规定使用《标准文件》。

13.《必须招标的工程项目规定》

《必须招标的工程项目规定》(国家发展改革委令第16号)于2018年3月27日，经国务院批准，自2018年6月1日起施行。为了确定必须招标的工程项目，规范招标投标活动，提高工作效率，降低企业成本，预防腐败，根据《中华人民共和国招标投标法》第三条制定本规定，其目的在于确定必须进行招标的工程建设项目的具体范围和规模标准，规范招标投标活动。

不属于本规定第二条、第三条规定情形的大型基础设施、公用事业等关系社会公共利益、公众安全的项目，必须招标的具体范围由国务院发展改革部门会同国务院有关部门按照确有必要、严格限定的原则制订，报国务院批准。

习题

1. 简述建筑市场的概念和特点。
2. 建筑市场的主体、客体都指什么？
3. 简述我国建筑市场体系的构成。
4. 简述我国的建设管理体制。
5. 简述工程承发包的概念。
6. 简述工程承发包的内容和方式。
7. 我国建设工程招标投标活动应当遵循的基本原则主要有哪些？
8. 简述建设工程招标投标的分类。
9. 建筑工程招标的方式有哪些？
10. 简述我国招标投标与合同管理的法律体系。

<<< 第2章

建设工程招标

2.1 建设工程招标概述

2.1.1 建设工程招标的概念

建设工程招标是指招标人通过招标公告或投标邀请书等方式，招请具有法定条件和具有承建能力的投标人参与投标竞争，择优选定项目承包人。招标这种择优竞争的采购方式完全符合市场经济的要求，也是通过事先公布采购条件和要求，众多的投标人按照同等条件进行平等竞争，从中择优选定项目的中标人。

2.1.2 建设工程招标的范围

《招标投标法》第三条规定，凡在中华人民共和国境内进行下列工程建设项目，包括项目的勘察、设计、施工、监理以及与工程建设有关的重要设备、材料等的采购，必须进行招标。

2018 年 3 月，国家发展与改革委员会颁布了《必须招标的工程项目规定》(国家发展改革委令第 16 号)，从 2018 年 6 月 1 日起施行。同时，为明确必须招标的大型基础设施和公用事业项目范围，国家发展与改革委员会又颁布了《必须招标的基础设施和公用事业项目范围规定》(发改法规规(2018)843 号)，从 2018 年 6 月 6 日起施行。

1. 大型基础设施、公用事业等关系社会公共利益、公共安全的项目

必须招标的具体范围由国务院发展改革部门会同国务院有关部门按照确有必要、严格限定的原则制订，报国务院批准。

不属于《必须招标的工程项目规定》(国家发展改革委令第 16 号)第二条、第三条规定情形的大型基础设施、公用事业等关系社会公共利益、公众安全的项目，必须招标的具体范围如下：煤炭、石油、天然气、电力、新能源等能源基础设施项目；铁路、公路、管道、水运以及公共航空和 A1 级通用机场等交通运输基础设施项目；电信枢纽、通信信息网络等通信基础设施项目；防洪、灌溉、排涝、引(供)水等水利基础设施项目；城市轨道交通等城建项目。

2. 全部或者部分使用国有资金投资或国家融资的项目

根据《必须招标的工程项目规定》(国家发展改革委令第 16 号)，使用国有资金投资项目的范围如下：使用预算资金 200 万元人民币以上，并且该资金占投资额 10%以上的项目；使用国有企业事业单位资金，并且该资金占控股或者主导地位的项目。

3. 使用国际组织或者外国政府贷款、援助资金的项目

根据《必须招标的工程项目规定》(国家发展改革委令第 16 号)，使用国际组织或者国外政府资金的项目的范围如下：使用世界银行、亚洲开发银行等国际组织贷款、援助资金的项目；使用外国政府及其机构贷款、援助资金的项目。

4. 必须招标的工程项目的招标标准

《必须招标的工程项目规定》(国家发展改革委令第16号)规定的上述各类工程建设项目,包括项目勘察、设计、施工、监理以及与工程建设有关的重要设备、材料等的采购,达到下列标准之一的,必须进行招标。

(1) 施工单项合同估算价在400万元人民币以上；

(2) 重要设备、材料等货物的采购,单项合同估算价在200万元人民币以上；

(3) 勘察、设计、监理等服务的采购,单项合同估算价在100万元人民币以上；

(4) 同一项目中可以合并进行的勘察、设计、施工、监理以及与工程建设有关的重要设备、材料等的采购,合同估算价合计达到前款规定标准的,必须招标。

2.1.3 建设工程招标条件

1. 招标单位的必备条件

(1) 必须是法人或依法成立的其他组织；

(2) 必须履行报批手续并取得批准；

(3) 有与招标工程相应的经济技术管理人员；

(4) 有组织编制招标文件的能力；

(5) 有审查投标单位资质的能力；

(6) 有组织开标、评标、定标的能力；

不具备上述(3)～(6)项条件的,须委托具有相应资质的招标代理机构代理招标。

2. 招标项目必须符合的要求

(1) 项目概算已经批准；

(2) 项目已正式列入国家、部门或地方的年度固定资产投资计划；

(3) 建设用地的征地工作已经完成；

(4) 有能够满足施工需要的施工图纸及技术资料；

(5) 建设资金和主要建筑材料、设备的来源已经落实；

(6) 已经建设项目所在地规划部门批准,施工现场的"三通一平"已经完成或一并列入施工招标范围。

当然,一些省、自治区、直辖市对招标条件还有更为具体的规定,例如规定招标工程必须是已向当地招标管理部门办理了项目登记手续,招标控制价已经编制完毕等。

3. 建设工程招标方式

我国《招标投标法》第十条只规定了公开招标和邀请招标为法定招标方式。

1) 公开招标

公开招标是指招标人以招标公告的方式邀请不特定的法人或其他组织投标的一种招标方式。公开招标,又称无限竞争性招标,是指由招标人通过报纸、刊物、广播、电视等大众媒体,向社会公开发布招标公告,凡对此招标项目感兴趣并符合规定条件的不特定的承包商,都可自愿参加竞标的一种工程发包方式。

公开招标是最具竞争性的招标方式。在国际上，谈到招标通常都是指公开招标。公开招标也是所需费用最高、花费时间最长的招标方式。

公开招标有利于开展真正意义上的竞争，最充分地展示公开、公正、平等竞争的招标原则，防止和克服垄断；能有效地促使承包商在增强竞争实力上修炼内功，努力提高工程质量，缩短工期，降低造价，求得节约和效率，创造最合理的利益回报；有利于防范招标投标活动操作人员和监督人员的舞弊现象。但是参加竞争的投标人越多，每个参加者中标的概率将越小，白白损失投标费用的风险也越大；招标人审查投标人资格、投标文件的工作量比较大，耗费的时间长，招标费用支出也比较多。

应当采用公开招标的工程范围：我国《招标投标法》第十条规定，国务院发展计划部门确定的国家重点建设项目和各省、自治区、直辖市人民政府确定的地方重点建设项目，以及全部使用国有资金投资或者国有资金投资占控股或者主导地位的工程建设项目，应当公开招标。

2）邀请招标

邀请招标是指招标人以投标邀请书的方式邀请特定的法人或其他组织投标的一种招标方式。又称有限竞争性招标或选择性招标，是指由招标人根据自己的经验和掌握的信息资料，向被认为有能力承担工程任务、预先选择的特定的承包商发出邀请书，要求他们参加工程的投标竞争。

其特点是：邀请招标的招标人要以投标邀请书的方式向一定数量的潜在投标人发出投标邀请，只有接受投标邀请书的法人或者组织才可以参加投标竞争，其他法人和组织无权参加。由于这种招标方式的投标者范围只限于收到投标邀请书的法人或组织，竞争就会受到限制。由于被邀请参加的投标竞争者有限，不仅可以节约招标费用，而且提高了每个投标者的中标概率，又因为不用刊登招标公告，投标有效期大大缩短。

2003年3月8日国家发展和改革委员会发布的《工程建设项目施工招标投标办法》第十一条规定，有下列情形之一的，经批准可进行邀请招标：

项目技术复杂或有特殊要求，只有少量几家潜在投标人可供选择的；

受自然地域环境限制的；

涉及国家安全、国家秘密或者抢险救灾，适宜招标但不宜公开招标的；

拟公开招标的费用与项目的价值相比，不值得的；

法律、法规规定不宜公开招标的。

3）议标

目前世界各国和有关国际组织有关招标的方式大体分为三种：公开招标、邀请招标和议标。这是因为议标是通过协商达成交易的一种方式，通常在非公开状态下采取一对一谈判的方式进行，这显然违反了招标应遵循的公开、公平、公正的原则。但是，在项目实施中，“议标”又是不可缺少的。如果能做到为了合同目标的实现，直接选择资格合格的、有经验的、有实力和能力，且报价合理的承包人，这也就达到了招标的目的。这样的情况下选择“议标”也就无可非议了。

议标是招标人采取直接与一家或几家投标人进行合同谈判确定承保条件和标价的方式，又称谈判招标或指定招标。

在我国，对于某些工程，目前还可采用议标方式。对不宜公开招标或邀请招标的特殊工程，应报主管机构，经批准后才可以议标。参加议标的单位一般不少于两家。议标不发招标公告，也不发邀请书，而是由招标单位与施工企业直接商谈，达成一致意见后直接签约。议标也必须经过报价、比较、评定阶段，业主通常采取多家议标，货比三家的原则，择优录取。不过，目前在我国的工程建设承包实践中，采用单向议标的方法还是比较多见的，议标的工程通常为小型新建工程或改造维修或装饰装修工程。

按照国际惯例和规则，议标方式一般适合下列情况：

(1) 已招标项目的实施中，增购或增建类似性质的货物或工程建设；

(2) 所需设备或工程建设具有专卖或特殊要求，并且只能从单一的企业获得；

(3) 项目规模太小，有资格的施工企业不大可能以合理的价格直接采购时，可以邀请多家进行谈判，选择中标人；

(4) 在自然灾害或外部障碍，以及急需采取紧急行动的特殊情况下的项目实施。

2003 年 3 月 8 日国家发展和改革委员会等七部委令第 38 号发布的《工程建设项目施工招标投标办法》第十二条规定下列项目不可进行招标：

(1) 涉及国家安全、国家秘密或者抢险救灾而不适宜招标的；

(2) 属于利用扶贫资金实行以工代赈需要使用农民工的；

(3) 施工主要技术采用特定的专利或者专有技术的；

(4) 施工企业自建自用的工程，且该施工企业资质等级符合工程要求的；

(5) 在建工程追加的附属小型工程或者主体加层工程，原中标人仍具备承包能力的；

(6) 法律、行政法规规定的其他情形。

2.2 建设工程招标的程序

建设工程招标程序主要是指招标工作在时间上和空间上应遵循的先后顺序，分为招标准备阶段、招标阶段和决标成交阶段，如图 2-1 所示。

招标准备阶段，是从办理招标申请开始到发出招标广告或邀请批标函为止的时间段；

招标阶段，也是投标人的投标阶段，从发布招标广告之日起到投标截止之日的时间段；

决标成交阶段，是从开标之日起到与中标人签订承包合同为止的时间段。

从招标人角度，建设工程招标的一般程序主要经历以下几个环节：

(1) 设立招标组织或者委托招标代理人；

(2) 办理招标备案手续，申报招标的有关文件；

(3) 发布招标公告或者发出投标邀请书；

(4) 对投标者进行资格审查；

(5) 发售招标文件和有关资料，收取投标保证金；

(6) 组织投标人踏勘现场，对招标文件进行答疑；

(7) 成立评标委员会，召开开标会议；

(8) 审查投标文件，澄清投标文件不清楚的问题，组织评标；

(9) 择优定标，发出中标通知书；

(10) 签订合同。

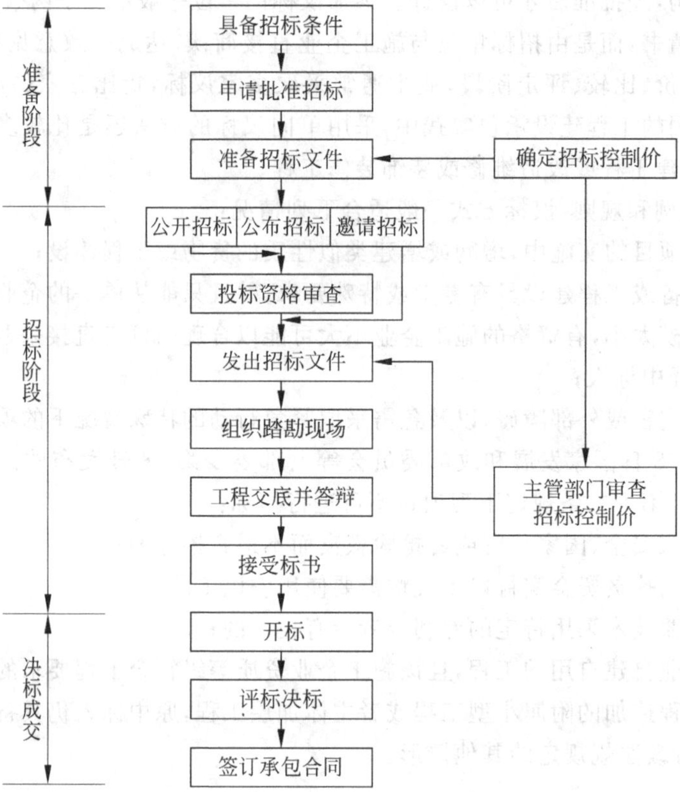

图 2-1 招标程序

2.2.1 设立招标组织或者委托招标代理人

应当招标的工程建设项目,办理报建登记手续后,凡已满足招标条件的,均可组织招标,办理招标事宜。招标组织组织招标必须具有相应的组织招标的资质。

根据招标人是否具有招标资质,可以将组织招标分为两种情况。

1. 招标人自行招标

由于工程招标是一项经济性、技术性较强的专业民事活动,因此招标人自己组织招标必须具备一定的条件,设立专门的招标组织,经招标投标管理机构审查合格,确认其具有编制招标文件和组织评标的能力,才能同意自行招标。

2. 招标人委托招标代理机构办理招标事宜

招标人不具备自行招标能力的,必须委托具备相应资质的招标代理机构组织招标。这是为保证工程招标的质量和效率,适应市场经济条件下建筑业的第三方服务业的快速发展而采取的管理措施。

目前我国各地招标人确定招标代理机构,通常通过比选方式确定。

招标代理机构比选流程如下:

(1) 属于比选的项目已经审批、核准或备案。

(2) 比选人按规定编制比选方案,并附有关资料按属地原则报政府投资主管部门备案并抄送有关行业主管部门。

(3) 比选人在指定的公共媒体免费发布比选公告——比选申请人在媒体网站自愿报名、购买比选文件、按规定报价或不报价等。

(4) 在有关部门的现场监督下并在规定时间内，比选人随机抽取比选被邀请人并书面告知比选项目的内容、特点、要求以及比选规则。比选规则应当明确比选程序、谈判内容、评审标准、合同草案。

(5) 比选被邀请人编制实施方案。

(6) 比选人按规定组建评审委员会与比选被邀请人进行谈判并进行评选。

(7) 比选人按规定确定中选人，向中选人发出中选通知书，向未中选的比选被邀请人发出中选结果通知书，比选申请人和其他利害关系人不服的，按规定向有关监督部门提出投诉。

(8) 比选人和中选人订立书面合同，比选人将签订书面合同并将有关资料报政府投资主管部门备案并抄送有关行业主管部门。

招标人委托招标代理机构代理招标，必须与之签订招标代理合同。招标代理合同应当明确委托代理机构的范围和内容、招标代理机构的代理权限和期限、代理费用的约定和支付、招标人应提供的招标条件、资料和时间要求、招标工作安排，以及违约责任等主要条款。

2.2.2 办理招标备案手续，申报招标的有关文件

招标人在依法设立招标组织并取得相应招标组织资质证书，或者书面委托具有相应资质的招标代理机构后，就可以组织招标，办理招标事宜。招标人自己组织招标、自行办理招标事宜或者委托招标代理机构代理组织招标、代为办理招标事宜的，应当向有关行政监督部门备案。

具体情况中，各地的一般规定为：招标人进行招标，要向招标投标管理机构申报招标申请书，招标申请书经批准后，就可以编制招标文件、评标定标办法和招标控制价(标底)，并将这些文件报送招标投标管理机构批准。经招标投标管理机构对上述文件进行审查认定后，就可以发布招标公告或发出投标邀请书。

招标申请书是招标人向政府主管机构提交的要求开始组织招标、办理招标事宜的一种文书。其主要内容包括：招标工程具备的条件、招标的工程内容和范围、拟采用的招标方式、对投标人的要求、招标人或者招标代理机构的资质等。

2.2.3 发布招标公告或者发出投标邀请书

1. 采用公开招标方式

招标人要在报纸、杂志、广播、电视等大众传媒或工程交易中心公告栏上发布招标公告，一切愿意参加工程投标的不特定的承包商申请投标资格审查或申请投标。

在国际上，对公开招标发布招标公告有两种方法：

(1) 实行资格预审(即在投标前进行资格审查)的，用资格预审通告代替招标公告，即只发布资格预审通告即可。通过发布资格预审通告，招请一切愿意参加工程投标的承包商申请投标资格审查。工程招标可采用全部工程招标、单位工程招标、特殊专业工程招标等方法，但不得对单位工程的分部分项工程进行招标。工程招标公告见附件一。

附件一 招标公告

××市地铁1号线一期工程出入口、风亭及附属建筑工程施工招标公告

1 招标条件

1.1 本招标项目××地铁1号线一期工程出入口、风亭及附属建筑工程已由国家发展和改革委员会以发改投资××号批准建设，项目业主为××地铁有限责任公司，建设资金来自招标人按政府有关规定筹集资金，项目出资比例为100%，招标人为××地铁有限责任公司。项目已具备招标条件，现对该项目的施工进行公开招标。

1.2 本招标项目为××省行政区域内的国家投资工程建设项目，国家发展与改革委员会核准(招标事项核准文号为发改投资〔2005〕××号)的招标组织形式为自行招标。

2 项目概况与招标范围

2.1 建设地点：××地铁1号线一期工程车站沿线

2.2 规模：见招标文件及附图

2.3 计划工期：

计划开工时间：2010年8月18日；

计划竣工时间：2011年3月31日；共计216日历天(业主有权调整工期)。

2.4 招标范围：

××地铁1号线一期工程出入口、风亭及附属建筑工程：施工图设计、制作、安装、调试、竣工验收、保修以及海洋公园站地面广场的铺砌等工作内容。包括但不限于下列各项：有盖出入口屋面、钢结构及侧面玻璃侧墙制作及安装；无盖出入口花岗石侧墙及不锈钢栏杆的制作及安装；无障碍电梯及电梯厅外立面、雨棚的制作及安装；高、低风亭砌筑、制作及安装；地面恢复及市政道路接驳等以及相关的预留预埋，并配合其他承包商的灯具、导向牌、广告、设备安装、装修收口及海洋公园站地面广场的铺砌工程；冷却塔下沉天井的施工及装修；地面恢复及市政道路接驳施工图等以及相关的预留预埋件。

3 投标人资格要求

3.1 本次招标要求投标人须具备的条件。

3.1.1 具备独立企业法人资格。

3.1.2 投标人必须同时具备建筑装修装饰工程承包一级资质、国家建设行政主管部门颁发的钢结构工程专业设计乙级及以上资质和钢结构工程专业承包二级及以上资质；如投标人无钢结构工程专业设计乙级及以上资质和钢结构工程专业承包二级及以上资质，则钢结构工程须委托一家具有相应资质的单位进行设计和施工。

3.1.3 投标人2007年以来至少具有2项已竣工的公用建筑装修装饰施工工程单个项目2000万元以上的施工业绩，并在人员、设备、资金等方面具有相应的施工能力。

3.1.4 投标人没有处于被××省政府市场禁入期内的。

3.2 本次招标不接受联合体投标。

4 招标文件的获取

4.1 凡有意参加投标者，请于2010年7月22日至2010年7月28日(法定公休日、法定节假日除外)，每日上午9：00时至12：00时，下午14：00时至17：00时(北京时间，下同)，在××市建设工程交易中心持下列证件(证明、证书)购买招标文件：

(1) 购买人有效身份证及单位介绍信(原件)

(2) 营业执照(验原件交加盖鲜章的复印件)

(3) 资质证书(验原件交加盖鲜章的复印件)

(4) 安全生产许可证(验原件交加盖鲜章的复印件)

(5) 业绩证明材料提供中标通知书或合同或竣工验收报告(验原件交加盖鲜章的复印件)

(6) 基本户的开户许可证复印件

4.2　所有资料装订成册。按所述地址报名并购买招标文件,每份人民币150元整,售后不退。

5　投标文件的递交

5.1　投标文件递交的截止时间(投标截止时间,下同)为2010年8月21日9时30分,地点为××市建设工程交易中心。

5.2　逾期送达的或者未送达指定地点的投标文件,招标人不予受理。

6　发布公告的媒介

本次招标公告同时在××日报、中国采购与招标网(www.chinabidding.com.cn)上发布。

7　联系方式

招标人:××地铁有限责任公司

地址:

邮编:

联系人:

传真:

电子邮件:

开户银行:

账号:

(2) 实行资格后审(即在开标后进行资格审查)的,不发资格审查通告,而只发招标公告。通过招标公告,招请一切愿意参加工程投标的承包商申请投标。

我国各地的做法,习惯上都是在投标前对投标人进行资格审查,这应属于资格预审,但不一定按国际上的通常做法进行,不太注意对资格预审通告和招标公告使用上的区分,只要使用其一表达了意思即可。

2. 采用邀请招标方式

招标人要向三个以上具备承担招标工程项目的能力、资信良好的特定的承包商发出投标邀请书,邀请他们申请投标资格审查,参加投标。工程投标邀请书见附件二。

附件二　投标邀请书(代资格预审通过通知书)

(项目名称)　　　　　　　　　　标段施工投标邀请书

(被邀请单位名称):

你单位已通过资格预审,现邀请你单位按招标文件规定的内容,参加________(项目名称)________标段施工投标。

请你单位于　　年　　月　　日至　　年　　月　　日(法定公休日、法定节假日除外)，每日上午　　时至　　时，下午　　时至　　时(北京时间，下同)，在________(详细地址)持本投标邀请书购买招标文件。

招标文件每套售价为________元，售后不退。图纸押金________元，在退还图纸时退还(不计利息)。邮购招标文件的，需另加手续费(含邮费)________元。招标人在收到邮购款(含手续费)后________日内寄送。

递交投标文件的截止时间(投标截止时间，下同)为________年________月________日________时________分，地点为________。

逾期送达的或者未送达指定地点的投标文件，招标人不予受理。

你单位收到本投标邀请书后，请于________(具体时间)前以传真或快递方式予以确认。

招标人：	招标代理机构：		
地址：	地址：		
邮编：	邮编：	联系人：	联系人：
电话：	电话：		
传真：	传真：		
电子邮件：	电子邮件：		
网址：	网址：		
开户银行：	开户银行：		
账号：	账号：		

年　　月　　日

2.2.4 资格预审

资格预审的目的在于了解投标单位的技术和财务实力及管理经验，使招标获得比较理想的结果，限制不符合要求条件的单位盲目参加招标，并作为决标的参考。其方式如下：

(1) 公开招标进行资格预审时，通过对申请单位填报的资格预审文件和资料进行评比和分析，确定出合格的申请单位名单。将名单报招标管理机构审查核准。

(2) 待招标管理机构核准同意后，招标单位向所有合格的申请单位发出资格预审合格通知书。申请单位在收到资格预审合格通知书后，应以书面形式予以确认，在规定的时间领取招标文件、图纸及有关技术资料，并在投标截止日期前递交有效的投标文件。资格预审审查的主要内容有：

资格预审申请人简介(表2-1)；

拟派项目经理近三年已完工程的情况(表2-2)；

拟投入的主要施工人员表(表2-3)；

拟用于本工程项目的主要施工机械设备(表2-4)；

财务状况表；

提供资格审查证明材料清单；

其他资料(如各种奖励或处罚等)。

表 2-1 资格预审申请人简介

单位名称		地址	
法定代表人		单位性质	
资质等级		资质证号	
项目经理		资质证号	
联系人		联系电话	
		传真号码	
资格预审申请人组织机构和企业概况			

表 2-2 拟派项目经理近三年已完工程一览表

项目名称	建设单位	合同价格/万元	建筑面积/m^2	开、竣工时间	质量评定结果	奖惩情况

表 2-3 拟投入的主要施工人员表

名称	姓名	职务	职称	主要资历、经验及承担过的工程
1. 施工员				
2. 质检员				
3. 安全员				
4. 材料员				
5. 预算员				
6. 其他				

表 2-4 拟用于本工程项目的主要施工机械设备

序号	机械和设备名称	型号规格	数量	国别产地	制造年份	额定功率/kW	生产能力/(m/h)	自有或租赁

2.2.5 分发招标文件和有关资料，收取投标保证金

招标人向经审查合格的投标人分发招标文件及有关资料，并向投标人收取投标保证金。公开招标实行资格后审的，直接向所有投标报名者分发招标文件和有关资料，收取投标保证金。

招标文件发出后，招标人不得擅自变更其内容。确需进行必要的澄清、修改或补充的，应当在招标文件要求提交投标文件截止时间至少15天前，书面通知所有获得招标文件的投标人。该澄清、修改或补充的内容是招标文件的组成部分，对招标人和投标人都有约束力。

投标保证金是为防止投标人不审慎考虑和进行投标活动而设定的一种担保形式，是投标人向招标人缴纳的一定数额的金钱。招标人发售招标文件后，不希望投标人不递交投标文件或递交毫无意义或未经充分、慎重考虑的投标文件，更不希望投标人中标后撤回投标文件或不签署合同。因此，为了约束投标人的投标行为，保护招标人的利益，维护招标投标活动的正常秩序，设立投标保证金制度，这也是国际上的一种习惯做法。投标保证金的收取和缴纳办法应在招标文件中说明，并按招标文件的要求进行。

投标保证金的直接目的虽说是保证投标人对投标活动负责，但其一旦缴纳和接受，对双方都有约束力。

1. 对投标人而言

缴纳投标保证金后，如果投标人按规定的时间要求递交投标文件；在投标有效期内未撤回投标文件；经开标、评标获得中标后与招标人订立合同的，就不会丧失投标保证金。投标人未中标的，在定标发出中标通知书后，招标人原额退回投标保证金；投标人中标的，在依中标通知书签订合同时，招标人原额退回其投标保证金。

如果投标人未按规定的时间要求递交投标文件；在投标有效期内撤回投标文件；经开标、评标获得中标后不与招标人订立合同的，就会丧失投标保证金。而且，丧失投标保证金并不能免除投标人因此而应承担的赔偿和其他责任，招标人有权就此向投标人或投标保函出具者索赔或要求其承担其他相应的责任。

2. 对招标人而言

收取投标保证金后，如果不按规定的时间要求接受投标文件；在投标有效期内拒绝投标文件；中标人确定后不与中标人订立合同的，则要双倍返还投标保证金。而且，双倍返还投标保证金并不能免除招标人因此而应承担的赔偿和其他责任，投标人有权就此向招标人索赔或要求其承担其他相应的责任。

如果招标人收取投标保证金后，按规定的时间要求接受投标文件；在投标有效期内未

拒绝投标文件；中标人确定后与中标人订立合同的，仅需原额退还投标保证金。

2.2.6 组织投标人踏勘现场，对招标文件进行答疑

踏勘现场是指招标人组织投标申请人对工程现场场地和周围环境等客观条件进行的现场勘察，招标人根据招标项目的具体情况，可以组织投标申请人踏勘项目现场，但招标人不得单独或者分别组织任何一个投标人进行现场踏勘。投标人到现场调查，可进一步了解招标人的意图和现场周围的环境情况，以获取有用的信息并据此作出是否投标或投标策略以及投标报价。招标人应主动向投标申请人介绍所有施工现场的有关情况。

投标申请人对影响工程施工的现场条件进行全面考察，包括经济、地理、地质、气候、法律环境等情况，对工程项目一般应至少了解下列内容：

施工现场是否达到招标文件规定的条件；

施工的地理位置和地形、地貌管线设置情况；

施工现场的地质、土质、地下水位、水文等情况；

施工现场的气候条件，如气温、湿度、风力等；

现场的环境，如交通、供水、供电、污水排放等；

临时用地、临时设施搭建等，即工程施工过程中临时使用的工棚，堆放材料的库房以及这些设施所占的地方等。

潜在投标人依据招标人介绍情况作出的判断和决策，由投标人自行负责。投标人在踏勘现场中如有疑问，应在招标人答疑前以书面形式向招标人提出，以便于得到招标人的解答。投标人踏勘现场发现的问题，招标人可以书面形式答复，也可以在投标预备会上解答。

投标预备会也称答疑会、标前会议，是指招标人为澄清或解答招标文件或现场踏勘中的问题，以便投标人更好地编制投标文件而组织召开的会议。投标预备会或答疑会由招标人组织并主持召开，目的在于招标人解答投标人对招标文件和在踏勘现场中提出的问题，包括书面的和在答疑会上口头提出的问题。答疑会结束后，由招标人整理会议记录和解答内容(包括会上口头提出的询问和解答)，以书面形式将所有问题及解答内容向所有获得招标文件的投标人发放。问题及解答纪要需同时向建设行政监督部门备案，该解答的内容为招标文件的组成部分。为便于投标人在编制投标文件时，将招标人对问题的解答内容和招标文件的澄清或修改的内容编写进去，招标人可根据情况酌情延长投标截止时间。根据需要，答疑也可以采取书面形式进行。

2.2.7 召开开标会议

投标预备会结束后，招标人就要为接受投标文件、开标做准备。接受投标文件工作结束，招标人要按招标文件的规定准时开标、评标。应在招标文件规定的时间、地点，在投标单位的法定代表人或授权代理人在场的情况下举行开标会议。开标一般在当地的建设工程交易中心举行，开标会议由招标人或招标代理机构组织并主持，招标投标管理机构到场监督。

2.2.8 组建评标组织进行评标

开标会议结束后，招标人要组织评标。评标必须在招标投标管理机构的监督下，由招标人依法组建的评标组织进行。评标组织由招标人的代表和有关经济、技术方面的专家组成，

与投标人有利害关系的人不得进入相关项目的评标委员会，评标委员会的名单在评标过程中保密，不得向外泄露。

评标委员会完成评标后，应当向招标人提出书面评标报告，并推荐合格的中标候选人，整个评标过程应在招标投标管理机构的监督下进行。

2.2.9 择优定标，发出中标通知书

评标结束应当产生定标结果。招标人根据评标委员会的书面评标报告确定中标人，并按照相关程序对中标候选人进行公示，公示结束后，发出中标通知书。

2.2.10 签订合同

中标人收到中标通知书后，招标人、中标人应具体协商谈判签订合同事宜，形成合同草案。在各地的实践中，合同草案一般需要先报招标投标管理机构审查，招标投标管理机构对合同草案的审查，主要是看是否按中标的条件和价格拟订。经审查后，招标人与中标人应当自中标通知书发出之日起30日内，按照招标文件和中标人的投标文件正式签订书面合同。

2.3 建设工程招标文件的编制

建设工程招标文件是由招标单位或其委托的咨询公司编制并发布的进行工程招标的纲领性、实施性文件，是建设工程招投标活动中最重要的法律文件，它不仅规定了完整的招标程序，而且还提出了各项技术标准和交易条件，拟列了合同的主要条款。

招标文件是评标委员会评审的依据，也是签订合同的基础，同时又是投标人编制投标文件的重要依据。该文件中提出的各项要求，各投标单位及中标单位必须严格遵守，同样，招标文件对招标单位自身也具有法律约束力。

2.3.1 招标文件的组成

建设工程招标文件的内容，是建设工程招标文件内在诸要素的总和，反映招标人的基本目标、具体要求和与投标人达成什么样关系的意愿。

建设工程招标文件一般由5大部分组成，第一卷为投标须知、合同条件及合同格式；第二卷为技术条件、技术规范；第三卷为设计图纸、工程量清单及其他辅助资料；第四卷为投标文件格式；第五卷为评标办法。

1. 第一卷：投标须知、合同条件及合同格式

1）投标须知

投标须知是招标文件中很重要的一部分内容，是投标人的投标指南，投标人在投标时应认真仔细阅读和理解，按投标须知中的要求进行投标。

投标须知一般包含两部分：一部分为“投标须知前附表”，另一部分为投标须知正文。

“投标须知前附表”是将投标须知中重要条款规定的内容用一个表格的形式列出来，以便投标人在整个投标过程中严格遵守和深入考虑。“投标须知前附表”的格式参见表2-5。

表 2-5 投标须知前附表

条款号	条款名称	编列内容
1.1.2	招标人	名称
1.1.3	招标代理机构	名称
1.1.4	项目名称	
1.1.5	建设地点	
1.2.1	资金来源	
1.2.2	出资比例	
1.2.3	资金落实情况	
1.3.1	招标范围	________
1.3.2	计划工期	计划工期：________日历天 计划开工日期：________年________月________日 计划竣工日期：________年________月________日
1.3.3	质量要求	质量标准：
1.4.1	投标人资质条件、能力和信誉	资质等级要求： 财务要求：近________年(限定在3年以内)无亏损。 业绩要求： □近________年(一般限定在5年以内)已完成不少于________个(0至3个)类似项目。 类似项目是指： 信誉要求：没有处于投标禁入期内。 项目经理(建造师，下同)资格：建造师，专业________级别________，具有安全生产考核合格证，参加本项目投标时没有在其他未完工项目担任项目经理，中标后至完工前也不得在其他项目担任项目经理。 技术负责人资格：
1.4.2	是否接受联合体投标	□不接受 □接受
1.9.1	踏勘现场	□不组织 □组织，踏勘时间： 踏勘集中地点：
1.10.1	投标预备会	□不召开 □召开，召开时间： 召开地点：
1.10.2	投标人提出问题的截止时间	
1.10.3	招标人书面澄清的时间	
2.2.1	投标人要求澄清招标文件的截止时间	
2.2.2	投标截止时间	________年________月________日________时________分
3.3.1	投标有效期	
3.4.1	投标保证金	投标保证金的形式：投标保证金必须通过投标人的基本账户以银行转账方式缴纳。投标保证金的金额：________万元。
3.5.2	近年财务状况的年份要求	3年

续表

条款号	条款名称	编列内容
3.5.3	近年完成的类似项目的年份要求	________年
3.5.5	近年发生的诉讼及仲裁情况的年份要求	3 年
3.7.1	投标文件格式	不得对招标文件格式中的内容进行删减或修改，以空格(下画线)标示由投标人填写的内容，确实没有需要填写的，应在空格中用"/"标示。但招标文件中另有规定的从其规定。
3.7.3	签字、盖章要求	(1) 所有要求签字的地方都应用不褪色的墨水或签字笔由本人亲笔手写签字(包括姓和名)，不得用盖章(如签名章、签字章等)代替，也不得由他人代签。 (2) 所有要求盖章的地方都应加盖投标人单位(法定名称)章(鲜章)，不得使用专用印章(如经济合同章、投标专用章等)或下属单位印章代替。
3.7.4	投标文件副本份数	________份 投标文件副本应由其已签字、盖章、编页码、小签(招标人要求时或投标人自愿)的正本复制(复印)而成(包括证明文件)。正副本内容应一致。
3.7.5	装订要求	投标文件的正本和副本一律用 A4 复印纸(图、表及证件可以除外)编制和复制。
4.1.1	投标文件的包装和密封	投标文件的正本和副本应分开包装，正本一个包装，副本一个包装，当副本超过一份时，投标人可以每一份副本一个包装。 每一个包装都应在其封套的封口处加贴封条，并在封套的封口处加盖投标人单位章(鲜章)。
4.2.2	递交投标文件地点	
5.1	开标时间和地点	开标时间：________(同投标截止时间)；开标地点：________
5.2	开标程序	
6.1.1	评标委员会的组建	评标委员会共________人。评标委员会的组成和评标专家的确定方式按国家政策及相关规定执行。
6.3	评标办法	□经评审的最低投标价法；□综合评估法
7.3.1	履约担保	履约保证金包括基本履约保证金和差额履约保证金。投标最高限价________万元。
10	需要补充的其他内容	
10.1	编页码和小签	投标文件从目录第一页开始连续、逐页编页码(包括无任何内容的页)，位置：页面底端(页脚)，对齐方式：居中。 □投标人可以小签也可以不小签。如自愿小签，应在页码旁小签。小签可签全名，也可只签姓。 □投标人应在页码旁小签。小签可签全名，也可只签姓。
10.3	报价唯一	只能有一个有效报价。

投标须知正文的内容包括：总则、招标文件、投标报价说明、投标文件的编制、投标文件的递交、开标、评标、授予合同八项内容。

(1) 总则

在总则中要说明工程说明、资金来源、投标资质与合格条件的要求、投标费用等内容。

工程说明。工程说明的内容应包括工程名称、建设地点、建设规模、结构形式、工期要求、质量目标、招标方式、招标范围等。

资金来源。主要说明招标项目的资金来源和支付使用的限制条件。

投标资质与合格条件的要求。这是对投标人参加投标从而中标的资格要求,主要说明为签订和履行合同的目的,投标人单独和联合投标时至少必须满足的资质条件及其他要求。

一般来说,投标人参加投标的资质条件在投标须知前附表中已注明。投标人参加投标而中标必须具备投标须知前附表中所要求的资质等级。由同一专业的单位组成的联合体按照资质等级较低的单位确定资质等级。投标人必须具有独立法人资格和相应的资质。投标人应提供符合招标文件的投标文件,以满足招标文件资格要求,并具备履行合同的能力。

投标费用。应明确投标人应承担的其参加本次招标活动自身所发生的费用。投标人应承担其编制、递交投标文件所涉及的一切费用。无论投标结果如何,招标人对投标人在投标过程中发生的一切费用不负任何责任。

(2) 招标文件

招标文件应包括以下内容:投标须知前附表和投标须知;合同条件;合同协议条款;合同格式;技术规范;图纸;投标文件参考格式:投标书及投标附录;工程量清单与报价表;辅助资料表;资格审查表。(资格预审的不采用)

在这一部分,要特别提醒投标人仔细阅读、正确理解招标文件。投标人对招标文件所作的任何推论、解释和结论,招标人概不负责。投标人因对招标文件的任何推论、误解以及招标人对有关问题的口头解释所造成的后果,均由投标人自负。如果投标人的投标文件不能符合招标文件的要求,责任由投标人承担。实质上不响应招标文件要求的投标文件将被拒绝。招标人对招标文件的澄清、解释和修改必须采取书面形式,并送达所有获得招标文件的投标人。

(3) 投标文件的编制

投标文件的编制主要说明投标文件的语言及度量衡单位、投标文件的组成、投标有效期、投标保证金、踏勘现场及投标预备会、投标文件的份数和签署等。

① 投标文件的语言及度量衡单位

投标文件及投标人与招标人之间与投标有关的来往通知、函件和文件均应使用一种官方主导语言(如中文或英文)。在少数民族聚居的地区也可以采用该少数民族的语言文字。投标文件的度量衡单位均应采用国家法定计量单位。

② 投标文件的组成

投标人的投标文件应由下列文件组成:

投标书,投标书附录,投标保证金,法定代表人资格证明书,授权委托书,具有标价的工程量清单与报价表,辅助资料表,资格审查表(资格预审的不采用),按本须知规定提交的其他资料。

投标人必须使用招标文件提供的表格格式,但表格可以按同样格式扩展,投标保证金、履约保证金的方式按投标须知有关条款的规定可以选择。

③ 投标报价

这是投标须知中对投标价格的构成、采用方式和投标货币等问题的说明。除非合同中另有规定，具有标价的工程量清单中所报的单价和合价，以及报价汇总表中的价格，应包括施工设备、劳务、管理、材料、安装、维护、保险、利润、税金、政策性文件规定及合同包含的所有风险、责任等各项应有费用。投标人不得以低于成本的报价竞标。投标人应按招标人提供的工程量计算工程项目的单价和合价；或者按招标人提供的施工图，计算工程量，并计算工程项目的单价和合价。工程量清单中的每一单项均需计算填写单价和合价，投标人没有填写单价和合价的项目将不予支付，并认为此项费用已包括在工程量清单的其他单价和合价中。

投标价格可设置两种方式以供选择：

• 价格固定。

投标人所填写的单价和合价在合同实施期间不因市场变化因素而变动，投标人在计算报价时可考虑一定的风险系数。

• 价格调整。

投标人所填写的单价和合价在合同实施期间可因市场变化因素而变动。如果采用价格固定，则删除价格调整；反之，采用价格调整，则删除价格固定。投标文件报价中的单价和合价全部采用工程所在国货币或混合使用一种货币或国际贸易货币表示。

④ 投标有效期

投标文件在投标须知规定的投标截止日期之后的前附表所列的日历日内有效。在原定投标有效期满之前，如果出现特殊情况，经招标投标管理机构核准，招标人可以书面形式向投标人提出延长投标有效期的要求。投标人须以书面形式予以答复，投标人可以拒绝这种要求而不丧失投标保证金。同意延长投标有效期的投标人不允许修改他的投标文件，但需要相应地延长投标保证金的有效期，在延长期内投标须知关于投标保证金的退还与不退还的规定仍然适用。

⑤ 投标保证金

投标人应提供不少于前附表规定数额的投标保证金，此投标保证金是投标文件的一个组成部分。根据投标人的选择，投标保证金可以是现金、支票、银行汇票，也可以是在中国注册的银行出具的银行保函。银行保函的格式应符合招标文件的格式，银行保函的有效期应超出投标有效期 28 天。对于未能按要求提交投标保证金的投标，招标人将视为不响应投标而予以拒绝。未中标的投标人的投标保证金将尽快退还(无息)，最迟不超过规定的投标有效期期满后的 14 天。中标人的投标保证金，按照要求提交履约保证金并签署合同协议后，予以退还(无息)。投标人有下列情形之一的，投标保证金不予退还：投标人在投标有效期内撤回其投标文件的；中标人未能在规定期限内提交履约保证金或签署合同协议的。

⑥ 投标预备会

投标人派代表于前附表所述时间和地点出席投标预备会。投标预备会的目的是澄清、解答投标人提出的问题和组织投标人踏勘现场，了解情况。投标人可能被邀请对施工现场和周围环境进行踏勘，以获取投标人自己负责的编制投标文件和签署合同所需的所有资料。踏勘现场所发生的费用由投标人自己承担。投标人提出的与投标有关的任何问题须在投标预备会召开 7 天前，以书面形式送达招标人。会议记录包括所有问题和答复的副本，将迅速提供给所有获得招标文件的投标人。因投标预备会而产生的对招标文件内容的修改，由招标人以补充通知等书面形式发出。

⑦ 投标文件的份数和签署

投标人按投标须知的规定，编制一份投标文件“正本”和前附表所述份数的“副本”，并明确标明“投标文件正本”和“投标文件副本”。投标文件正本和副本如有不一致之处，以正本为准。投标文件正本与副本均应使用不能擦去的墨水打印或书写，由投标人的法定代表人亲自签署(或加盖法定代表人印鉴)，并加盖法人单位公章。全套投标文件应无涂改和行间插字，除非这些删改是根据招标人的指示进行的，或者是投标人造成的必须修改的错误。修改处应由投标文件签字人签字证明并加盖印鉴。

⑧ 投标文件的密封与标志

投标人应将投标文件的正本和每份副本密封在内层包封，再密封在一个外层包封中，并在内包封上正确标明“投标文件正本”和“投标文件副本”。内层和外层包封都应写明招标人名称和地址、合同名称、工程名称、招标编号，并注明开标时间以前不得开封。在内层包封上还应写明投标人的名称与地址、邮政编码，以便投标出现逾期送达时能原封退回。如果内外层包封没有按上述规定密封并加写标志，招标人将不承担投标文件错放或提前开封的责任，由此造成的提前开封的投标文件将被拒绝，并退还给投标人。投标文件递交至前附表所述的单位和地址。

⑨ 投标截止期

投标人应在前附表规定的日期内将投标文件递交给招标人。招标人可以按投标须知规定的方式，酌情延长递交投标文件的截止日期。在上述情况下，招标人与投标人以前在投标截止期方面的全部权力、责任和义务，将适用于延长后新的投标截止期。招标人在投标截止期以后收到的投标文件，将原封退给投标人。

⑩ 投标文件的修改与撤回

投标人可以在递交投标文件以后，在规定的投标截止时间之前，采用书面形式向招标人递交补充、修改或撤回其投标文件的通知。在投标截止日期以后，不能更改投标文件。投标人的补充、修改或撤回通知，应按投标须知规定编制、密封、加写标志和递交，并在内层包封标明“补充”、“修改”或“撤回”字样。根据投标须知的规定，在投标截止时间与招标文件中规定的投标有效期终止日之间的这段时间内，投标人不能撤回投标文件，否则其投标保证金将不予退还。

(4) 开标

这是投标须知中对开标的说明。

在所有投标人的法定代表人或授权代表在场的情况下，招标人将于前附表规定的时间和地点举行开标会议，参加开标的投标人的代表应签名报到，以证明其出席开标会议。开标会议在招标投标管理机构监督下，由招标人组织并主持。开标时，对在招标文件要求提交投标文件的截止时间前收到的所有投标文件，都当众予以拆封、宣读。但对按规定提交合格撤回通知的投标文件，不予开封。投标人的法定代表人或其授权代表未参加开标会议的，视为自动放弃投标。未按招标文件的规定标志、密封的投标文件，或者在投标截止时间以后送达的投标文件将被作为无效的投标文件对待。招标人当众宣布对所有投标文件的核查检视结果，并宣读有效投标的投标人名称、投标报价、修改内容、工期、质量、投标保证金以及招标人认为适当的其他内容。

(5) 评标

所谓评标，是依据招标文件的规定和要求，对投标文件所进行的审查、评审和比较。招标文件中应明确评标的工作程序、评标的要求和其他要求。

① 评标内容的保密

公开开标后，直到宣布授予中标人合同为止，凡属于审查、澄清、评价和比较投标的有关资料，和有关授予合同的信息，以及评标组织成员的名单都不应向投标人或与该过程无关的其他人泄露。招标人采取必要的措施，保证评标在严格保密的情况下进行。在投标文件的审查、澄清、评价和比较以及授予合同的过程中，投标人对招标人和评标组织其他成员施加影响的任何行为，都将导致取消投标资格。

② 投标文件的澄清

为了有助于投标文件的审查、评价和比较，评标组织在保密其成员名单的情况下，可以个别要求投标人澄清其投标文件。有关澄清的要求与答复，应以书面形式进行，但不允许更改投标报价或投标的其他实质性内容。但是按照投标须知规定校核时发现的算术错误不在此列。

③ 投标文件的符合性鉴定

在详细评标之前，评标组织将首先审定每份投标文件是否在实质上响应了招标文件的要求。

评标组织在对投标文件进行符合性鉴定过程中，遇到投标文件有下列情形之一的，应确认并宣布其无效：

无投标人公章和投标人法定代表人或其委托代理人的印鉴或签字的；

投标文件中的投标人在名称上和法律上与通过资格审查时的不一致，且不一致明显不利于招标人或为招标文件所不允许的；

投标人在一份投标文件中对同一招标项目报有两个或多个报价，且未书面声明以哪个报价为准的；

未按招标文件规定的格式、要求填写，内容不全或字迹潦草、模糊，辨认不清的。对无效的投标文件，招标人将予以拒绝。

④ 错误的修正

评标组织将对确定为实质上响应招标文件要求的投标文件进行校核，看其是否有计算上或累计上的算术错误。

修正错误的原则如下：

如果用数字表示的数额与用文字表示的数额不一致时，以文字数额为准；

当单价与工程量的乘积与合价之间不一致时，通常以标出的单价为准，除非评标组织认为有明显的小数点错位，此时应以标出的合价为准，并修改单价。

按上述修改错误的方法，调整投标书中的投标报价。经投标人确认同意后，调整后的报价对投标人起约束作用。如果投标人不接受修正后的投标报价其投标将被拒绝，其投标保证金亦将不予退还。

⑤ 投标文件的评价与比较

评标组织将仅对按照投标须知确定为实质上响应招标文件要求的投标文件进行评价与

比较。评标方法为综合评议法(或单项评议法、两阶段评议法)。投标价格采用价格调整的,在评标时不应考虑执行合同期间价格变化和允许调整的规定。

(6) 授予合同

这是投标须知中对授予合同问题的阐释。主要有以下几点。

① 合同授予标准

招标人将把合同授予其投标文件在实质上响应招标文件要求和按投标须知规定评选出的投标人,确定为中标的投标人必须具有实施合同的能力和资源。

② 中标通知书

确定出中标人后,在投标有效期截止前,招标人将在招标投标管理机构认同下,以书面形式通知中标的投标人其投标被接受。在中标通知书中给出招标人对中标人按合同实施、完成和维护工程的中标标价(合同条件中称为"合同价格"),以及工期、质量和有关合同签订的日期、地点。中标通知书将成为合同的组成部分。在中标人按投标须知的规定提供了履约担保后,招标人将及时将未中标的结果通知其他投标人。

③ 合同的签署

招标人与中标人应在中标通知书发出之日起30日内,按照招标文件和中标人的投标文件订立书面合同,招标人和中标人不得再订立背离合同实质性内容的协议。中标人如果不按招标文件的规定同招标人订立合同,则招标人将废除授标,投标担保不予退还,给招标人造成的损失超过投标担保数额的,还应对超出部分予以赔偿,同时依法承担相应法律责任。招标人如不按投标须知的规定与中标人订立合同,给中标人造成损失的,招标人应予以赔偿。

④ 履约担保

中标人应按规定向招标人提交履约担保。履约担保可由在中国注册的银行出具银行保函,银行保函为合同价格的5%;也可由具有独立法人资格的经济实体出具履约担保书,履约担保书为合同价格的10%(投标人可任选一种)。投标人应使用招标文件中提供的履约担保格式。如果中标人不按投标须知的规定执行,招标人将有充分的理由废除授标,并不退还其投标保证金。

2) 合同条件和合同协议条款及格式

招标文件中应明确招标人与中标人之间签订的主要合同条款及采用的合同文本格式。我国对国内的施工项目的合同条件规定大多采用2013年由国家工商行政管理局和建设部颁布的《建设工程施工合同示范文本》(GF—2013—0201),该合同文本由《协议书》、《通用条款》《专用条款》三部分组成;对监理项目的合同文件规定采用2013年、由国家建设部和国家工商行政管理局制定的《工程建设监理合同示范文本》(GF—2013—0202),该合同文本由《建设工程委托合同》、《标准条件》、《专用条件》三部分组成,可在招标文件中采用。

定义:招标文件中的合同条件和合同协议条款,是招标人单方面提出的关于招标人、投标人、监理工程师等各方权利义务关系的设想和意愿,是对合同签订、履行过程中遇到的工程进度、质量、检验、支付、索赔、争议、仲裁等问题的示范性、定式性阐释。

合同格式是招标人在招标文件中拟定好的具体格式,在定标后由招标人与中标人达成一致协议后签署。投标人投标时不填写。

招标文件中的合同格式,主要有合同协议书格式、银行履约保函格式、履约担保书格式、预付款银行保函格式等。

2. 第二卷：技术条件、技术规范

招标文件中的技术规范，反映招标人对工程项目的技术要求。通常分为工程现场条件和本工程采用的技术规范两大部分。

1）工程现场条件

主要包括现场环境、地形、地貌、地质、水文、地震烈度、气温、雨雪量、风向、风力等自然条件，和工程范围、建设用地面积、建筑物占地面积、场地拆迁及平整情况、施工用水、用电、工地内外交通、环保、安全防护设施及有关勘探资料等施工条件。

2）本工程采用的技术规范

对工程的技术规范，国家有关部门有一系列规定。招标文件要结合工程的具体环境和要求，写明已选定的适用于本工程的技术规范，列出编制规范的部门和名称。技术规范体现了设计要求，应注意对工程每一部位的材料和工艺提出明确要求，对计量要求作出明确规定。

3. 第三卷：设计图纸、工程量清单及其他辅助资料

招标文件中的图纸，不仅是投标人拟定施工方案、确定施工方法、提出替代方案、计算投标报价必不可少的资料，也是工程合同的组成部分。

一般来说，图纸的详细程度取决于设计的深度和发包承包方式。招标文件中的图纸越详细，越能使投标人比较准确地计算报价。图纸中所提供的地质钻孔柱状图、探坑展视图及水文气象资料等，均为投标人的参考资料。招标人应对这些资料的正确性负责，而投标人根据这些资料做出的分析与判断，招标人则不负责任。

4. 第四卷：投标文件格式

招标人在招标文件中，要对投标文件提出明确的要求，并拟定一套投标文件的参考格式，供投标人投标时填写。投标文件的参考格式，主要有投标书及投标书附录、工程量清单与报价表、辅助资料表等。其中，工程量清单与报价表格式，在采用综合单价和工料单价时有所不同，并同时要注意对综合单价投标报价或工料单价投标报价进行说明。

5. 第五卷：评标办法

本卷主要说明招标项目的评标规定，包括评标委员会组成、评标程序、评标办法、评标标准等。

2.3.2 编写建设工程招标文件的注意事项

招标人在编制招标文件时，除了常规内容以外，应重点注意以下几个方面的问题。

1. 需求分析

（1）对要招标的工程项目的特点进行分析，包括项目的投资、建筑物的规模、结构、施工范围、难度、地理位置、周边环境等，这是做好招标文件的第一步。

（2）从业主本身对工程项目的需要进行分析，主要分析项目的投资、工程进度、功能要求、质量标准等。

（3）从业主自身的能力分析，如分析自己的建设管理体系、管理能力等。

2. 发包方式

从发包承担的范围、承包人所处的地位和合同计价方式等不同的角度，可以对工程招标发包承包方式进行不同分类。在编制招标文件前，招标人必须综合考虑招标项目的性质、类型和发包策略，招标发包的范围，招标工作的条件、具体环境和准备程度，项目的设计深度、计价方式和管理模式，以及便利发包人、承包人等因素，适当地选择拟在招标文件中采用的招标发包承包方式。

3. 保函或保证金的应用

保函或保证金是为了保证投标人能够认真投标或忠实履行合同而设置的保证措施，招标人应该很好地加以利用。比较常见的有投标保函（或保证金）、履约保函（或保证金）、质量担保函（或保证金）、材料设备供应保函（或保证金）等。当然，根据有关规定，投标方也有权要求招标方提供相应的工程款支付担保。但是，招标人也要注意，大量的或者高额的保函或保证金的使用将会提高投标人的投标门槛，对投标人造成很大的资金压力，从而限制许多中小承包商的投标，也就有可能抬高中标的价格，从而招标方应根据工程项目的性质确定如何设置合理的各种保函或保证金。

4. 选择报价形式

在我国现阶段常采用两种报价形式，即工程量清单报价和施工图预算报价。

1）工程量清单报价

由招标方提供工程的全部工程量清单，由投标人根据自身实力、市场条件和竞争对手的情况等因素，确定各个工程项目的清单报价，并根据措施项目费用及其他项目费用，最终形成投标报价。

目前，我国在全国范围内实行《全国统一工程量清单计价规范》，施工招标基本都采用这种形式。

采用工程量清单报价的最大好处就是，通过清单报价方式所创造出来的市场化竞争环境便于招标人在评标时分析比较各投标报价之间的差异，可以为业主节约投资成本，也可以节约招标时间，同时也节约了投标人的投标成本。对于那些项目投资巨大、建设周期长、管理难度大、施工图设计深度不够而业主又希望能够尽早开工的项目特别适用。

要注意，采用这种报价方式也一定要向投标人提供施工图，这样投标人才能够编制出有针对性的施工组织设计和技术方案，同时避免出现对工程量清单某些项目理解上的歧义，从而造成清单项目报价偏低或偏高，或对工程项目的技术难度估计不足。

采用工程量清单报价形式的关键在于提高了对招标人的造价能力的要求。因为在工程量清单招标情况下，招标人也要承担风险，工程量本身如果出现问题，将给招标人带来不利的影响。所以，如果招标人本身不具备相应的造价能力，必须要雇用有经验的中介咨询机构来帮助招标人编制清单。

2）施工图预算报价

招标人提供发包工程的设计文件和施工图资料，并在招标文件中给出明确的施工范围和报价口径，由投标人自行计算全部工程项目的工程量，确定单价，综合考虑各种可能出现的情况，计算出全部费用，形成投标报价。

5. 招标方需要对工程量承担的责任

在工程量清单环境下招标，招投标人分别承担工程中的风险。招标人承担工程量的风险，投标人承担价格的风险。在招标人计算工程量清单的时候，如果没有在招标文件中注意处理方式，则所有的后果由招标人承担。

因此，招标人在编制招标文件的时候，一定要注意对工程量错误的处理方式的说明，规定投标人应审核工程量，在何种情况下可以在单项报价中综合考虑，在何种情况下应该向招标人提出修改。

6. 材料设备的供应采购

一般来说，除了业主擅长的专业范围内的材料和设备，或者为了保证某些材料和设备的质量或使用效果，可以由业主提供部分材料设备外，其他材料设备均应由承包商自行采购供应。因为在大多数情况下，业主不可能得到比承包商更低的价格，还不如把这部分利润留给承包商。这样可以减少采购、卸货、交接、仓储等麻烦，还可以防止材料的超预算浪费问题，避免出现想节约反而浪费的情况发生。业主可以通过在合同中设置约束性条款，如材料设备的采购需经业主认可质量和价格，要有合格证、质保书等要求，以此来对承包商使用的材料设备进行控制。

7. 对质量、工期的要求和惩罚

业主应根据项目的使用要求合理确定施工质量等级和施工工期，以免增加造价，造成浪费。业主要在合同中根据确定的质量等级和工期要求，设置相应的惩罚(或奖励)条款，用以约束承包商。

8. 其他问题

为了控制造价，减少在施工过程中及竣工结算时发生额外的费用和索赔，招标人要在招标文件中明确要求投标人应通过设计文件、施工图、现场踏勘及对周围环境的自行调查等资料，充分了解可能发生的情况和一切费用，包括市政、市容、环保、交通、治安、绿化、消防、土方外运，以及水文、地质、气候、地下障碍物清除等各种影响因素和费用，各分项单列报价，并汇入总报价。

对于有关工程质量、工期、费用结算方法等主要的合同条款一定要列在招标文件中，中标后再谈容易引起争议和反复。

另外，招标人在招标文件中确定的投标有效期要留有一定的余量，以免因为意外事件延期而给招标工作造成被动。

2.3.3 建设工程招标标底的编制和招标控制价

1. 建设工程招标标底的编制

1）工程招标标底的概念与作用

工程招标标底，是指建设工程招标人对招标工程项目在方案、质量、期限、价金、方法、措施等方面的综合性理想控制(即自预期控制)指标或预期要求。工程招标的种类很多，从理论上分析，每一类招标都可以有标底。因为任何一个招标项目，招标人都有一定的招标意图，而招标人要做到对工程项目的质量、期限、价金、措施等心中有数，对招标的实质性交易条件有一个最起码的交易的“底牌”，即标底。如果没有标底，招标人对招标项目中的预期和认同就常常会带有一定的盲目性，也不利于控制工程投资或费用总额，不利于保证质量。

施工招标的标底，从其形成和发展的沿革来看，曾出现过下列几种类型：按发包工程总造价包干的标底；按发包工程的工程量单位造价包干的标底；按发包工程扩初设计总概算包干的标底；按发包工程施工图预算包干、包部分材料的标底；包工程施工图预算加系数包干的标底；按发包工程每平方米造价包干的标底。

2）标底的编制原则

标底应以招标文件、设计图纸、国家规定的技术标准为依据。

标底价格应由成本、利润、税金等组成，一般应控制在批准的总概算（或修正概算）及投资包干的限额内。标底的计价内容、计价依据应与招标文件一致。

标底价格作为招标单位的期望计划价，应力求与市场的实际变化吻合，要有利于竞争和保证工程质量。

标底应考虑人工、材料、机械台班等变动因素，还应包括施工不可预见费、包干费和措施费等。

根据我国现行的工程造价计算方法，并考虑到向国际惯例靠拢，提倡优质优价。

一个工程只能编制一个标底，并经招标投标管理机构审定。

标底审定后必须及时妥善封存、严格保密、不得泄露。

3）标底的编制依据

建设工程招标标底受多方面因素影响，如项目划分、设计标准、材料价差、施工方案定额、取费标准、工程量计算准确程度等。综合考虑可能影响标底的各种因素，编制标底时应依据以下内容：

国家公布的统一工程项目划分、统一计量单位、统一计算规则；

招标文件，包括招标交底纪要；

招标单位提供的由有相应资质的单位设计的施工图及相关说明；

有关技术资料；

工程基础定额和国家、行业、地方规定的技术标准规范；

要素市场价格和地区预算材料价格；

经政府批准的取费标准和其他特殊要求。

应当指出的是，上述各种标底编制依据，在实践中要求遵循的程度并不都是一样的。有的不允许有出入，如对招标文件、设计图纸及有关资料等，各地一般都规定编制标底时必须将其作为依据。

4）工程招标标底的编制方法和步骤

标底的编制方法与一般的概算或预算编制方法较为相似，但标底的要求要比概算或预算的要求具体确切得多。在实践中，编制标底时，一般不考虑概算、预算中包括的其他费用和不可预见费用，但要根据工程具体情况考虑相应的包干系数及风险系数，必要的技术措施费，甲方提供的和暂估的但可按实调整的设备、材料数量和价格清单，以及钢筋定额用量的调整等因素，而这些因素在编制概算或预算时由于条件不够等原因，一般是不予考虑的。工程招标标底编制的方法多种多样，常见的主要是按概算定额或概算指标方法进行编制、按施工图预算方法进行编制和综合单价即工程量清单方法进行编制。

（1）按概算定额或概算指标方法编制标底

概算定额或概算指标方法编制标底包括以初步设计和技术设计为基础的编制方法，具体做法可按实物法即工料单价法进行。实物法是指通过工料分析，以招标工程的实物消耗量计算所需的工程直接成本，在此基础上计算间接成本等其他成本额及利润，估算工程标底的方法。

采用工料单价编制标底的主要特点是，只考虑预算定额的工、料、机消耗标准及预算价格，并据此确定工程量清单的单价与合价。至于其他直接费、间接费、利润等有关文件规定的调价、材料差价、设备价、现场因素费用、施工技术措施费、赶工措施费以及采用固定价格的工程所测算的风险金、税金等的费用，则计入其他相应标底价格计算表中。

其一，按初步设计编制标底。

根据初步设计编制标底，一般步骤是：

① 确定采用概算定额或概算指标；

② 计算概算定额规定的分部分项的工程量；

③ 确定采用材料预算价格和各项取费标准；

④ 编制概算定额单价或指标单价；

⑤ 计算直接费(工程量×概算定额单价)；

⑥ 计算各项取费，编制单位工程概算造价；

⑦ 将单位工程归纳综合成为单项工程概算造价；

⑧ 计算其他工程费用及确定工程建设不可预见费；

⑨ 将单项工程概算造价、其他工程费和不可预见费汇总成为总概算造价；

⑩ 根据概算实物工程量，套概算定额用量，分析钢材、木材、水泥、砖或砌块四大材料和墙地砖、玻璃、沥青、防水及涂料等其他主要材料消耗量。

其二，按技术设计编制标底。

技术设计是为解决某些在初步设计阶段无法解决的技术问题而进行的，实际上是初步设计的深化阶段。由于技术设计计算的实物工程量比初步设计详细，计算所得出的造价接近设计预算造价，所以，根据技术设计编制标底，要比根据初步设计编制标底准确。根据技术设计编制标底的一般步骤，与根据初步设计编制标底相同。

(2) 按施工图预算为基础编制标底

根据施工图设计编制标底，准确性最高，是目前建设工程招标投标实践中比较流行的做法。根据施工图设计编制标底，一般步骤是：

① 确定采用预算定额、地区材料预算单价、单位估价表和各项取费标准；

② 根据预算定额的工程量计算规则和设计图纸计算设计图纸实物工程量；

③ 将工程量汇总后套预算定额单价；

④ 计算总价、各项取费，汇总得出总造价；

⑤ 计算单位每平方米造价(总造价÷建筑面积)；

⑥ 分析主要材料需用量。

(3) 按综合单价方法编制标底

采用综合单价即工程量清单法编制标底是指综合考虑单位工程量的直接费、间接费、工程取费、有关文件规定的调价、材料差价、利润、税金、风险金等一切费用，并据此确定工程量清单的单价与合价的方法。按综合单价方法编制标底应具备一定的条件。从实践来看，主要有以下三点：第一，确定招标商务条款；第二，工程施工图纸、编制工程量清单的基础资料、编制标底所依据的施工方案、工程建设地点的现场地质、水文以及地上情况的有关资料；第三，编制标底价格前的施工图纸设计交底及施工方案交底。

按综合单价方法编制标底的一般步骤，主要是：

① 确定标底价格计价内容及计价方法；编制总说明、施工方案或施工组织设计。

编制(或审查确定)工程量清单、临时设施布置及临时用地表、材料设备清单、“生项”补充定额单价、钢筋铁件调整、预算包干费、按工程类别的取费标准等。编制标底价格所依据的施工方案或施工组织设计指的是：大型工程、高层建筑、高级装饰装修工程以及采用新技术、新工艺、新结构的工程；施工现场作业环境特殊的工程；招标工程给定工期比定额工期缩短20%以上(含20%)的工程；工程质量要求达到优良的工程。钢筋、铁件调整包括：全现浇框架、框剪结构；现浇混凝土框架结构；钢筋混凝土排架结构；升板、滑模、内浇外砌、内浇外挂、大模大板工程。

② 确定材料设备的市场价格。

③ 采用固定价格的工程在测算的施工周期内人工、材料、设备、机械台班价格波动的风险系数。

④ 确定施工方案或施工组织设计中的计费内容。

2. 招标控制价(预算价)的编制

招标控制价是招标人根据国家或省级、行业建设主管部门颁发的有关计价依据和办法，按设计施工图纸计算的，对招标工程限定的最高工程造价。国有资金投资的工程建设项目应实行工程量清单招标，并应编制招标控制价。

招标控制价是《建设工程工程量清单计价规范》(GB 50500—2013)的专业术语，它是对建设市场发展过程中对传统标底的重新界定。自2003年实行工程量清单招标后，由于招标方式的改变，标底保密这一法律规定已不能起到有效遏制哄抬标价的作用，我国有的地区和部门已经发生了招标项目上所有投标人的招标价格均高于标底的现象，致使中标人的中标价高于招标人的预算时招标工程的项目业主造成了损失。为了避免投标人串标、哄抬标价，我国多个省、市相继出台了控制最高限价的规定，但名称上有所不同，有最高招标价、拦标价、最高限价等。在2013版清单计价规范中为了避免与招标投标法关于标底必须保密的规定相违背，因此采用了“招标控制价”这一概念。

1) 招标控制价的编制依据

《建设工程工程量清单计价规范》(GB 50500—2013)；

国家或省级、行业建设主管部门颁发的计价定额和计价办法；

建设工程设计文件及有关要求；

招标文件中工程量清单及有关要求；

与建设项目相关的标准、规范、技术资料；

工程管理机构发布的工程造价信息；

市场询价信息。

2) 招标控制价主要内容的编制要点

招标控制价编制的主要内容有：分部分项工程费、措施项目费、其他项目费、税金和规费。内容的不同使之有不同的编制要点。

(1) 分部分项工程费应根据招标文件中的分部分项工程量清单及有关要求，按《建设工程工程量清单计价规范》有关规定确定综合单价计价。综合单价中必须包括招标文件中要求投标人承担的所有风险内容及范围产生的风险费用。如果招标文件中有提供暂估价的材料，一定按照暂估的单价计入综合单价。

(2) 措施项目应按招标文件中提供的措施项目清单确定，措施项目采用分部分项工程综合单价形式进行计价的工程量，应按措施项目清单中的工程量，并按与分部分项工程量清单单价相同的方式确定综合单价；以"项"为单位的方式计价的，依有关规定按综合单价计算，包括规费、税金以外的全部费用。措施项目费用中的安全文明施工费用应当按国家或省级、建设主管部门的规定标准计价。

(3) 其他项目费的编制要点

暂列金额 暂列金额可根据工程的复杂程度、设计深度、工程环境条件(包括地质、水文、气候条件等)进行估算，一般可按分部分项工程费的10%～15%为参考计算。

暂估价 暂估价中的材料单价应按造价管理机构发布的工程造价信息中材料单价计算，工程造价信息未发布的材料单价，其单价参照市场价格估算；暂估价中专业工程暂估价应分不同专业，按有关计价规定估算。

计日工 在编制招标控制价时，对计日工中的人工单价和施工机械台班单价应按省级、行业建设行政主管部门或其授权的工程造价管理机构公布的单价计算。材料按工程造价管理机构发布的工程造价信息中的材料单价计算，工程造价信息未发布材料单价的材料，其价格应按市场调查确定的单价计算。

总承包服务费 招标人应根据招标文件中列出的内容和向总承包人提出的要求，参照下列标准计算：

招标人仅要求对分包的专业工程进行总承包管理和协调时，按分包的专业工程估算造价的1.5%计算；

招标人要求对分包的专业工程进行总承包管理和协调，并同时要求提供配合服务时，根据招标文件中列出的配合服务内容和提出的要求，按分包的专业工程估算造价的3%～5%计算；

招标人自行供应材料的，按招标人供应材料价值的1%计算。

(4) 招标控制价的规费和税金必须按国家或省级、行业建设主管部门的规定计算。

3) 编制招标控制价注意事项

(1) 招标控制价的作用决定了招标控制价不同于标底，无须保密。为体现招标的公平、公正，防止招标人有意抬高或压低工程造价，招标人应在招标文件中如实公布招标控制价，不得对所编制的招标控制价进行上浮或下调。招标人在招标文件中公布招标控制价时，应公布招标控制价各组成部分的详细内容，不得只公布招标控制价总价。同时，招标人应将招标控制价报工程所在地的工程造价管理机构备查。

(2) 投标人经复核认为招标人公布的招标控制价未按照《建设工程工程量清单计价规范》(GB 50500—2013)的规定进行编制的，应在开标前5天向招投标监督机构或工程造价管理机构投诉。

招投标监督机构应会同工程造价管理机构对投诉进行处理，发现确有错误的，应责成招标人修改。

2.4 政府采购招标

2.4.1 采购招标的概念和特点

政府采购，是指各级国家机关、事业单位和团体组织，使用财政性资金采购依法制定的集中采购目录以内的或者采购限额标准以上的货物、工程和服务的行为。政府采购不仅是指具体的采购过程，而且是采购政策、采购程序、采购过程及采购管理的总称，是一种对公共采购管理的制度，是一种政府行为。

相对于私人采购而言，政府采购具有如下特点：

资金来源的公共性；

非盈利性；

采购对象的广泛性和复杂性；

规范性；

政策性；

公开性；

极大的影响力。

2.4.2 政府采购的对象

政府采购是政府机构所需要的各种物资的采购。这些物资包括办公物资，例如计算机、复印机、打印机等办公设备，纸张、笔墨等办公材料，也包括基建物资、生活物资等各种原材料、设备、能源、工具等。政府采购也和企业采购一样，属于集团采购，但是它的持续性、均衡性、规律性、严格性、科学性都没有企业采购那么强。政府采购最基本的特点，是一种公款购买活动，都是由政府拨款进行购买。

政府采购的本质是政府在购买商品和劳务的过程中，引入竞争性的招投标机制。

完善、合理的政府采购对社会资源的有效利用，提高财政资金的利用效果起到很大的作用，因而是财政支出管理的一个重要环节。

2.4.3 政府采购的模式

政府采购一般有三种模式：集中采购模式，即由一个专门的政府采购机构负责本级政府的全部采购任务；分散采购模式，即由各支出采购单位自行采购；半集中半分散采购模式，即由专门的政府采购机构负责部分项目的采购，而其他的则由各单位自行采购。中国的政府采购中集中采购占了很大的比重，列入集中采购目录和达到一定采购金额以上的项目必须进行集中采购。

2.4.4 政府采购的方式

1. 公开招标

公开招标是政府采购的主要采购方式，公开招标与其他采购方式不是并行的关系。

公开招标的具体数额标准，属于中央预算的政府采购项目，由国务院规定；属于地方预算的政府采购项目，由省、自治区、直辖市人民政府规定；因特殊情况需要采用公开招标以外的采购方式的，应当在采购活动开始前获得设区的市、自治州以上人民政府采购监督管理部门的批准。

采购人不得将应当以公开招标方式采购的货物或者服务化整为零或者以其他任何方式规避公开招标采购。

2. 邀请招标

邀请招标也称选择性招标，是由采购人根据供应商或承包商的资信和业绩，选择一定数目的法人或其他组织（不能少于三家），向其发出招标邀请书，邀请他们参加投标竞争，从中选定中标的供应商。

条件：

(1) 具有特殊性，只能从有限范围的供应商处采购的；

(2) 采用公开招标方式的费用占政府采购项目总价值的比例过大的。

3. 竞争性谈判

竞争性谈判指采购人或代理机构通过与多家供应商（不少于三家）进行谈判，最后从中确定中标供应商。

条件：

(1) 招标后没有供应商投标或者没有合格标的或者重新招标未能成立的；

(2) 技术复杂或者性质特殊，不能确定详细规格或者具体要求的；

(3) 采用招标所需时间不能满足用户紧急需要的；

(4) 不能事先计算出价格总额的。

4. 单一来源采购

单一来源采购也称直接采购，是指达到了限额标准和公开招标数额标准，但所购商品的来源渠道单一，或属专利、首次制造、合同追加、原有采购项目的后续扩充和发生了不可预见紧急情况不能从其他供应商处采购等情况。该采购方式最主要的特点是没有竞争性。

条件：

(1) 只能从唯一供应商处采购的；

(2) 发生了不可预见的紧急情况不能从其他供应商处采购的；

(3) 必须保证原有采购项目一致性或者服务配套的要求，需要继续从原供应商处添购，且添购资金总额不超过原合同采购金额百分之十的。

5. 询价

询价是指采购人向有关供应商发出询价单让其报价，在报价基础上进行比较并确定最优供应商的一种采购方式。

条件：当采购的货物规格、标准统一、现货货源充足且价格变化幅度小的政府采购项目，可以采用询价方式采购。

2.4.5 政府采购程序

政府采购的程序如下：

采购申请的提交；

确定采购方式；

采购中心或主管部门组织集中采购；

签订采购合同；

履行采购合同；

拨付采购资金；

办理采购款需提供的资料。

2.5 建设工程施工招标文件的编制实例

某县某镇人民政府行政综合楼(项目名称)

一标段施工

招标文件

总目录

第一章 招标公告
第二章 投标人须知
第三章 评标办法
第四章 合同条款及格式
第五章 工程量清单
第六章 图纸
第七章 技术标准和要求
第八章 投标文件格式

第一章 招标公告(未进行资格预审)①

某县某镇人民政府行政综合楼(项目名称)

一标段施工

招标公告

1.1 招标条件

1.1.1 本招标项目某县某镇人民政府行政综合楼(项目名称)已由某市发展和改革委员会(项目审批、核准或备案机关名称)以某市发改农经〔2014〕29号(批文名称及编号)批准建设,项目业主为某县某镇人民政府,建设资金来自中央财政资金(资金来源),项目出资比例为100%,招标人为某县某镇人民政府。项目已具备招标条件,现对该项目的施工进行公开招标。

1.1.2 本招标项目为某省行政区域内的国家投资工程建设项目,某县发展改革和经济商务局(核准机关名称)核准(招标事项核准文号为某县发展固〔2014〕382号)的招标组织形式为委托招标。招标人选择(本招标项目在省发展改革委指定比选网站上的项目编号为2014072××××)的招标代理机构是某工程造价咨询有限公司。

1.2 项目概况与招标范围

1.2.1 建设地点:某县某镇。

1.2.2 工程概况:镇人民政府行政综合楼(含站所),为四层独立主体建筑,框架式结构,建筑面积1541.67平方米,含场平、安装下水管道、线路等附属工程。

1.2.3 计划工期:180日历天。

① 因字数和篇幅要求,本文件已省略部分内容。

1.2.4 招标范围：施工图纸、工程量清单、招标文件及答疑、补充文件所包含的全部内容。

1.2.5 标段划分：1个标段。

（说明本次招标项目的建设地点、规模、计划工期、招标范围、标段划分等）。

1.3 投标人资格要求

1.3.1 本次招标要求投标人须具备独立法人资格，建设行政主管部门颁发的房屋建筑工程施工总承包三级及以上资质，具备近三年以来完成至少三个的类似项目业绩，并在人员、设备、资金等方面具有相应的施工能力。

1.3.2 本次招标（□接受；□不接受）联合体投标。

1.3.3 各投标人均可就上述标段投标，但可以中标的合同数量不超过1个标段。

1.4 招标文件的获取

1.4.1 凡有意参加投标者，请于2014年04月20日至2014年04月28日（法定公休日、法定节假日除外），每日上午9:30时至11:30时，下午14:30时至15:00时（北京时间，下同），在某工程造价咨询有限公司或某县灾后重建办公室（某县芦阳镇平安路39号）（详细地址）持下列证件（证明、证书）购买招标文件：

（1）购买人有效身份证及单位介绍信；

（2）注册于中华人民共和国的企业法人营业执照副本；

（3）资质证书副本；

（4）安全生产许可证副本（园林绿化、电梯安装除外）。

1.4.2 招标文件每套售价150元，售后不退。图纸押金0元，在退还图纸时退还（不计利息）。

1.4.3 招标人（□提供；□不提供）邮购招标文件服务。

1.5 投标文件的递交

1.5.1 投标文件递交的截止时间（投标截止时间，下同）为2014年05月28日09时00分，地点为某市开评标中心。

1.5.2 逾期送达的或者未送达指定地点的投标文件，招标人不予受理。

1.6 发布公告的媒介

本次招标公告在建设网（发布公告的所有媒介名称）上发布。

1.7 联系方式

招标人：某县某镇人民政府

地址：某县某镇人民政府

邮编：

联系人：刘先生

电话：

传真：

第二章 投标人须知

详见表1。

表1　投标人须知前附表

条款号	条款名称	编列内容
1.1.2	招标人	名称：某县某镇人民政府
1.1.3	招标代理机构	名称：某工程造价咨询有限公司
1.1.4	项目名称	某县某镇人民政府行政综合楼
1.1.5	建设地点	某县某镇
1.2.1	资金来源	中央财政资金
1.2.2	出资比例	100%
1.2.3	资金落实情况	已落实
1.3.1	招标范围	施工图纸、工程量清单、招标文件及答疑、补充文件所包含的全部内容，关于招标范围的详细说明见第七章“技术标准和要求”
1.3.2	计划工期	计划工期：180 日历天 计划开工日期：2014 年 10 月 20 日 计划竣工日期：2015 年 04 月 17 日
1.3.3	质量要求	质量标准：关于质量要求的详细说明见第七章“技术标准和要求”
1.4.1	投标人资质条件、能力和信誉	资质等级要求：独立法人资格，建设行政主管部门颁发的房屋建筑工程施工总承包三级及以上资质。 财务要求：近 3 年(2011—2013 年)无亏损。 业绩要求： 近 3 年(2011—2013 年)已完成不少于3个(0至3个)类似项目。 近 3 年(2011—2013 年)已完成、正在施工和新承接的项目共不少于 3 个(0至5个)类似项目。 类似项目是指：1000平方米以上房屋建设工程项目。 信誉要求：没有处于投标禁入期内。 项目经理(建造师，下同)资格：建造师，专业 房屋建筑工程级别：具备二级及以上建造师资格，具有安全生产考核合格证，参加本项目投标时没有在其他未完工项目担任项目经理，中标后至完工前也不得在其他项目担任项目经理。 技术负责人资格：本单位在职人员，中级及以上技术职称。
1.4.2	是否接受联合体投标	不接受
⋮	⋮	⋮
1.9.1	踏勘现场	不组织
1.10.1	投标预备会	不召开
1.10.2	投标人提出问题的截止时间	投标截止日期前 15 日
1.10.3	招标人书面澄清的时间	投标截止日期前 15 日
1.11	分包	不允许
2.2.1	投标人要求澄清招标文件的截止时间	投标截止日期前 16 日
2.2.2	投标截止时间	2014 年 05 月 28 日 09 时 00 分
2.2.3	投标人确认收到招标文件澄清的时间	投标截止前 15 日

续表

条款号	条款名称	编列内容
2.3.2	投标人确认收到招标文件修改的时间	投标截止前 15 日
⋮	⋮	⋮
3.3.1	投标有效期	60日历天(从投标截止之日算起)
3.4.1	投标保证金	投标保证金的形式:投标保证金必须通过投标人的基本账户以银行转账方式缴纳。 投标保证金的金额: 肆 万元。 转账的投标保证金应在投标截止时间1个工作日前到达招标人以下账号: 开户单位: 某县某镇人民政府 开户银行: 中国工商银行 账　　号: 622003××××××× 投标人凭银行进账单换取收据,招标人凭银行收款回单(已进招标人账户)向投标人出具收据,收据复印件应按要求装订在投标文件里与投标文件同时递交。
3.5.2	近年财务状况的年份要求	近3年(2011—2013年)
3.5.3	近年完成的类似项目的年份要求	3 年(2011—2013年)
3.5.5	近年发生的诉讼及仲裁情况的年份要求	近3年(2011—2013年)
3.7.1	投标文件格式	(1) 投标人不得对招标文件格式中的内容进行删减或修改。 (2) 投标人可以在格式内容之外另行说明和增加相关内容,作为投标文件的组成部分。另行说明或自行增加的内容,以及按投标文件格式在空格(下画线)由投标人填写的内容,不得与招标文件的强制性审查标准和禁止性规定相抵触。 (3) 按投标文件格式在空格(下画线)由投标人填写的内容,确实没有需要填写的,可以在空格中用"/"标示,也可以不填(空白)。但招标文件中另有规定的从其规定。
3.7.3	签字、盖章要求	(1) 所有要求签字的地方都应用不褪色的墨水或签字笔由本人亲笔手写签字(包括姓和名),不得用盖章(如签名章、签字章等)代替,也不得由他人代签。 (2) 所有要求盖章的地方都应加盖投标人单位(法定名称)章(鲜章),不得使用专用印章(如经济合同章、投标专用章等)或下属单位印章代替。 (3) 要求法定代表人或其委托代理人签字的地方,法定代表人亲自投标而不委托代理人投标的,由法定代表人签字;法定代表人授权委托代理人投标的,由委托代理人签字。
3.7.5	装订要求	投标文件的正本和副本一律用A4复印纸(图、表及证件可以除外)编制和复制。 投标文件的正本和副本应采用粘贴方式左侧装订,不得采用活页夹等可随时拆换的方式装订,不得有零散页。

续表

条款号	条 款 名 称	编 列 内 容
4.1.1	投标文件的包装和密封	1. 投标单位送达的投标资料包括：第一包装【投标文件】(纸质文件)和第二包装【复件】两个独立封装。 2.【投标文件】的封装：单独一个封装，可注明正本，也可不注明正本。
4.1.2	封套上写明	招标人的地址：某县某镇平安路106号、某县某镇人民政府 招标人全称：某县某镇人民政府
4.2.2	递交投标文件地点	某市开评标中心
5.1	开标时间和地点	开标时间：同投标截止时间 开标地点：某市开评标中心
5.2	开标程序	1. 密封情况检查：由投标人或其推选的代表检查。 2. 开标顺序：按递交时间先后顺序开标。
6.1.1	评标委员会的组建	评标委员会共 7 人。
6.3	评标办法	经评审的最低投标价法

2.1 总则

2.1.1 项目概况

略。

2.2 招标文件

2.2.1 招标文件的组成

① 招标公告；②投标人须知；③评标办法；④合同条款及格式；⑤工程量清单；⑥ 图纸；⑦技术标准和要求；⑧投标文件格式；⑨投标人须知前附表规定的其他材料。

2.2.2 招标文件的澄清

2.2.2.1 投标人应仔细阅读和检查招标文件的全部内容。如发现缺页或附件不全，应及时向招标人提出，以便补齐。如有疑问，应在投标人须知前附表规定的时间前以书面形式(包括信函、电报、传真等可以有形地表现所载内容的形式，下同)，要求招标人对招标文件予以澄清。

2.2.2.2 招标文件的澄清将在投标人须知前附表规定的投标截止时间15天前以书面形式发给所有购买招标文件的投标人，但不指明澄清问题的来源。如果澄清发出的时间距投标截止时间不足15天，则相应延长投标截止时间。

2.2.2.3 投标人在收到澄清后，应在投标人须知前附表规定的时间内以书面形式通知招标人，确认已收到该澄清。

2.2.3 招标文件的修改

2.2.3.1 在投标截止时间15天前，招标人可以书面形式修改招标文件，并通知所有已购买招标文件的投标人。如果修改招标文件的时间距投标截止时间不足15天，则相应延长投标截止时间。

2.2.3.2 投标人收到修改内容后，应在投标人须知前附表规定的时间内以书面形式通知招标人，确认已收到该修改。

2.3 投标文件

2.3.1 投标文件的组成

2.3.1.1 投标文件应包括下列内容：

① 投标函及投标函附录；②法定代表人身份证明或附有法定代表人身份证明的授权委托书；③投标保证金；④已标价工程量清单；⑤施工组织设计；⑥项目管理机构；⑦资格审查资料；⑧投标人须知前附表规定的其他材料。

2.3.2 投标报价

2.3.2.1 投标人应按第五章“工程量清单”的要求填写相应表格。

2.3.2.2 投标人在投标截止时间前修改投标函中的投标总报价，应同时修改第五章“工程量清单”中的相应报价。

2.3.3 投标有效期

2.3.3.1 在投标人须知前附表规定的投标有效期内，投标人不得要求撤销或修改其投标文件。

2.3.3.2 出现特殊情况需要延长投标有效期的，招标人以书面形式通知所有投标人延长投标有效期。投标人同意延长的，应相应延长其投标保证金的有效期，但不得要求或被允许修改或撤销其投标文件；投标人拒绝延长的，其投标失效，但投标人有权收回其投标保证金。

2.3.4 投标保证金

2.3.4.1 投标人在递交投标文件的同时，应按投标人须知前附表规定的金额、担保形式和第八章“投标文件格式”规定的投标保证金格式递交投标保证金，并作为其投标文件的组成部分。联合体投标的，其投标保证金由牵头人递交，并应符合投标人须知前附表的规定。

2.3.4.2 投标人不按本章第3.4.1项要求提交投标保证金的，其投标文件作废标处理。

2.3.4.3 招标人与中标人签订合同后5个工作日内，向未中标的投标人和中标人退还投标保证金。

2.3.4.4 有下列情形之一的，投标保证金将不予退还：

(1) 投标人在规定的投标有效期内撤销或修改其投标文件；

(2) 中标人在收到中标通知书后，无正当理由拒签合同协议书或未按招标文件规定提交履约担保。

2.3.5 资格审查资料(适用于未进行资格预审的)

2.3.5.1 “投标人基本情况表”应附投标人营业执照副本及其年检合格的证明材料、资质证书副本和安全生产许可证等材料的复印件。

2.3.5.2 “近年财务状况表”应附经会计师事务所或审计机构审计的财务会计报表，包括资产负债表、现金流量表、利润表和财务情况说明书的复印件，具体年份要求见投标人须知前附表。

2.3.5.3 “近年完成的类似项目情况表”应附中标通知书和(或)合同协议书、工程接收证书(工程竣工验收证书)的复印件，具体年份要求见投标人须知前附表。每张表格只填写一个项目，并标明序号。

2.3.5.4 “正在施工和新承接的项目情况表”应附中标通知书和(或)合同协议书复印件。每张表格只填写一个项目，并标明序号。

2.3.5.5 “近年发生的诉讼及仲裁情况”应说明相关情况，并附法院或仲裁机构作出的判决、裁决等有关法律文书复印件，具体年份要求见投标人须知前附表。

2.3.5.6 投标人须知前附表规定接受联合体投标的，本章第3.5.1项至第3.5.5项规定的表格和资料应包括联合体各方相关情况。

2.3.7 投标文件的编制

2.3.7.1 投标文件应按第八章“投标文件格式”进行编写，如有必要，可以增加附页，作为投标文件的组成部分。其中，投标函附录在满足招标文件实质性要求的基础上，可以提出比招标文件要求更有利于招标人的承诺。

2.3.7.2 投标文件应当对招标文件有关工期、投标有效期、质量要求、技术标准和要求、招标范围等实质性内容作出响应。

2.3.7.3 投标文件应用不褪色的材料书写或打印，并由投标人的法定代表人或其委托代理人签字或盖单位章。委托代理人签字的，投标文件应附法定代表人签署的授权委托书。签字或盖章的具体要求见投标人须知前附表。

2.3.7.4 投标文件正本一份，副本份数见投标人须知前附表。正本和副本的封面上应清楚地标记“正本”或“副本”的字样。当副本和正本不一致时，以正本为准。

2.3.7.5 投标文件的正本与副本应分别装订成册，并编制目录，具体装订要求见投标人须知前附表规定。

2.4 投标

2.4.1 投标文件的密封和标记

2.4.1.1 投标文件的正本与副本应分开包装，加贴封条，并在封套的封口处加盖投标人单位章。

2.4.1.2 投标文件的封套上应清楚地标记“正本”或“副本”字样，封套上应写明的其他内容见投标人须知前附表。

2.4.1.3 未按本章第4.1.1项或第4.1.2项要求密封和加写标记的投标文件，招标人不予受理。

2.4.2 投标文件的递交

投标人应在本章第2.2.2项规定的投标截止时间前递交投标文件。

2.5 开标

招标人在本章第2.2.2项规定的投标截止时间(开标时间)和投标人须知前附表规定的地点公开开标，并邀请所有投标人的法定代表人或其委托代理人准时参加。

2.6 评标

评标委员会按照第三章“评标办法”规定的方法、评审因素、标准和程序对投标文件进行评审。

2.7 合同授予

招标人依据评标委员会推荐的中标候选人确定中标人，评标委员会推荐中标候选人的人数见投标人须知前附表。

招标人和中标人应当自中标通知书发出之日起30天内，根据招标文件和中标人的投标文件订立书面合同。中标人无正当理由拒签合同的，招标人取消其中标资格，其投标保证金不予退还；给招标人造成的损失超过投标保证金数额的，中标人还应当对超过部分予以赔偿。

第三章 评标办法(经评审的最低投标价法)

详见表2。

表2 评标办法前附表

条款号		评审因素	评审标准
2.1.1	形式评审标准	投标人名称	与营业执照、资质证书、安全生产许可证一致
		签字、盖章	符合第二章"投标人须知"第3.7.3项要求
		副本份数	符合第二章"投标人须知"第3.7.4项要求
		装订	符合第二章"投标人须知"第3.7.5项要求
		编页码和小签	符合第二章"投标人须知"第10.1款规定
		投标文件格式	符合第八章"投标文件格式"的要求和符合第二章"投标人须知"第3.7.1项要求
		报价唯一	只能有一个有效报价,即符合第二章"投标人须知"第10.3款要求
		结论(通过/不通过),若有其中一条不通过,结论为不通过	
2.1.2	资格评审标准	营业执照	具备有效的营业执照
		安全生产许可证	具备有效的安全生产许可证(园林绿化、电梯安装除外)
		资质等级	独立法人资格,建设行政主管部门颁发的房屋建筑工程施工总承包三级及以上资质
		财务状况	近 3 年(限定在2011—2013年)无亏损
		类似项目业绩	近3年(2011—2013年)已完成不少于3个(0~3个)类似项目或近3年(2011—2013年)已完成、正在施工和新承接的项目共不少于 3 个(0~5个)类似项目
		信誉	没有处于投标禁入期内
		项目经理	房屋建筑专业,二级及以上建造师,具有安全生产考核合格证,参加本项目投标时没有在其他未完工项目担任项目经理,中标后至完工前也不得在其他项目担任项目经理
		其他要求	符合第二章"投标人须知"第1.4.1项规定
		投标要求	不存在第3.1.2项任何一种情形之一
		结论(通过/不通过),若有其中一条不通过,结论为不通过	
2.1.3	响应性评审标准	投标内容	没有实质性偏离的内容
		工期	180日历天
		工程质量	质量标准符合现行国家有关工程施工验收规范和标准的要求合格
		投标有效期	60天
		投标保证金	按照要求缴纳
		权利义务	符合第四章"合同条款及格式"规定
		已标价工程量清单	符合第五章"工程量清单"给出的子目编码、子目名称、子目特征、计量单位和工程量
		技术标准和要求	符合第七章"技术标准和要求"规定
		分包计划	无分包
		最高限价	不超过招标控制价
		结论(通过/不通过),若有其中一条不通过,结论为不通过	

续表

条款号		评审因素	评审标准
2.1.4	施工组织设计和项目管理机构评审标准	施工方案与技术措施	施工方案严谨合理，技术措施在安全的基础上要周全、合理、可行
		质量管理体系与措施	质量管理体系完整合理，措施全面、可行，达到工程要求
		安全管理体系与措施	安全管理体系完整合理，措施全面、可行
		环境保护管理体系与措施	环境保护管理体系完整合理，措施全面、可行
		工程进度计划与措施	工程进度计划合理，满足工程总工期需要，措施全面、可行
		资源配备计划	配备满足工程要求
		技术负责人	高级工程师
		其他主要人员	投标人为本单位人员，并按第八章“投标文件格式”的“主要人员简历表”要求填写和提供相应的证明、证件
		施工设备	须配备与施工合同段工程规模、工期要求相适应的机械设备
		试验、检测仪器设备	满足工程需要
		结论(通过/不通过)，若有其中一条不通过，结论为不通过	

3.1 评标办法

本次评标采用经评审的最低投标价法。评标委员会对满足招标文件实质性要求的投标文件，根据本章 2.1 款的评审标准进行评审，并根据本章第 2.2 款规定的量化因素及量化标准进行价格折算，按照经评审的投标价由低到高顺序推荐中标候选人，但投标报价低于其成本的除外。投标报价相等时，评标委员会将采用抽签的方法确定中标候选人。

3.2 评审标准

3.2.1 初步评审标准

3.2.1.1 形式评审标准：见评标办法前附表。

3.2.1.2 资格评审标准：见评标办法前附表(适用于未进行资格预审的)。

3.2.1.3 响应性评审标准：见评标办法前附表。

3.2.2 详细评审标准

详细评审标准见评标办法前附表。

第四章 合同条款及格式

4.1 通用合同条款

4.2 专用合同条款

4.3 合同附件格式

附件一：合同协议书

合同协议书

编号：____________

发包人(全称)：某县某镇人民政府

法定代表人：刘杰

法定注册地址：某县某镇平安路106号、某县某镇人民政府

承包人(全称)：

法定代表人：

法定注册地址：

发包人为建设某县某镇人民政府综合楼(以下简称“本工程”)，已接受承包人提出的承担本工程的施工、竣工、交付并维修其任何缺陷的投标。依照《中华人民共和国招标投标法》、《中华人民共和国合同法》《中华人民共和国建筑法》及其他有关法律、行政法规，遵循平等、自愿、公平和诚实信用的原则，双方共同达成并订立如下协议。

一、工程概况

工程名称：某县某镇人民政府综合楼（项目名称） 一 标段

工程地点：某县某镇人民政府

工程内容：新建镇人民政府行政综合楼(含站所)，框架式结构，建筑面积2137.05平方米，含场平、安装下水管道、线路等附属工程。

群体工程应附“承包人承揽工程项目一览表”(附件1)

工程立项批准文号：发改农经〔2014〕29号、发改社会〔2014〕150号、发改投资〔2014〕207号和发展固〔2014〕351号。

资金来源：中央灾后重建资金、扩大内需资金及国债资金。

二、工程承包范围

承包范围：某镇人民政府行政综合楼三层框架结构楼，场平，临时办公，生活设施，永久管道，线路及各附属结构。

详细承包范围见第七章“技术标准和要求”。

三、合同工期

计划开工日期： 2014 年 10 月 20 日

计划竣工日期： 2015 年 04 月 17 日

工期总日历天数 180 天，自监理人发出的开工通知中载明的开工日期起算。

四、质量标准

工程质量标准：本工程要求的质量标准为符合现行国家有关工程施工验收规范和标准的要求合格。

五、合同形式

本合同采用 综合单价 合同形式。

六、签约合同价

金额(大写)：________________元(人民币)

(小写)¥：________________元

其中：安全文明施工费：________________元

七、承包人项目经理

姓名：____________； 职称：____________；

身份证号：____________； 建造师执业资格证书号：____________。

建造师注册证书号：________________________________。

建造师执业印章号：________________________________。

安全生产考核合格证书号：____________________________。

八、合同文件的组成

下列文件共同构成合同文件：

1. 本协议书；

2. 中标通知书；

3. 投标函及投标函附录；

4. 专用合同条款；

5. 通用合同条款；

6. 技术标准和要求；

7. 图纸；

8. 已标价工程量清单；

9. 其他合同文件。

上述文件互相补充和解释，如有不明确或不一致之处，以合同约定次序在先者为准。

九、本协议书中有关词语定义与合同条款中的定义相同。

十、承包人承诺按照合同约定进行施工、竣工、交付并在缺陷责任期内对工程缺陷承担维修责任。

十一、发包人承诺按照合同约定的条件、期限和方式向承包人支付合同价款。

十二、本协议书连同其他合同文件正本一式两份，合同双方各执一份；副本一式 0 份，其中一份在合同报送建设行政主管部门备案时留存。

十三、合同未尽事宜，双方另行签订补充协议，但不得背离本协议第八条所约定的合同文件的实质性内容。补充协议是合同文件的组成部分。

发包人：__________（盖单位章） 承包人：__________（盖单位章）

法定代表人或其 法定代表人或其

委托代理人：__________（签字） 委托代理人：__________（签字）

________年________月________日 ________年________月________日

签约地点：________________________________

附件七：质量保修书格式

房屋建筑工程质量保修书

发包人：某县某镇人民政府

承包人：________________________________

发包人、承包人根据《中华人民共和国建筑法》、《建设工程质量管理条例》和《房屋建筑工程质量保修办法》，经协商一致，对某县某镇人民政府综合楼（工程名称）签订保修书。

一、工程保修范围和内容

承包人在保修期内，按照有关法律、法规、规章的管理规定和双方约定，承担本工程保修责任。

保修责任范围包括地基基础工程、主体结构工程，屋面防水工程、有防水要求的卫生间、房间和外墙面的防渗漏，供热与供冷系统，电气管线、给排水管道、设备安装和装修工程，以

及双方约定的其他项目。具体保修的内容,双方约定如下:

____

二、保修期

双方根据《建设工程质量管理条例》及有关规定,约定本工程的保修期如下:

1. 地基基础工程和主体结构工程为设计文件规定的该工程合理使用年限;

2. 屋面防水工程、有防水要求的卫生间、房间和外墙面的防渗漏为 5 年;

3. 装修工程为 2 年;

4. 电气管线、给排水管道、设备安装工程为 2 年;

5. 住宅小区内的给排水设施、道路等配套工程为 2 年;

6. 其他项目保修期限约定如下:

____

三、保修责任

1. 属于责任范围、内容的项目,承包人应当在接到保修通知之日起7天内派人保修。承包人不在约定期限内派人保修的,发包人可以委托他人修理。

2. 发生紧急抢修事故的,承包人在接到事故通知后,应当立即到达事故现场抢修。

3. 对于涉及结构安全的质量问题,应当按照《房屋建筑工程质量保修办法》的规定,立即向当地建设行政主管部门报告,采取安全防范措施;由原设计人或者具有相应资质等级的设计人提出保修方案,承包人实施保修。

4. 质量保修完成后,由发包人组织验收。

四、保修费用

保修费用由造成质量缺陷的责任方承担。

五、其他

双方约定的其他工程保修责任事项:

本工程保修书,由施工合同发包人、承包人双方在竣工验收前共同签署,作为施工合同附件,其有效期限至保修期满。

第五章 工程量清单

5.1 工程量清单说明

5.2 投标报价说明

5.3 其他说明

略。

第六章 图纸

6.1 图纸目录

6.2 图纸

第七章 技术标准和要求

7.1 一般要求

7.2 特殊技术标准和要求

7.3 适用的国家、行业以及地方规范、标准和规程

第八章 投标文件格式

目 录

一、投标函及投标函附录 ………………………………………………………… ( )
二、法定代表人身份证明 ………………………………………………………… ( )
三、授权委托书 ……………………………………………………………………… ( )
四、投标保证金 ……………………………………………………………………… ( )
五、已标价工程量清单 …………………………………………………………… ( )
六、施工组织设计 ………………………………………………………………… ( )
七、项目管理机构 ………………………………………………………………… ( )
八、资格审查资料 ………………………………………………………………… ( )
九、其他材料 ……………………………………………………………………… ( )

一、投标函及投标函附录

(一) 投标函

____________________(招标人名称)：

1. 我方已仔细研究了________(项目名称)________标段施工招标文件的全部内容，愿意以人民币(大写)________元(¥________)的投标总报价，工期________日历天，按合同约定实施和完成承包工程，修补工程中的任何缺陷，工程质量达到________。

2. 我方承诺在投标有效期内不修改、撤销投标文件。

3. 随同本投标函提交投标保证金一份，金额为人民币(大写)________元(¥________)。

4. 如我方中标：

(1) 我方承诺在收到中标通知书后，在中标通知书规定的期限内，与你方按照招标文件和我方的投标文件签订合同。

(2) 随同本投标函递交的投标函附录属于合同文件的组成部分。

(3) 我方承诺按照招标文件规定向你方递交履约担保。

(4) 我方承诺在合同约定的期限内完成并移交全部合同工程。

5. ____(其他补充说明)。

投标人：____________________________(盖单位章)

法定代表人或其委托代理人：______________(签字)

地　　址：____________________________________

网　　址：____________________________________

电　　话：____________________________________

传　　真：____________________________________

邮政编码：____________________________________

________年________月________日

(二) 投标函附录

投标函附录见表3。

表3 投标函附录

序号	条 款 名 称	合同条款号	约 定 内 容	备注
1	项目经理	1.1.2.4	姓名：________	
2	工期	1.1.4.3	天数：________日历天	
3	缺陷责任期	1.1.4.5		
4	分包	4.3.4		
5	价格调整的差额计算	16.1.1	见价格指数权重表	

二、法定代表人身份证明

投标人名称：________________________

单位性质：__________________________

地址：______________________________

成立时间：________年________月________日

经营期限：________

姓名：________系____________________(投标人名称)的法定代表人(职务：________电话：________)。

特此证明。

附：法定代表人身份证复印件

投标人：______________________(盖单位章)

________年________月________日

三、授权委托书

本人________(姓名)系________(投标人名称)的法定代表人，现委托本单位人员________(姓名)为我方代理人。代理人根据授权，以我方名义签署、澄清、说明、补正、递交、撤回、修改________(项目名称)________标段施工投标文件、签订合同和处理有关事宜(向有关行政监督部门投诉另行授权)，其法律后果由我方承担。

委托期限：________。

代理人无转委托权。

附：(1) 法定代表人身份证明原件和法定代表人身份证复印件；

(2) 委托代理人身份证复印件、投标人为其缴纳的养老保险(提供最近6个月连续缴费证明)复印件

投 标 人：______________________(盖单位章)

法定代表人：______________________(签字)

委托代理人：______________________(签字)

联系电话：________(固定电话)________(移动电话)

________年________月________日

四、投标保证金

____________________(招标人名称)：

本投标人自愿参加________(项目名称)________标段施工的投标，并按招标文件要求交纳投标保证金，金额为人民币(大写)________元(¥________)。

本投标人承诺所交纳投标保证金是从本公司基本账户以转账方式交纳的，若有虚假，由

此引起的一切责任均由我公司承担。

附：(1) 收据(招标人开具给投标人)复印件

(2) 银行给投标人的转账回单复印件

(3) 人民银行颁发的基本存款账户开户许可证复印件

投标人：________________________(盖单位章)

法定代表人或其委托代理人：____________(签字)

________年________月________日

五、已标价工程量清单

六、施工组织设计

1. 投标人编制施工组织设计的要求：编制时应采用文字并结合图表形式说明施工方法；拟投入本标段的主要施工设备情况、拟配备本标段的试验和检测仪器设备情况、劳动力计划等；结合工程特点提出切实可行的工程质量、安全生产、文明施工、工程进度、技术组织措施，同时应对关键工序、复杂环节重点提出相应技术措施，如冬雨季施工技术、减少噪声、降低环境污染、地下管线及其他地上地下设施的保护加固措施等。

2. 施工组织设计除采用文字表述外可附下列图表，图表及格式要求附后。

附表一　拟投入本标段的主要施工设备表

附表二　拟配备本标段的试验和检测仪器设备表

附表三　劳动力计划表

附表四　计划开、竣工日期和施工进度网络图

附表五　施工总平面图

附表六　临时用地表

七、项目管理机构

详见表 4、表 5。

表 4　项目管理机构组成表

职务	姓名	职称	执业或职业资格证明					备注
			证书名称	级别	证号	专业	养老保险	

表 5　主要人员简历表

姓名		年龄		学历	
职称		职务		拟在本合同任职	
毕业学校		年毕业于		学校	专业
主要工作经历					

时间	参加过的类似项目	担任职务	发包人及联系电话

八、资格审查资料

（一）投标人基本情况表(详见表6)

表6 投标人基本情况表

<table>
<tr><td>投标人名称</td><td colspan="7"></td></tr>
<tr><td>注册地址</td><td colspan="4"></td><td>邮政编码</td><td colspan="2"></td></tr>
<tr><td rowspan="2">联系方式</td><td>联系人</td><td colspan="3"></td><td>电话</td><td colspan="2"></td></tr>
<tr><td>传真</td><td colspan="3"></td><td>网址</td><td colspan="2"></td></tr>
<tr><td>组织结构</td><td colspan="7"></td></tr>
<tr><td>法定代表人</td><td>姓名</td><td></td><td colspan="2">技术职称</td><td></td><td>电话</td><td></td></tr>
<tr><td>技术负责人</td><td>姓名</td><td></td><td colspan="2">技术职称</td><td></td><td>电话</td><td></td></tr>
<tr><td>成立时间</td><td colspan="2"></td><td colspan="5">员工总人数：</td></tr>
<tr><td>企业资质等级</td><td colspan="2"></td><td rowspan="5">其中</td><td colspan="2">项目经理</td><td colspan="2"></td></tr>
<tr><td>营业执照号</td><td colspan="2"></td><td colspan="2">高级职称人员</td><td colspan="2"></td></tr>
<tr><td>注册资金</td><td colspan="2"></td><td colspan="2">中级职称人员</td><td colspan="2"></td></tr>
<tr><td>开户银行</td><td colspan="2"></td><td colspan="2">初级职称人员</td><td colspan="2"></td></tr>
<tr><td>账号</td><td colspan="2"></td><td colspan="2">技工</td><td colspan="2"></td></tr>
<tr><td>经营范围</td><td colspan="7"></td></tr>
<tr><td>备注</td><td colspan="7"></td></tr>
</table>

（二）近3个年度财务状况表

对财务状况表的要求为：____

____

（三）近________年完成的类似项目情况表(详见表7)

表7 近________年完成的类似项目情况表

项目名称	
项目所在地	
发包人名称	
发包人地址	
发包人电话	
合同价格	
开工日期	
竣工日期	
承担的工作	
工程质量	
项目经理	
技术负责人	
总监理工程师及电话	
项目描述	
备注	

(四) 正在施工和新承接的项目情况表(详见表8)

表8 正在施工和新承接的项目情况表

项目名称	
项目所在地	
发包人名称	
发包人地址	
发包人电话	
签约合同价	
开工日期	
计划竣工日期	
承担的工作	
工程质量	
项目经理	
技术负责人	
总监理工程师及电话	
项目描述	
备注	

(五) 近3年发生的诉讼及仲裁情况(详见表9)

表9 近3年发生的诉讼及仲裁情况

序号	案由	双方当事人名称	处理结果或进展情况

(六) 近3年向招投标行政监督部门提起的投诉情况(详见表10)

表10 近3年向招投标行政监督部门提起的投诉情况

序号	投诉事由	受理机关及受理时间	处理结果或进展情况

九、其他材料

习题

1. 简述建设工程招标的含义及招标范围。
2. 简述建设工程招标过程中的主要阶段。
3. 试比较设计招标与施工招标的异同。
4. 何谓建设工程监理？简述其范围。
5. 简述建设工程材料、设备招标范围、方式和程序。

6. 以5人为一个小组，收集某建筑工程项目的有关资料，参照2.4节和其他有关工程招标案例，编写一份完整的招标文件。

7. 背景：某国家重点建设项目，已通过招标审批手续，拟采用邀请招标方式进行招标。以下为施工招标文件中规定的部分内容。

(1) 投标准备时间为15天。

(2) 投标单位在收到招标文件后，若有问题需澄清，应在投标预备会以后以书面形式向招标单位提出，招标单位以书面形式单独进行解答。

(3) 明确了投标保证金的数额和支付方式。

① 为便于投标人提出问题并得到解决，招标单位将勘察现场和投标预备会安排到同一天进行。投标预备会由评标委员会组织并主持召开。

② 各投标单位经过调研、收集资料，编制了投标文件，在规定的时间内递交评标委员会，准备评标。

(4) 问题：

① 该项目采用邀请招标是否正确？说明理由。

② 施工招标文件规定的部分内容有何不妥之处？并逐一改正。

③ 勘察现场和投标预备会的安排是否合理？如不合理应怎样安排？

④ 投标预备会由评标委员会组织是否妥当？如不妥当，应由谁组织？

⑤ 投标文件的递交程序是否正确？如不正确，请改正。

答案：

(1) 该项目采用邀请招标方式不正确。理由：该项目为国家重点项目，应采取公开招标。

(2) 施工招标文件中的不妥之处和改正之处：

① 不妥之处：投标准备时间为15天。

改正：投标准备时间不得少于20天。

② 不妥之处：如有问题需澄清应在投标预备会之后提出。

改正：应在投标预备会之前提出。

(3) 勘察现场和投标预备会安排在同一天不合理。

正确安排：勘察现场一般安排在投标预备会的前1～2天。

(4) 投标预备会由评标委员会组织不合理，应该由招标单位组织并主持召开。

(5) 投标文件的递交程序不正确。

改正：投标单位应将投标文件递交招标人或招标代理机构。

<<< 第3章

建设工程投标

3.1 建设工程投标人

3.1.1 建设工程投标人应具备的条件

建设工程投标人是指响应招标并购买招标文件、参加投标竞争的法人或者其他组织，投标人应具备承担招标项目的能力。招标人的任何不具独立法人资格的附属机构(单位)，或者为招标项目的前期准备或者监理工作提供设计、咨询服务的任何法人及其任何附属机构(单位)，都无资格参加该招标项目的投标。建设工程投标人一般应具备的基本条件是：

(1) 具有符合招标条件要求的资质证书，并为独立的法人实体；

(2) 承担过类似建设项目的相关工作，并有良好的工作业绩和履约记录证明；

(3) 在最近3年没有骗取合同以及其他经济方面的严重违法行为；

(4) 财产状况良好；

(5) 近几年有较好的安全记录，投标当年内没有发生重大质量和特大安全事故；

(6) 符合法律、法规规定的其他要求。

建设工程投标人主要是指工程总承包单位、勘察设计单位、施工企业、工程材料设备供应单位、监理单位、造价咨询单位等。

3.1.2 建设工程投标人的投标资质

建设工程投标人的投标资质(又称投标资格)，是指建设工程投标人参加投标所必须具备的条件和素质，包括资历、业绩、人员素质、管理水平、资金数量、技术力量、技术装备、社会信誉等方面。

对建设工程投标人的投标资质的管理，主要是政府主管机构对建设工程投标人的投标资质提出认定和划分标准，确定具体等级，发放相应证书，并对证书的使用进行监督检查。由于我国已对从事勘察、设计、施工、建筑装饰装修、工程材料设备供应、工程总承包及咨询、监理等活动的单位实行了从业资格认证制度，所以以上单位必须依法取得相应等级的资质证书，并在其资质等级许可的范围内从事相应的工程建设活动。应禁止无相应资质的企业进入工程建设市场。

在建设工程招标投标管理中，一般不再给建设工程投标人发放专门的投标资质证书，只需验证他们已取得的相应的等级资质证书即可，即将资质证书直接确认为相应的投标资质证书。

另外,在实际的招投标中也有核发投标许可证的做法。例如有一种投标许可证,它是根据本地工程任务的需求总量等控制因素,针对外地的承包商核发的。这种投标许可证实际上是一种地方保护措施,而不是对投标资质进行管理的手段。还有一种投标许可证,是根据承包商已取得的勘察、设计、施工、监理、材料设备采购等从业资质的情况,对所有投标商核发的。这种投标许可证是一种专门对承包商投标资质进行管理的措施。承包商在实际参加投标时,只要持有这种投标许可证即可,不需要再提交有关勘察、设计、施工、监理、材料设备采购等从业资质证件,这对投标商和招标投标管理者都比较方便。

1. 工程勘察设计单位的投标资质

工程勘察设计单位参加建设工程勘察设计招标投标活动,必须持有相应的勘察设计资质证书,并在其资质证书许可的范围内进行。工程勘察设计单位的专业技术人员参加建设工程勘察设计招标投标活动,应持有相应的执业资格证书,并在其执业资格证书许可的范围内进行。

2. 施工企业和项目经理的投标资质

施工企业参加建设工程施工招标投标活动,应当按照其资质等级证书所许可的范围进行。少数市场信誉好、素质较高的企业,经征得业主同意和工程所在的省、自治区、直辖市建设行政主管部门批准后,可适度超出资质证书所核定的承包工程范围,投标承揽工程。施工企业的专业技术人员参加建设工程施工招标投标活动,应持有相应的执业资格证书,并在其执业资格证书许可的范围内进行。

我国的建设工程项目招标投标实施项目经理岗位责任制。项目经理是受企业法定代表人委托对工程项目全过程全面负责的项目管理者,是企业法定代表人在工程项目上的代表。项目经理岗位是保证工程项目建设质量、安全、工期的重要岗位。因此,要求企业在投标承包工程时,应同时报出项目经理的人选,接受招标人的审查和招标投标管理机构的复查。

我国对出任项目经理人员进行资质管理。我国现阶段的项目经理的资质,是两种资质并存:

(1) 在没有实行建造师执业资格制度前,对工作年限、施工经验和技术职称符合建设部有关规定的施工企业人员,经过有关单位举办的项目经理培训班并经考试合格后,经申请由有关部门发放相应的项目经理资质证书,取得相应等级资质证书的项目经理在规定的范围内可以担任相应工程施工的项目经理。

(2) 当国家对建设工程项目总承包和施工管理关键岗位的专业技术人员实行建造师执业资格制度后,就不再举办项目经理资质认证培训和资质认证,即取消建筑施工企业项目经理资质核准,由注册建造师代替,并设立五年过渡期(2003 年 2 月—2008 年 2 月)。在过渡期内,原项目经理资质证书继续有效,过渡期满后,项目经理资质证书停止使用,大、中型工程项目施工的项目经理必须由取得建造师注册证书的人员担任;取得建造师注册证书的人员是否担任工程项目施工的项目经理,由企业自主决定。

建造师分为一级建造师和二级建造师。按照建设部颁布的《建筑业企业资质等级标准》,一级建造师可以担任特级、一级建筑业企业资质的建设工程项目施工的项目经理;二级建造师可以担任二级及以下建筑业企业资质的建设工程项目施工的项目经理。

一个项目经理原则上只能承担一个与其资质等级相适应的工程项目的管理工作,不得同时兼管多个工程。但当其负责管理的施工项目临近竣工阶段,经建设单位同意,可以兼任一项工程的项目管理工作。在中标工程的实施过程中，因施工项目发生重大安全、质量事故或项目经理违法、违纪时需要更换项目经理的，企业应提出与工程规模相适应的资质等级证书的项目经理人选，征得建设单位的同意后，方可更换，并报原招标投标管理机构备案。

3. 建设监理单位的投标资质

建设监理单位参加建设工程监理招标投标活动，必须持有相应的建设监理资质证书，并在其资质证书许可的范围内进行。建设监理单位的专业技术人员参加建设工程监理招标投标活动，应持有相应的执业资格证书，并在其执业资格证书许可的范围内进行。

4. 建设工程材料设备供应单位的投标资质

目前，在我国实行资质管理的建设工程材料设备供应单位，主要是混凝土预制构件生产企业、商品混凝土生产企业和机电设备成套供应单位。以上单位要参加建设工程材料设备招标投标活动，必须持有相应的资质证书，并在其资质证书许可的范围内进行。这些企业或单位的专业技术人员参加建设工程材料设备招标投标活动，应持有相应的执业资格证书，并在其执业资格证书许可的范围内进行。

5. 工程总承包单位的投标资质

工程总承包单位，按其总承包业务范围，可以分为项目全过程总承包单位、勘察总承包单位、设计总承包单位、施工总承包单位、材料设备采购总承包单位等。目前，我国对工程总承包单位实行资质管理的，主要是勘察设计总承包单位、施工总承包单位等。

工程总承包单位参加工程总承包招标投标活动，必须具有相应的工程总承包资质，并应在其资质证书许可的范围内进行。工程总承包单位的专业技术人员参加建设工程总承包招标投标活动，应持有相应的执业资格证书，并在其执业资格证书许可的范围内进行。

3.1.3 建设工程投标人的权利和义务

1. 建设工程投标人的权利

建设工程投标人在建设工程招标投标活动中，享有下列权利。

(1) 有权平等地获得和利用招标信息。

投标人获得招标信息主要通过招标人发布的招标公告，也可以通过政府主管机构公布的工程报建登记。保证投标人平等地获取招标信息，是招标人和政府主管机构的义务。

(2) 有权按照招标文件的要求自主投标或组成联合体投标。

投标人组成投标联合体是一种联营方式，与串通投标是两个性质完全不同的概念。组成联合体投标，联合体各方均应当具备承担招标项目的相应能力和相应资质条件，并按照共同投标协议的约定，就中标项目向招标人承担连带责任。

(3) 有权要求招标人或招标代理机构对招标文件中的有关问题进行答疑。

(4) 有权确定自己的投标报价。

招标投标活动是一场重要的市场竞争，必须按照市场经济的规律办事。由投标人依法自主确定投标报价，任何单位和个人不得非法干预。

(5) 有权参与投标竞争或放弃参与竞争。

在市场经济条件下，对投标人来说，是否参加投标，是不是参加到底，完全是自愿的。任何单位或个人不能强制、胁迫投标人参加投标，更不能强迫或变相强迫投标人陪标，也不能阻止投标人中途放弃投标。

(6) 有权要求优质优价。

为了保证工程安全和质量,必须实行优质优价,以防止和克服只为争得项目中标而不切实际的盲目降级压价现象,避免投标人之间的恶性竞争。

有权控告、检举招标过程中的违法、违规行为。

2. 建设工程投标人的义务

(1) 遵守法律、法规、规章和方针、政策。

(2) 接受招标投标管理机构的监督管理。

(3) 保证所提供的投标文件的真实性,提供投标保证金或其他形式的担保。

(4) 按招标人或招标代理人的要求对投标文件的有关问题进行答疑。

(5) 中标后与招标人签订合同并履行合同,不得转包合同,未经招标人同意不得分包合同。

(6) 履行依法约定的其他各项义务。

3.2 建设工程投标的一般程序

建设工程投标是建设工程招标投标活动中投标人的一项重要活动,也是建筑企业取得承包合同的主要途径。建设工程的投标工作程序应与招标程序相配合、相适应。如图3-1所示为建设工程的投标工作程序流程图及各个步骤。

3.2.1 投标的前期工作

投标的前期工作包括获取招标信息和前期投标决策两项内容,即从众多投标信息中确定选取哪个作为投标对象。

1. 获取招标信息

目前投标人获得招标信息的渠道很多,最普遍的是通过大众媒体所发布的招标公告获取招标信息。目前,国内建设工程招标仍与国际招标存在一定的差距,特别是在信息的真实性、公平性、透明度、业主支付工程价款、承包商履约的诚意、合同的履行等方面存在不少问题。因此,投标人必须认真分析验证所获信息的真实可靠性。在国内做到这一点并不难,可通过与招标单位直接洽谈,证实其招标项目确实已立项批准和资金确实已落实等即可。

2. 前期投标决策

投标人在证实招标信息真实可靠后,同时还要对招标人的信誉、实力等方面进行必要的调查了解,然后做出正确的投标决策,以减少工程实施过程中承包方的风险。

对业主的调查了解是确定实施工程的酬金能否收回的前提。有些业主单位长期拖欠工程款,致使承包企业不仅不能获取利润,甚至连成本都无法收回。还有些业主单位的工程负责人与外界勾结,索要巨额回扣,中饱私囊,致使承包企业苦不堪言。承包商必须对获得项目之后履行合同的各种风险进行认真的评估分析。如果已经核实了信息,证明某项目的业主资信可靠,则建设施工企业可以做出投标该项目的决定。

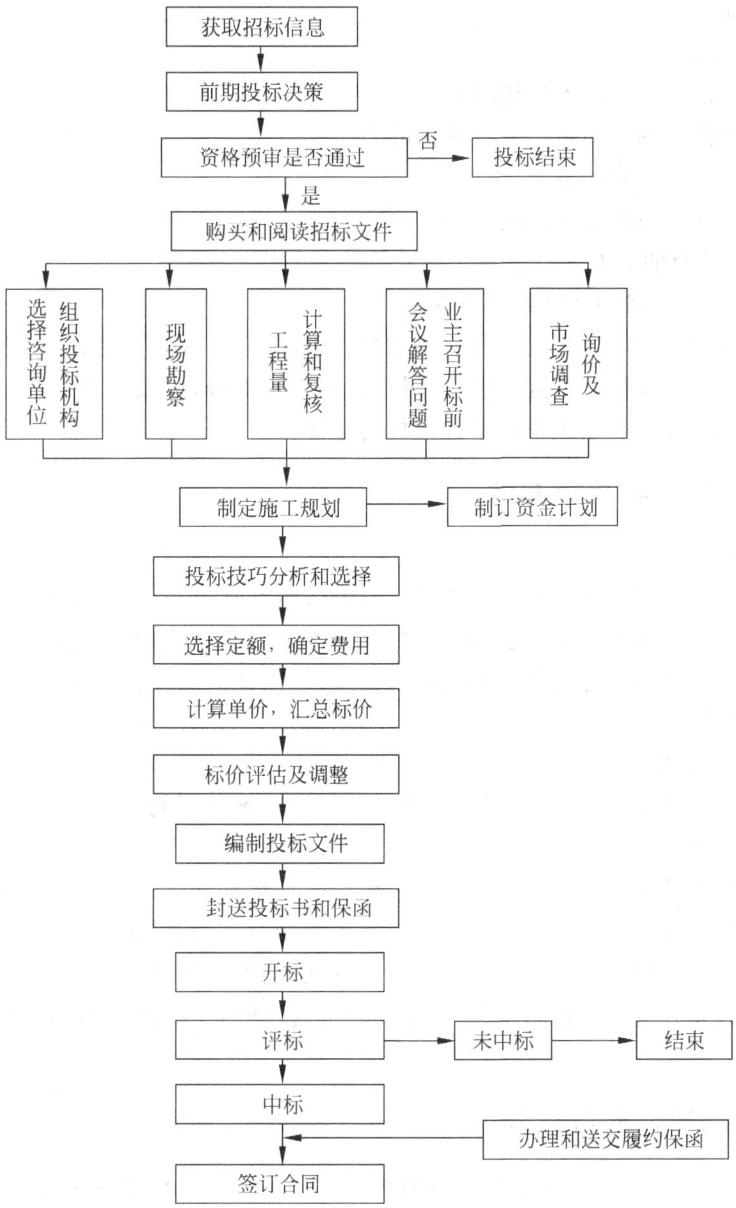

图 3-1 投标程序

3.2.2 参加资格预审

通过直接报送，或采用信函、电报、电传或传真等方式向招标单位申请投标。申请投标和争取获得投标资格的关键是通过资格审查，因此申请投标的承包企业除向招标单位索取和递交资格预审书外，还可以通过其他辅助方式，如发送宣传本企业的印刷品，邀请业主参观本企业承建的工程等，使他们对本企业的实力及情况有更多的了解。

资格预审一般按招标人所编制的资格预审文件内容进行审查，一般要求被审查的投标申请人提供如下资料：

(1) 投标企业概况;

(2) 财务状况;

(3) 拟投入的主要管理人员情况;

(4) 目前剩余劳动力和施工机械设备情况;

(5) 近3年承建工程的情况;

(6) 目前正在承建的工程情况;

(7) 3年来涉及的诉讼案件情况;

(8) 其他资料(如各种奖励和处罚等)。

招标人在对投标申请人进行资格审查的过程中,投标申请人应根据资格预审文件,积极准备和提供有关资料,并做好信息跟踪工作,发现不足部分,应及时补送,争取通过资格预审。经审查合格的投标申请人具备参加投标的资格。

3.2.3 购买和分析招标文件

1. 购买招标文件

投标申请人接到招标单位的投标申请书或资格预审通知书,就表明他已通过资格预审,具备并获得了参加该项目投标的资格。如果投标申请人决定投标,就可以在招标单位规定的时间内向招标人购买招标文件。购买招标文件时,投标人应按招标文件的要求提供投标担保、图纸押金等。

2. 分析招标文件

招标文件是投标和报价的主要依据,也是承包商正确分析判断是否进行投标和如何获取成功的重要依据。购买到招标文件之后,投标人应组织得力的设计、施工、估价等人员认真研究招标文件中的所有条款。注意投标过程中各项活动的时间安排,明确招标文件中对投标报价、工期、质量等的要求。同时对招标文件中的合同条款、无效标书的条件等主要内容进行认真分析,理解招标文件隐含的含义。对可能发生疑义或不清楚的地方,应向招标人书面提出。通过对招标文件的认真研究,全面权衡利弊得失,才能据此作出评价和是否投标报价的决策。

3.2.4 收集资料、准备投标

购买招标文件后,投标人应进行具体的投标准备工作。投标准备工作包括组建投标班子,进行现场踏勘,计算和复核招标文件中提供的工程量,参加答疑会,询问了解市场情况等内容。

1. 组建投标机构

为了确保在投标竞争中获胜,建设施工企业必须精心挑选精干且富有经验的人员组成投标工作机构,负责投标事宜。

若承包工程公司在工程所在国或地区已设有分支机构,有关该工程的投标事宜可由该分支机构进行。否则需组织一个专门的投标班子,班子中应包括施工管理、技术、经济、财务、法律法规及设计方面的人才,其人员要有较丰富的业务经验、较强的能力及涉外工作素质。

投标工作机构通常应由以下人员组成：

1）决策人

通常由部门经理和副经理担任，也可由总经济师负责。

2）技术负责人

可由总工程师或主任工程师担任，其主要责任是制定施工方案和各种技术措施。

3）投标报价人员

由经营部门的主管技术人员、预算师等担任。

此外，物资供应、财务计划等部门也应积极配合，特别是在提供价格行情、工资标准、费用开支及有关成本费用等方面给予大力协助。

投标机构的人员应精干、富有经验且受过良好培训，有娴熟的投标技巧和较强的应变能力。这些人应渠道广、信息灵、工作认真、纪律性强，尤其应对公司绝对忠诚。投标机构的人员不宜过多，特别是在最后决策阶段，参与的人数应严格控制，以确保投标报价的机密。组成一个干练的投标班子非常重要，对参加投标的人员要认真挑选。他们要熟悉了解招标文件，包括合同条款；会拟定合同文稿，对投标、合同谈判和合同签约有丰富的经验。此外，还应具有以下方面的知识和能力：

(1) 对招标投标法、合同法、建筑法等法律、法规有一定的了解；

(2) 不仅有丰富的工程经验、熟悉施工和工程估价，还有设计经验，以便从设计角度或施工角度对招标文件的设计图纸提出改进方案，以节省投资和加快工程进度；

(3) 熟悉工程采购，因为材料、设备往往占工程造价的一半；

(4) 具备工程报价和解决相关经济问题的能力。

2. 参加现场踏勘

投标人在领到投标文件后，除对招标文件进行认真研读分析之外，还应按照招标文件规定的时间，积极参加由招标单位组织的现场踏勘活动，深入调查研究，收集必需的资料，诸如当地材料情况、环境条件、施工场地及内外交通、水电供应、劳力及物资设备供应条件、爆破时间和道路桥梁通行限制等。

当我国逐渐实行工程量清单报价模式后，投标人所投报的单价一般被认为是在经过现场踏勘的基础上编制而成的。报价单报出后，投标者就无权以现场踏勘不周、情况了解不细或因素考虑不全为理由提出修改标价或提出索赔等要求。所以投标人应充分重视现场踏勘，踏勘之前应先仔细研究招标文件，特别是文件中的工作范围、专用条款、设计图纸和说明，然后拟定出调研提纲，确定重点要解决的问题，做到事先有准备，因有时业主只组织投标者进行一次现场勘察。现场踏勘应由招标人组织，投标人自费自愿参加。

现场踏勘时应从以下5个方面详细了解工程的有关情况，为投标工作提供第一手的现场资料：

(1) 工程的性质及与其他工程之间的关系；

(2) 投标人投标的那一部分工程与其他承包商之间的关系；

(3) 工地地貌、地质、气候、交通、电力、水源、障碍物等情况；

(4) 工地附近的住宿条件、料场开采条件、其他加工条件、设备维修条件等；

(5) 工地附近的治安情况。

3. 参加答疑会

答疑会又称投标预备会或标前会议，一般在现场踏勘之后的1～2天内举行。答疑会的目的是解答投标人对招标文件及现场踏勘中所提出的问题，并对图纸进行交底和解释。投标人在对招标文件进行认真分析和对现场进行踏勘之后，应及时地质询投标过程中可能遇到的问题，争取得到招标人的解答，同时，进一步明确招标文件的有关内容，为下一步投标工作的顺利进行打下基础。

4. 计算或复核工程量

这项工作直接关系到工程计价及报价策略，必须做好。如发现有漏误或不实之处，应及时提请有关部门澄清。现阶段我国进行工程施工投标时，工程量有两种情况：

一种情况是一般情况下，招标文件中已给定工程量，而且规定对工程量不作增减。在这种情况下，投标人在进行投标时，只需根据图纸等资料对给定工程量的准确性进行复核即可，为投标报价提供依据。在工程量复核过程中，若发现所列工程量与调查及核实结果不符，应向招标人提出，要求招标人更正或补充。如果招标人不作更正或补充，投标人可在编制投标标价时采取调整单价的策略，即提高工程量可能增加的项目的单价，以减少实际实施过程中由于工程量调整带来的风险。

另一种情况是，招标人不给出具体的工程量清单，只给相应工程的施工图纸。这时，投标报价应根据给定的施工图纸，结合工程量计算规则自行计算工程量。自行计算工程量时，应先搞清招标文件，熟悉图纸和工程量计算规则，合理地划分项目。在计算工程量时应注意按有关国家和地区的惯用方法进行，不能漏项，不能少算或多算。例如，有的招标文件中规定混凝土的分项内包括了模板，模板就不应再单独列项。有的国家对基坑挖方量是按基础接触土壤的实际面积计算，不留操作面，也不放坡，我们在计量及计价时，就应按实际情况考虑留操作面、放坡或加支撑，其附加费用应摊加于单价中。

5. 询价及市场调查

编制投标文件时，投标报价是一个很重要的环节。为了能够准确确定投标报价，投标时应认真调查了解工程所在地的工资标准，材料来源、价格、运输方式，机械设备租赁价格等和报价有关的市场信息，为准确报价提供依据。

6. 确定施工方案

施工方案也是投标内容中很重要的部分，是招标人了解投标人的施工技术、管理水平、机械装备的途径。编制施工方案的主要内容如下：

(1) 选择和确定施工方法。大型复杂工程则要考虑几种方案，进行综合对比。

(2) 选择施工设备和施工设施。

(3) 编制施工进度计划等。

3.2.5 编制投标文件

经过前期准备工作之后，投标人开始进行投标文件的编制工作，简称编标。投标人编制投标文件时，应按照招标文件的内容、格式和顺序要求进行。一般不能带有任何附加条件，否则可能导致被否定和作废。

3.2.6 提交投标文件

投标文件编写完成并由本单位及负责人签印后，分类装订成册封入密封袋中，然后按招标文件中规定的时间、地点提交投标文件，逾期作废。但也不宜过早，以便在发生新情况时可作更改。

投标文件送达并被确认合格后，投标人应从收件处领取回执作为凭证。投标文件发出后，在规定的截止日期前或开标前，投标人仍可修改标书的某些事项。

除招标文件要求的内容外，投标人有时还可在标书中写明有关建议和报价依据，并作出报价可以协商或有某种优惠条件等方面的暗示，以吸引业主。

3.2.7 参加开标会

当招标者采取公开开标方式时，投标人在编制和提交完投标文件后，应按时参加开标会议。招标委员会宣布符合条件的投标者和报价，以及报价低的承包候选人，并予以正式记录。至于秘密开标方式，不允许投标人参加开标会，由招标委员会将开标结果通知候选人。

开标会议由投标人的法定代表人或其授权代理人参加。如果法定代表人参加开标会议，一般应持有法定代表人资格证明书；如果是委托代理人参加开标会议，一般应持有授权委托书。许多地方规定，不参加开标会议的投标人，其投标文件将不予启封，视为投标人自动放弃本次投标。

在评标过程中，评标组织根据情况可以要求投标人对投标文件中含义不明确的内容作必要的澄清或者说明。这时投标人应积极地予以澄清或者说明，但投标人的澄清或者说明，不得超出投标文件的范围或者改变投标文件中的工期、报价、质量、优惠条件等实质性内容。

3.2.8 中标和授标

经过评标，投标人被确定为中标人后，会收到招标人发出的授标通知书，即获得工程承建权，称为中标或得标，表示投标人在投标竞争中获胜。中标人在收到授标通知书后，应在规定的时间和地点与招标人谈判，并签订承包合同，同时还要向业主提交履约保函或保证金。如果投标人在中标后不愿承包该工程而逃避签约，招标单位将按规定没收其投标保证金作为补偿。我国规定招标人和中标人应当自中标通知书发出之日起30日内订立书面合同，合同内容应依据招标文件、投标文件的要求和中标的条件签订。招标文件要求中标人提交履约担保的，中标人应按招标人的要求提供。合同正式签订之后，应按要求将合同副本分送有关主管部门备案。

3.3 建设工程投标决策

3.3.1 投标决策的含义及内容

承包商通过投标取得项目，是市场经济条件下的必然。在招投标市场的激烈竞争中，作为投标人并不是每标必投，因为投标人既要中标得到承包工程，又要从承包工程中盈利，这就需要投标人必须认真研究投标决策的问题。所谓建筑施工企业的投标决策，实际就是解决投标过程中的问题，决策贯穿于竞争的全过程，对于投标的各个主要环节，都必须及时作出正确的决策，才能取得竞争的全胜。投标决策的正确与否，关系到能否中标和中标后的效益，关系到施工企业的发展前景和职工的经济利益。因此，企业的决策班子必须充分认识到投标决策的重要意义，把这一工作摆在企业的重要议事日程上。

投标决策的主要内容可概括为下列3个方面：①针对招标的项目，决定是否投标；②倘若去投标，是投什么性质的标；③投标中如何采用“以长制短、以优胜劣”的策略和技巧。

投资决策具体要进行的主要工作有以下几项：

1. 确定企业承揽工程任务的能力

分析本企业在现有资源条件下，在一定时间内，应当和可以承揽的工程任务数量。若企业承揽的工程任务超过了企业的生产能力，就只能追加单位工程量投入的资源，从而增大成本；若企业承揽任务不足，人力窝工，设备闲置，维持费用增加，则可能导致企业亏损。因此，正确分析企业的生产能力十分重要。

1) 用企业经营能力指标确定生产能力

企业经营能力指标包括：技术装备产值率、流动资金周转率、全员劳动生产率等。这些指标均以年为单位，根据历史数据，采用一元线性回归等方法考虑生产能力的变动趋势，确定未来的生产能力和经营规模。

2) 用量、本、利分析法确定生产能力

根据量、本、利关系计算出盈亏平衡点，即确定企业或内部核算单位保本的最低限度的经营规模。盈亏平衡点可按实物工程量、营业额等分别计算。

3) 用边际收益分析方法确定生产能力

产品的成本可分为固定成本和变动成本两部分，在一定限度下总成本随着产量的增加而增加，但单位产品的成本却随着产量的增加而逐渐减少。因为固定成本是不变的，产量越多，摊入每个产品的固定成本越少，但产量超过一定限度时，必须追加设备、管理人员等，这样平均成本又会随着产量的增加而增加。我们把每增加一个产品而同时增加的成本称为边际成本，即每增加一个单位产量而需追加的成本。

当边际成本小于平均成本时，平均成本随产量的增加而减少；若边际成本大于平均成本，这时再增加产量就会增大平均成本。因此企业生产存在一个最高产量点，在盈亏平衡点与最高产量点之间的产量都是可盈利的产量。

2. 决定是否参加某项工程的投标

1) 确定投标的目标

决定是否参加某项工程的投标，首先应根据企业的经营状况确定投标的目标，投标的目标可能是“获得最大利润”或“确保企业有活干即可”，也可能是克服一次生存危机。

2) 确定判断投标机会的标准

即达到什么标准就决定参加投标，达不到该标准则不参加投标。投标的目标不同，确定的判断标准也不同。

判断标准一般从3个方面综合拟定。一是现有技术条件对招标工程的满足程度，包括技术水平、机械设备、施工经验等能否满足施工要求；二是经济条件，如资金运转能否满足施工进度、利润的大小等；三是生存与发展方面的考虑，包括招标单位的资信，是否已经履行各项审批手续，工程会不会中途停建或缓建，有没有内定的得标人，能不能通过该工程的施工而取得有利于本企业的社会影响，竞争对手的情况，自身的优势等。针对上述三方面的内容分别制定评分标准，若该工程得分达到某一标准则决定参加投标。

3）确定是否投标的步骤

首先应确定影响是否投标的因素，其次确定评分方法，再依据以往经验确定最低得分标准。

4）与竞争者对比分析，确定是否投标

首先确定对比分析的因素及评分标准，再收集各竞争对手的信息，进行劳动功效与技术装备水平、施工速度、施工质量等方面的综合评分。若得分高于对手，显然参加投标是合适的；若与对手不相上下，则应考虑应变措施；若明显低于对手，则应慎重考虑是否投标。

3. 选择投标工程

当投标人有若干工程可供投标时，正确选择投标对象，决定向其中哪一项或哪几项工程投标。可采用权数计分评价法，有条件时可采用线性规划模型分析、决策树等现代管理中的决策方法确定是否投标。

3.3.2 决策阶段的划分

投标决策可以分为两阶段进行，即投标的前期决策和投标的后期决策。

1. 投标的前期决策

投标的前期决策主要是投标人及其决策班子对是否参加投标进行研究，并作出是否投标的决策。如果项目采取的是资格预审，投标决策的前期决策必须在投标人购买招标人资格预审资料前完成。决策的主要依据是招标广告，以及公司对招标工程、业主情况的调研和了解程度。如是国际工程，还包括对工程所在地国和工程所在地的调研和了解程度。前期阶段必须对投标与否作出论证。通常情况下，应放弃下列招标项目的投标：

（1）本施工企业主营和兼营能力之外的项目；

（2）工程规模、技术要求超过本施工企业技术等级的项目；

（3）本施工企业生产任务饱满，而招标工程的盈利水平较低或风险较大；

（4）本施工企业技术等级、信誉、施工水平明显不如竞争对手的项目。

2. 投标的后期决策

如果决定投标，就进入投标决策的后期阶段。它是指从申报资格预审至投标报价期间完成的决策研究阶段，主要研究倘若去投标，是投什么性质的标，以及在投标中采取何种策略。

按性质分，投标有风险标和保险标；按效益分，投标有盈利标、保本标和亏损标。

1）风险标

明知工程承包难度大、风险大，且技术、设备、资金上都有未解决的问题，但由于队伍窝工，或因为工程盈利丰厚，或为了开拓新技术领域而决定参加投标，同时设法解决存在的问题，就是风险标。投标后，如果问题解决得好，可取得较好的经济效益，可锻炼出一支较好的施工队伍，使企业更上一层楼；解决得不好，企业的信誉、效益就受到损害，严重者可以导致企业亏损以致破产。因此，投风险标必须谨慎从事。

2）保险标

对可以预见的情况从技术、设备、资金等方面都想好对策之后再投标，叫做保险标。企业经济实力较弱，经不起失误的打击，往往投保险标。当前我国施工企业大多数都愿意投保险标，特别是在国际工程承包市场上。

3）盈利标

如果招标工程是本企业的强项，却是竞争对手的弱项；或建设单位意向明确；或本企业任务饱满，利润丰厚，这些情况下的投标，才投盈利标。

4）保本标

若企业无后继工程，或已经出现部分窝工而必须争取中标，但对于招标的工程项目，本企业无优势可言，竞争对手又不多，此时，就是投保本标。

5）亏损标

亏损标是一种非常手段，一般在下列情况下采用，即：本企业已大量窝工，严重亏损，中标后至少可以使部分工人、机械运转，减少亏损；或者是为在对手林立的竞争中夺得头标，不惜血本压低标价。以上这些虽然是不正常的，但在激烈的竞争中时有发生。

3.3.3 影响投标决策的因素

"知己知彼，百战不殆"。工程投标决策研究就是知己知彼的研究。这个"己"就是影响投标决策的主观因素，"彼"就是影响投标决策的客观因素。

1. 主观因素

投标人投标或是弃标，首先取决于投标人的实力，即，即投标人的主观条件。影响投标决策的主观因素主要表现在以下几个方面。

1）技术方面的实力

(1) 有精通本行业的估算师、建筑师、工程师、会计师和管理专家组成的组织机构；

(2) 有工程项目设计、施工的专业特长，能解决技术难度大的各类工程施工中的技术难题；

(3) 有国内外与招标项目同类型工程的施工经验；

(4) 有技术实力较强的合作伙伴，如实力强的分包商、合营伙伴和代理人。

2）经济方面的实力

(1) 具有垫付资金的能力。如预付款是多少？在什么条件下拿到预付款？应注意在国际上有的业主要求"带资承包工程"，是指工程由承包商筹资兴建，从建设中期或建成后某一时期开始，业主分批偿还承包商的投资和利息，但有时这种利率低于银行贷款利息。承包这种工程时，承包商需投入大部分工程项目建设资金，而不只是一般承包所需的少量流动资金。所谓"实物支付工程"，是指有的发包方用该国滞销的农产品、矿产品折价支付工程款，而承包商推销上述物资以谋求利润将存在一定难度。因此，遇上这种项目需要慎重考虑。

(2) 具有一定的固定资产和机具设备及其投入所需的资金。大型施工机械的投入不可能一次完成，因此，新增施工机械将会占用一定资金。另外，为完成项目必须要有一批周转材料，如模板、脚手架等，这也是占用资金的组成部分。

(3) 具有一定的周转资金用来支付施工用款。因为，对已完成的工程量需要监理工程师确认后办理一定手续、经过一定时间后才能将工程款拨入。

(4) 承担国际工程尚需筹集承包工程所需外汇。

(5) 具有支付各种担保的能力。承包国内工程需要担保,承包国际工程更需要担保。担保的形式多种多样,而且费用也较高,诸如投标保函(或担保)、履约保函(或担保)、预付款保函(或担保)、缺陷责任期保函(或担保)等。

(6) 具有支付各种税赋和保险的能力。尤其在国际工程中,税种繁多,税率也高,诸如关税、进口调节税、营业税、印花税、所得税、建筑税、排污税以及临时进入机械押金等。

(7) 不可抗力带来的风险。即使是属于业主的风险,承包商也会有损失;如果是不属于业主的风险,则承包商损失更大,要有财力承担不可抗力带来的风险。

(8) 承担国际工程往往需要重金聘请有丰富经验或有较高地位的代理人,以及其他"佣金",需要承包商具有这方面的支付能力。

3) 管理方面的实力

建筑承包市场属于买方市场,承包工程的合同价格对作为买方的发包方起支配作用。承包商为打开承包工程的局面,应以低报价甚至低利润取胜。为此,承包商必须在成本控制上下工夫,向管理要效益。如缩短工期,进行定额管理,辅以奖惩办法,减少管理人员,工人一专多能,节约材料,采用先进的施工方法不断提高技术水平,特别是要有"重质量"、"重合同"的意识,并有相应的切实可行的措施。

4) 信誉方面的实力

承包商一定要有良好的信誉,这是投标中标的一条重要标准。要建立良好的信誉,就必须遵守法律和行政法规,或按国际惯例办事;同时认真履约,保证工程的施工安全、工期和质量。

2. 影响投标决策的客观因素

1) 业主和监理工程师的情况

业主的合法地位、支付能力、履约信誉,监理工程师处理问题的公正性、合理性等,也是投标决策的影响因素。

2) 竞争对手和竞争形势的分析

应注意竞争对手的实力、优势及投标环境的优势情况。另外,竞争对手的在建工程情况也十分重要。如果对手的在建工程即将完工,可能急于获得新承包项目,投标报价不会很高;如果对手在建工程规模大、时间长,仍参加投标,则标价可能很高。从总的竞争形势来看,大型工程的承包公司技术水平高,善于管理大型复杂工程,其适应性强,可以承包大型工程;中小型工程由中小型工程公司或当地的工程公司承包的可能性大,因为当地中小型公司拥有诸多优势,如在当地有自己熟悉的材料、劳力供应渠道,管理人员相对比较少,有自己惯用的特殊施工方法等。

3) 法律、法规的情况

国内工程承包自然适用本国的法律和法规,其法制环境基本相同,因为我国的法律、法规具有统一或基本统一的特点。如果是国际工程承包,则有一个法律适用问题。法律适用的原则有5条:

(1) 强制适用工程所在地法律原则;

(2) 意思自治原则;

(3) 最密切联系原则;

(4) 适用国际惯例原则;

(5) 国际法效力优于国内法效力原则。

其中,所谓"最密切联系原则"是指把与投标或合同有最密切联系的因素作为客观标志,并以此作为确定准据法的依据。至于最密切联系因素,在国际上主要有投标或合同签订地、合同履行地、法人国籍、债务人住所地、标的物所在地、管辖合同争议的法院或仲裁机构所在地等。事实上,多数国家是以上述诸因素中的一种因素为主,结合其他因素进行综合判断。如我国规定:"工程承包合同,适用工程所在地法律。"

很多国家规定,外国承包商或公司在本国承包工程,必须同当地的公司成立联合体。因此,我们对合作伙伴需要作必要的分析,具体来说,就是对合作者的信誉、资历、技术水平、资金、债权与债务等方面进行全面分析,然后再决定投标还是弃标。

4) 风险问题

在国内承包工程,其风险相对要小一些,国际承包工程的风险则要大得多。决定投标与否要考虑的因素很多,需要投标人广泛、深入地调查研究,系统地积累资料,并作出全面的分析,才能作出正确决策。决定投标与否,更重要的是看它的效益如何。投标人应对承包工程的成本、利润进行预测和分析,以供投标决策之用。

3.4 建设工程投标策略和技巧

建设工程投标策略和技巧,是建设工程投标活动中的另一个重要方面。采用一定的策略和技巧,可以增加投标的中标率,又可以获得较大的期望利润。它是投标活动的关键环节。

3.4.1 建设工程投标策略

建设工程投标策略,是指建设工程承包商为了达到中标目的而在投标过程中所采用的手段和方法。

(1) 知彼知己,把握情势

当今世界正处于信息时代,广泛、全面、准确地收集和正确开发利用投标信息,对投标活动具有举足轻重的作用。投标人要通过广播、电视、报纸、杂志等媒体和政府部门、中介机构等各种渠道,广泛、全面地收集招标人情况、市场动态、建筑材料行情、工程背景和条件、竞争对手情况等各种与投标密切相关的信息,并对各种投标信息进行深入调查,综合分析,去伪存真,准确把握情势,做到知彼知己,百战不殆。

(2) 以长制短,以优胜劣

人总是有长处有短处,即使一个优秀的企业也是这样。建设工程承包商也有自己的短处。因此在投标竞争中,必须学会和掌握以长处胜过短处,以优势胜过劣势。

(3) 随机应变,争取主动

建筑市场属于买方市场,竞争非常激烈。承包商要对自己的实力、信誉、技术、管理、质量水平等各个方面作出正确的估价,过高或过低估价自己都不利于市场竞争。在竞争中,面对复杂的形势,要准备多种方案和措施,善于随机应变,掌握主动权,真正做投标活动的主人。

3.4.2 开标前的投标技巧

投标策略一经确定，就要具体反映到报价上。投标技巧研究的实质就是在保证质量与工期的前提下，寻求一个好的报价。投标策略和报价技巧必须相辅相成。承包商为了中标并获得期望的效益，在投标程序的全过程中几乎都要研究投标报价的技巧问题。技巧运用的好与坏，得当与否，在一定程度上可以决定工程能否中标和盈利。

如果以投标程序中的"开标"为界，可将投标的技巧研究分为两个阶段，即开标前的技巧研究和开标后至订立合同前一阶段的技巧研究。

开标前的技巧研究主要有以下几种：

1. 不平衡报价法

不平衡报价是指在总价基本确定的前提下，调整项目和内部各个子项的报价，以期既不影响总报价，又可以在中标后获取较好的经济效益，但要注意避免畸高畸低现象，避免失去中标机会。通常采用不平衡报价有下列几种情况：

(1) 对能早期结账收回工程款的项目(如土方、基础等)的单价可报以较高价，以利于资金周转；对后期项目(如装饰、电气设备安装等)单价可适当降低。

由于工程款项的结算一般都是按照工程施工的进度进行的，在投标报价时就可以把工程量清单里先完成的工作内容的单价调高，后完成的工作内容的单价调低。尽管后边的单价可能会赔钱，但由于在履行合同的前期早已收回了成本，减少了内部管理的资金占用，有利于施工流动资金的周转，财务应变能力也得到提高，因此只要保证整个项目最终能够盈利就可以了。

采用这样的报价办法不仅能平衡和舒缓承包商资金压力的问题，还能使承包商在工程发生争议时处于有利地位，因此就有索赔和防范风险的意义。如果承包商永远处于收入比支出多的状态下，在出现对方违约或不可控制因素的情况下，主动权就掌握在承包商手中，减轻了承包商现场工作人员的压力，对日后的施工也有利，能够形成一种良性循环。

(2) 估计今后工程量可能增加的项目，其单价可提高，而工程量可能减少的项目，其单价可降低。

无论由于工程量清单有误或漏项，还是由于设计变更引起新的工程量清单项目或清单项目工程数量的增减，均应按照实际调整。因此如果承包人在报价过程中判断出标书工程数量明显不合理，就可以获得多收钱的机会。如果认为工程量清单的工程数量比实际的工程数量要多，实际施工时绝对干不到这个数量，那么就可以把单价报得低一些。这样投标时好像是有损失，但由于实际上并没完成那么多工作量，就会赔很少的一部分。

上述两点要统筹考虑，对于工程量计算有错误的早期工程，如不可能完成工程量表中的数量，则不能盲目抬高单价，需要具体分析后再确定。

(3) 图纸内容不明确或有错误，估计修改后工程量要增加的，其单价可提高；而工程内容不明确的，其单价可降低。

(4) 没有工程量而只需填报价单的项目(如疏浚工程中的开挖淤泥工作等)，其单价可抬高。这样既不影响总的投标价，又可多获利。

(5) 对于暂定项目，实施的可能性大的项目，可定高价；不一定实施的项目则可定低价。

采用不平衡报价法，要注意单价调整时不能太高或太低，一般来说，单价调整幅度不宜超过±10%，只有对投标单位特别具有优势的某些分项，才可适当增大调整幅度。

2. 扩大标价法

这是一种常用的投标报价方法，即除了按正常的已知条件编制标价外，对工程中变化较大或没有把握的工程项目，采用扩大标价，以增加"不可预见费"的方法来减少风险。这种做法的优点是中标价即为结算价，减少了价格调整等麻烦，但缺点是往往会因为总标价过高而失标被淘汰。

3. 零星用工(计日工)

零星用工一般可稍高于项目单价表中的工资单价。原因是零星用工不属于承包总价的范围，发生时实报实销，可多获利。

4. 多方案报价法

多方案报价法即对同一个招标项目除了按招标文件的要求编制一个投标报价以外，还要编制一个或几个建议方案。多方案报价法有时是招标文件中规定采用的，有时是承包商根据需要决定采用的。承包商决定采用多方案报价法，通常主要有以下两种情况。

(1) 如果发现招标文件中的工程范围很不具体、不明确，或条款内容很不清楚、不公正，或对技术规范的要求过于苛刻，可先按招标文件中的要求报一个价，然后再说明假如招标人对合同要求作某些修改，报价可降低多少。

(2) 如发现设计图纸中存在某些不合理并可以改进的地方或可以利用某项新技术、新工艺、新材料替代的地方，或者发现自己的技术和设备满足不了招标文件中设计图纸的要求，可以先按设计图纸的要求报一个价，然后再另附上一个修改设计的比较方案，或说明在修改设计的情况下，报价可降低多少。这种情况，通常也称为修改设计法。

5. 突然降价法

突然降价法是一种为迷惑竞争对手而采用的竞争方法。这种方法通常的做法是，在整个报价过程中，预先考虑好降价的幅度，然后有意散布一些假情报，迷惑对手，如不打算参加投标，或按一般情况报价或准备报高价等，在临近投标截止日期前，突然前往投标，并降低报价，从而使对手措手不及而败北。

采用这种方法是因为竞争对手们总是随时随地互相侦察着对方的报价情况，绝对保密是很难做到的，如果不搞突然袭击，你的报价被对手知道后，就会立即修改他们的报价，从而使你的报价偏高而失标。

6. 低投标价夺标法

这是一种非常手段。如为减少企业大量窝工造成的亏损，或为打入某一市场，或为挤走竞争对手保住自己的地盘，可以制定亏损标，力争夺标。但若企业无经济实力，信誉又不佳，则此法不一定奏效。

7. 联保法

若一家企业实力不足，可联合其他企业分别进行投标。无论哪一家中标，都联合进行施工。

3.4.3 开标后的投标技巧分析

通过公开开标，招标人可以得知众多投标人的报价，但低报价不一定中标，需要综合各方面的因素反复考虑，并经过议标谈判，方能确定中标者。所以，开标只是选定中标候选人，而非确定中标者。投标人可以利用议标谈判，施展竞争手段，从而变原投标书中的不利因素为有利因素，以增加中标的机会。

议标谈判又称评标答辩。招标人通常选2～3家条件较优者进行磋商，分别向他们发出议标谈判的书面通知，各中标候选人分别与招标人进行磋商。谈判的主要内容是：

技术谈判。业主从中了解投标人的技术水平、控制质量及工期的保证措施、特殊情况下采用何种紧急措施等。

业主要求投标人在价格及其他问题上（如自由外汇的比例、付款期限、贷款利率等）作出让步。

可见，这种议标谈判中，业主处于主动地位。正因为如此，有的业主将中标后的合同谈判一并进行。

从招标的原则来看，投标人在投标有效期内是不能修改其报价的，但是，某些议标谈判对报价的修改例外。

议标谈判中的投标技巧主要有：

1. 降低投标报价

投标价格不是中标的唯一因素，但却是中标的关键因素。在议标中，投标人适时提出降价要求是议标的主要手段。需要注意的是：一方面要摸清招标人的意图，在得到招标人希望降价的暗示后，再提出降价的要求。因为，有些国家关于招标的法规中规定，已投出的投标书不得作出任何改动，否则，投标即为无效。另一方面降价幅度要适当，不得损害投标人自己的利益。

降低投标价格可以从以下三方面入手：

1）降低投标利润

投标利润的确定，既要围绕争取最大未来收益这个目标而订立，又要考虑中标率和竞争人数因素的影响。通常，投标人准备两个价格，既准备了应付一般情况的适中价格，又准备了应付竞争条件下的特殊环境的替代价格，即通过调整报价利润所得出的总报价。两个价格中，后者可以低于前者，也可以高于前者。

2）降低经营管理费

经营管理费，应作为间接成本进行计算，为了竞争的需要，也可适当降低这部务费用。

3）设定降价系数

降低系数，是指投标人在投标报价时，预先考虑一个可能降价的系数。如果开标后需要降价应对竞争，就可以参照这个系数进行降价；如果竞争局面对投标人有利，则不必降价。

2. 补充投标优惠条件

除“价格”这个中标的关键性因素外，在议标谈判中，还可以考虑其他许多重要因素，如缩短工期、提高质量、降低支付条件要求、提出新技术和新设计方案（局部的），以及提供补充物资和设备等，以优惠条件争取招标人的赞许，争取中标。

3.5 建设工程投标报价

建设工程投标报价是建设工程投标内容中的重要部分，是整个建设工程投标活动的核心环节，也是投标书的核心组成部分。投标报价是招标人确定中标人的主要标准，同时也是招标人与中标人就工程标价进行谈判的基础，它直接影响着投标人能否中标和中标后是否能够获利。

3.5.1 概述

1. 投标报价的概念

投标价是投标人投标时报出的工程造价。它是在工程采用招标发包的过程中，由投标人按照招标文件的要求，根据工程特点，并结合自身的施工技术、装备和管理水平，依据有关计价规定自主确定的工程造价，是投标人希望达成工程承包交易的期望价格，它不能高于招标人设定的招标控制价。

投标报价应由投标人或受其委托具有相应资质的工程造价咨询人编制。

2. 投标报价的组成

建设工程投标报价主要由工程成本（直接费、间接费）、利润、税金组成。直接费是指工程施工中直接用于工程实体的人工、材料、设备和施工机械等费用的总和。间接费是指组织和管理施工所需的各项费用。直接费和间接费共同构成工程成本。利润是指建筑施工企业承担施工任务时应计取的合理报酬。税金是指施工企业从事生产经营应向国家税务部门交纳的营业税、城市建设维护费及教育费附加。

3. 投标报价的原则

投标报价编制和确定的最基本特征是投标人自主报价，它是市场竞争形成价格的体现。投标人自主决定投标报价应遵循以下原则：

(1) 遵守有关规范、标准和建设工程设计文件的要求；

(2) 遵守国家或省级、行业建设主管部门及其工程造价管理机构制定的有关工程造价政策要求；

(3) 遵守招标文件中的有关投标报价的要求；

(4) 遵守投标报价不得低于成本的要求。

4. 投标报价的依据

投标报价应根据招标文件中的计价要求，按照下列依据自主报价：

(1) 工程量清单计价规范；

(2) 国家或省级、行业建设主管部门颁发的计价办法；

(3) 企业定额，国家或省级、行业建设主管部门颁发的计价定额；

(4) 招标文件、工程量清单及其补充通知、答疑纪要；

(5) 建设工程设计文件及相关资料；

(6) 施工现场情况、工程特点及拟定的投标施工组织设计或施工方案；

(7) 与建设项目相关的标准、规范等技术资料；

(8) 市场价格信息或工程造价管理机构发布的工程造价信息；

(9) 其他的相关资料。

3.5.2 投标报价的编制方法

根据建设部第107号令《建筑工程施工发包与承包计价管理办法》的规定，发包和承包价的计算方法分为工料单价法及综合单价法。工料单价法是我国长期以来采用的一种报价方法，它是以政府定额或企业定额为依据进行编制的；综合单价法是一种国际惯例计算报价模式，每一项单价中已综合了各种费用。

我国从 2003 年 7 月 1 日起开始全面推行的建设工程工程量清单计价的报价方法采用的就是综合单价法，我国的投标报价模式正由工料单价法逐渐向综合单价法过渡。在过渡时期各地普遍采用综合基价法编制报价。

1. 工料单价法

工料单价法是指根据工程量，按照现行预算定额的分部分项工程量的单价计算出直接工程费，再按照有关规定另行计算措施费、间接费、利润和税金的计价方法。工料单价法是我国长期以来一直采用的一种报价方式。但随着工程量清单招标方式在全国的广泛实施，逐步被综合单价法所取代。

工料单价法编制投标报价的步骤如下：

(1) 根据招标文件的要求，选定预算定额、费用定额；

(2) 根据图纸及说明计算出工程量(如果招标文件中已给出工程量清单，校核即可)；

(3) 查套预算定额计算出直接工程费，查套费用定额及有关规定计算出措施费、间接费、利润、税金等；

(4) 汇总合计计算完整标价。

工料单价法计算程序及内容如表 3-1 所示。

表 3-1 工料单价法计算程序及内容

序号	费用项目	计算方法
1	直接工程费	$\sum$ 工程量×综合基价
2	措施费(含技术措施、组织措施)	由施工企业自主报价
3	差价(人工、材料、机械)	参考管理部门的价格信息及市场情况
4	专项费用(社会保险费、工程定额测定费)	按规定计算
5	工程成本	1+2+3+4
6	利润	(1+2+4+5)×利润率
7	税金	(5+6)×税率
8	报价合计	5+6+7

2. 综合单价法

综合单价法分为全费用综合单价和部分费用综合单价，全费用综合单价内容包括直接工程费、措施费、间接费、利润和税金。由于大多数情况下措施费由投标人单独报价，而规费和税金属于不可竞争费用，不包括在综合单价中，此时综合单价仅包括人工费、材料费、机械费、企业管理费、利润和一定范围内的风险费用。

国际上一般采用全费用单价，则综合单价乘以各分项工程量汇总后，就生成工程承发包价格。我国 2013《计价规范》规定的综合单价为部分费用综合单价，不包括措施费、规费和税金，则综合单价乘以各分部分项工程量汇总后，还须加上措施费、规费、税金才得到工程的承发包价格。

我国 2013《计价规范》规定：全部使用国有资金投资或国有资金投资为主的工程建设项目，必须采用工程量清单计价，即采用部分费用综合单价法计价。

综合单价法编制投标报价的步骤如下：

(1) 根据企业定额或参照预算定额及市场材料价格确定各分部分项工程量清单的综合单价，该单价包含完成清单所列分部分项工程的成本、利润和税金；

(2) 以给定的各分部分项工程的工程量及综合单价确定工程费；

(3) 结合投标企业自身的情况及工程的规模、质量、工期要求等确定其他和工程有关的费用。

3. 综合基价法

综合基价法是在工料单价法的基础上，重新划分了费用项目，预算定额中的基价包含了形成工程实体的人工费、材料费、机械费和管理费，即综合基价。把施工措施费单列，其计算程序及内容见表3-2。

表3-2 综合基价法计算程序及内容

序号	项 目	计算方法
1	综合基价合计	$\sum$ 工程量×综合基价
2	施工措施费(含技术措施、组织措施)	由施工企业自主报价
3	差价(人工、材料、机械)	参考管理部门的价格信息及市场情况
4	专项费用(社会保险费)、工程定额测定费	按规定计算
5	工程成本	1+2+3+4
6	利润	(1+2+4+5)×利润率
7	税金	(5+6)×税率
8	报价合计	5+6+7

3.5.3 工程量清单报价的编制

工程量清单报价是指投标人完成由招标人提供的工程量清单所需的全部费用，包括分部分项工程费、措施项目费、其他项目费和规费、税金。

工程量清单计价采用综合单价计价。综合单价是指完成工程量清单中一个规定计量单位项目所需的人工费、材料费、机械使用费、管理费和利润，并考虑风险因素。

投标人以招标人提供的工程量清单为平台，根据自身的技术、财务、管理能力进行投标报价，招标人根据具体的评标细则进行优选，这种计价方式是市场定价体系的具体表现形式。因此，在市场经济比较发达的国家，工程量清单计价方法是非常流行的，随着我国建设市场的不断成熟和发展，工程量清单计价方法也必然会越来越成熟和规范。

根据2013《计价规范》，按工程量清单计价编制投标价的方法如下：

1. 投标总价的计算

利用综合单价法计价，分别计算分部分项工程费、措施项目费、其他项目费、规费、税金，汇总得到投标总价。其中各项费用的计算方法如下：

$$分部分项工程费 = \sum 分部分项工程量 \times 分部分项工程综合单价$$

$$措施项目费 = \sum 措施项目工程量 \times 措施项目综合单价$$

$$单位工程投标报价 = 分部分项工程费 + 措施项目费 + 其他项目费 + 规费 + 税金$$

$$单项工程投标报价 = \sum 单位工程报价$$

$$投标总价 = \sum 单项工程报价$$

实行工程量清单招标，投标人的投标总价应当与组成工程量清单的分部分项工程费、措施项目费、其他项目费和规费、税金的合计金额相一致，即在进行工程量清单招标的投标报价时，不能进行投标总价优惠（或降价、让利），投标人对招标人的任何优惠（或降价、让利）均应反映在相应清单项目的综合单价中。

2. 分部分项工程费计算

分部分项工程费应依据《计价规范》规定的综合单价的组成内容，按招标文件中分部分项工程量清单项目的特征描述并结合项目的具体情况，分别确定各分部分项工程的综合单价。

1）计算施工方案工程量

按照《计价规范》进行投标报价的编制，招标人提供的分部分项工程量是依据国家清单计价规范的计算规则（或按当地的规定，有的地区把本地区的计价定额作为清单附录使用），按施工图图示尺寸计算得到的工程量净量。在计算直接工程费时，必须考虑施工方案等各种影响因素，根据各分部分项工程项目所包含的工程内容和项目特征，按投标报价所依据的企业定额或参考本地区统一定额的计算规则重新计算施工工程量，以施工工程量为基础完成各分部分项工程项目的报价。施工方案不同，施工工程量的计算方法和计算结果也不尽相同。例如，在基础土方工程中，计价规范规定挖基础土方项目的工程量，按照基础施工图设计图示尺寸以基础垫层底面积乘以挖土深度计算。而施工单位在投标报价时，首先要确定基础土方的开挖方式，是人工挖土还是机械挖土，是挖沟槽、基坑，还是大开挖；在确定土方开挖方式的基础上，还要考虑工作面是否需要放坡或采取必要的支护措施后，才能按投标报价所依据的企业定额或参考本地区统一定额的计算规则计算施工的工程量。因此，同一工程因各投标人采取的施工方案不同、依据的定额不同，所报出的工程造价也不尽相同。投标人可根据工程条件选择能发挥自身技术优势的施工方案，力求缩短工期、降低工程造价，确立在投标中的竞争优势。同时，必须注意工程量清单计算规则是针对清单项目的主要工作内容的计算方法及计量单位进行确定，对主项以外的工程内容的计算方法及计量单位不作规定，由投标人根据施工图及投标人的经验自行确定，最后综合处理形成分部分项工程量清单综合单价。

2）人、料、机数量测算

投标人应依据反映企业自身水平的企业定额，或者参照国家或省级、行业建设主管部门颁发的计价定额确定人工、材料、机械台班等的耗用量。为提高企业的竞争能力，施工企业应加强这方面资料的收集和整理，参考本地区统一定额逐步建立反映本企业真实消耗水平的企业定额，提高报价的真实性和准确性。

3）市场调查和询价

根据工程项目的具体情况和市场价格信息，考虑市场资源的供求状况，到项目实地进行调查和询价，以市场价格作为主要依据，参考工程造价管理机构发布的工程造价信息，并考虑一定的调价系数，确定人工单价、材料单价、施工机械台班租赁价格及专业工程的分包价格等。

4）计算清单项目分部分项工程的直接工程费单价

按确定的分项工程人工、材料和机械的消耗量、企业定额（或参考地区统一计价定额）及询价获得的人工单价、材料预算价格和施工机械台班单价，计算出对应分部分项工程单位数量的人工费、材料费和施工机械使用费。

5）计算综合单价

综合单价是指完成一个规定计量单位的分部分项工程量清单项目或措施清单项目所需的人工费、材料费、施工机械使用费和企业管理费与利润，以及一定范围内的风险费用，即

$$综合单价=人工费+材料费+机械使用费+管理费+利润$$

所以，《计价规范》中采用的综合单价为不完全费用综合单价。

企业管理费和利润的计算一般有两种方法。一是参考行业主管部门公布的指导性费率来计算企业管理费和利润。目前一般采用人工费与机械费之和为计算基数，乘以相应的费率即得企业管理费和利润。对于企业管理费和利润的费率的确定，投标人可在本地区行业主管部门公布的费率基础上，根据市场的竞争情况进行适当的调整。利润率甚至可以定为零，但是企业管理费费率必须符合本企业的管理费的实际支出情况和本地区的有关规定。二是采用分摊法计算分项工程中的管理费和利润，即先计算出工程的全部管理费和利润，然后再分摊到工程量清单中的每个分项工程上。分摊计算时，投标人可以根据以往的经验确定一个适当的分摊系数来计算每个分项工程应分摊的管理费和利润。

此外，综合单价中还应考虑招标文件中要求投标人承担的风险内容及其范围（幅度），以及相应的风险费用。根据我国工程建设特点，投标人应完全承担的风险是技术风险和管理风险，如管理费和利润；应有限度承担的是市场风险，如材料价格、施工机械使用费等的风险；应完全不承担的是法律、法规、规章和政策变化的风险。所以综合单价中不包含规费和税金。材料价格的风险宜控制在5％以内，施工机械使用费的风险可控制在10％以内，超过者予以调整。在施工过程中，当出现的风险内容及其范围（幅度）在招标文件规定的范围内时，综合单价不得变更，工程价款不作调整。

特别需要注意的是：其他项目清单中的材料暂估价也应纳入综合单价中，为方便合同管理，需要纳入分部分项工程量清单项目综合单价中的暂估价应只是材料费，以方便投标人组价。

6）计算分部分项工程费

分部分项工程费按分部分项工程量清单和相应的综合单价进行计算，计算公式为

$$分部分项工程费=\sum 分部分项工程量\times 分部分项工程综合单价$$

3. 措施项目费计算

措施项目一般均为非实体项目，有些措施项目费用的发生和金额的大小与使用时间、施工方法或两个以上的工序有关，与实际完成的实体工程量的多少关系不大。典型的是大型机械进出场及安拆费、文明施工和安全防护费、临时设施费。但有些非实体项目，是可以计算工程量的项目，如混凝土模板及支架、脚手架、挡土板支护等。

由于各投标人拥有的施工装备、技术水平和采用的施工方法有所差异，招标人提出的措施项目清单是根据一般情况确定的，没有考虑不同投标人的个性，投标人投标时可根据自身编制的投标施工组织设计（或施工方案）确定措施项目，并可对招标人提供的措施项目清单进行增补。

措施项目清单费应根据招标文件中的措施项目清单及投标时拟定的施工组织设计或施工方案，按计价规范的规定自主确定。其中安全文明施工费应按照国家或省级、行业建设主管部门的规定计价，不得作为竞争性费用。

进行措施项目的报价，对于可以计算工程量措施项目，应按分部分项工程量清单报价的方式采用综合单价计价，如混凝土钢筋混凝土模板及支架和脚手架项目；其余措施项目可以“项”为单位的方式计价，应包括除规费、税金外的全部费用。

对于不能计算工程量的措施清单项目，是以“项”为计量单位列出的，在报价时，应根据拟建工程的施工方案和施工组织设计，详细分析其所包括的全部内容，然后确定其金额，计算方法可以采用参数法和分包法等。参数法计价是指按一定的基数乘以系数的方法或自定义公式进行计算。这种方法简单明了，但关键是确定相应费率和确保公式的科学性、准确性。费率的高低直接反映投标人的施工水平，这种方法主要适用于施工过程中必须发生，但在投标时很难具体分项预测，又无法单独列出项目内容的措施项目，如冬雨季施工费、安全文明施工费、夜间施工费、二次搬运费等。分包法计价是在分包价格的基础上增加投标人的管理费和风险费进行计算的方法，这种方法适用于可以独立分包的项目，如大型机械进出场及安拆费的报价。

4. 其他项目费计算

2013《计价规范》提供了暂列金额、暂估价（含材料暂估价和专业工程暂估价）、计日工、总承包服务费等4项内容作为参考，投标人可以根据工程的具体情况，对不足部分进行补充。

1）暂列金额

暂列金额是招标人暂定并包括在合同中的一笔款项，主要是考虑到可能发生的工程量变化和费用增加而预留的金额。暂列金额的计算应根据设计文件的深度、设计质量的高低、拟建工程的成熟程度及工程风险的性质来确定其额度。设计深度深、设计质量高、已经成熟的工程设计，一般预留工程总造价的3%～5%；在初步设计阶段，工程设计不成熟的，一般预留工程总造价的10%作为暂列金额。投标人在投标报价时，应严格按招标人在其他项目清单中列出的金额或计算方法来报价，不得变动。

2）暂估价

暂估价是指招标阶段直至签订合同协议时，招标人在招标文件中提供的用于支付必然要发生，但暂时不能确定价格的材料以及专业工程的金额，包括材料暂估价和专业工程暂估价两部分。为方便合同管理，需要纳入分部分项工程量清单项目综合单价中的暂估价应只是材料费，以方便投标人组价。投标报价计算时，材料暂估价按招标人在其他项目清单中列出的单价计入综合单价。专业工程的暂估价一般应是综合暂估价，应当包括除规费和税金以外的企业管理费、利润等全部费用。投标报价时，专业工程暂估价按招标人在其他项目清单中列出的金额填写，不得变动和更改。

3）计日工

按招标人在其他项目清单中列出的项目和数量，由投标人自主确定综合单价并计算计日工费用。

4）总承包服务费

总承包服务费由投标人依据招标人在招标文件中列出的分包专业工程内容和供应材

料、设备情况，按照招标人提出的协调、配合与服务要求和施工现场管理需要自主确定总承包服务费，但不包括投标人自行分包的费用。

5. 规费和税金项目费计算

规费和税金应按国家或省级、行业建设主管部门的规定计算，不得作为竞争性费用。

规费和税金的计取标准是依据有关法律、法规和政策规定指定的，具有强制性。投标人是法律、法规和政策的执行者，他不能改变标准，只能按照法律、法规、政策的有关规定执行。

3.6 工程施工投标文件

建设工程施工投标文件是投标人对招标文件提出的实质性要求和条件作出响应，是投标人参与投标竞争的重要凭证，是评标委员会进行评审投标人和最终确定中标人的重要依据。中标的投标文件和招标文件一起成为招标人和中标人订立合同的法定依据。

3.6.1 投标文件的组成

投标文件是由一系列有关投标方面的书面资料组成的。一般来说，投标文件由以下几个部分组成。

1. 投标函及投标函附录

招标文件中一般附有规定格式的投标函，投标人只需按要求在相应的空格处填写必要的内容和数据，并在最后位置签字盖章，以表明对填写内容的确认。投标函的内容一般包括：

(1) 投标者在熟悉了招标文件的全部内容和所提出的条件之后，愿意承担该项施工任务，并保证在招标文件规定的日期内完工并移交；

(2) 承包总报价；

(3) 愿意按要求提供银行保函或其他履约担保作为履约保证金。

2. 投标担保书

一般为银行保函，也可以是其他合格担保人出具的担保书。

3. 具有标价的工程量清单与报价表

一般是在招标文件所附的工程量清单上填写相应的单价，每页算出小计金额，最后汇总得出总价。

4. 辅助资料

一般包括施工组织设计、施工进度、技术说明书、主要设备清单、某些特殊材料的说明和样本，以及项目管理机构情况介绍表格等。

5. 附件

一般包括法定代表人身份证明或附有法定代表人身份证明的授权委托书，投标人的资质证书、营业证书、财务报表、银行资信证明，以及近年来完成的工程和正在承建的工程情况一览表等。如果以上有些资料在资格预审时已提交评审，则在投标文件中可不必提交。此外，如果是联合体投标，投标文件中应附有“联合体协议书”。

投标人必须使用招标文件提供的投标文件表格格式，但表格可以按同样格式扩展。

3.6.2 投标文件的编制

《招标投标法》第 27 条明确规定："投标人应当按照招标文件的要求编制投标文件。投标文件应当对招标文件提出的实质性要求和条件作出响应。"不能满足任何一项实质性要求的投标文件将被拒绝。实质性要求和条件是指招标文件中有关招标项目的价格、项目的计划、技术规范、合同的主要条款等。响应招标文件的要求是投标文件编制的基本前提。投标人必须高度重视建设工程投标文件的编制工作，认真研究、正确理解招标文件的全部内容，并按要求编制投标文件。

1. 编制投标文件的要求

建设工程投标人应按照招标文件的要求编制投标文件。从合同订立过程来分析，招标文件属于要约邀请，投标文件属于要约，其目的在于向招标人提出订立合同的意愿。投标文件作为一种要约，必须符合以下要求：

(1) 投标文件应按招标文件、《标准施工招标文件》(2007 年版)和《行业标准施工招标文件》(2010 年版)的"投标文件格式"进行编写。

(2) 投标文件必须明确向招标人表示愿以招标文件的内容订立合同的意思。

(3) 投标文件必须对招标文件提出的实质性要求和条件作出响应(包括技术要求、投标报价要求、评标标准等)。

(4) 投标文件中所有定额、费率、单价和工程量必须准确。

(5) 不同的承包方式应采用相应的单位计算标价。如按建筑工程的单位平方面积单价承包，按工程图纸及说明资料总价承包等。

(6) 投标文件中各条款具有法律效力，是合同的依据，一经报出即不能撤回，故文字要力求准确、完整。

在招标实践中，投标文件有下述情形之一的，属于重大偏差，为未能对招标文件作出实质性响应，会被作为废标处理：

(1) 没有按照招标文件要求提供投标担保或者所提供的投标担保存在瑕疵；

(2) 投标文件没有投标人授权代表签字和加盖公章；

(3) 投标文件载明的招标项目完成期限超过招标文件规定的期限；

(4) 明显不符合技术规格、技术标准的要求；

(5) 投标文件载明的货物包装方式、检验标准和方法等不符合招标文件的要求；

(6) 投标文件附有招标人不能接受的条件；

(7) 不符合招标文件中规定的其他实质性要求。

2. 编制投标文件的一般步骤

(1) 编制投标文件的准备工作

① 组织投标班子，确定投标文件编制的人员及其分工。

② 熟悉招标文件，仔细阅读投标须知、投标书附件、工程量清单等内容。发现需业主解释澄清的问题，及时组织讨论。对招标文件、图纸、资料等有不清楚、不理解的地方及时用书面形式向招标人询问、澄清，切勿口头商讨。来往信函应编号存档，备查。

③ 参加招标人组织的施工现场踏勘和答疑会。

④ 收集现行定额标准、综合价单、取费标准、市场价格信息及各类标准图集，并熟悉政

策性调价文件。

⑤ 调查当地材料供应和价格情况。

⑥ 准备好相关计算机软件系统，投标文件最好全部计算机打印，包括网络进度计划。

(2) 实质性响应条款的编制，包括对合同主要条款的响应、对提供资质证明的响应、对所采用技术规范的响应等。

(3) 结合图纸和现场踏勘情况，复核、计算工程量。

(4) 根据招标文件及工程技术规范要求，结合项目施工现场条件编制施工组织设计和投标报价书。

(5) 仔细核对、装订成册，并按招标文件的要求进行密封和标志。

3. 编制招标文件的注意事项

(1) 投标人编制投标文件必须使用招标文件提供的表格格式。填写表格时，每项要求填写的空格都必须填写，不得空着不填，否则被视为放弃该项要求。重要的项目或数字(如工期、质量等级、价格等)未填写的，将被作为废标处理。

(2) 所有投标文件均由投标人的法定代表人或其委托代理人签字、加盖印鉴，并加盖法人单位公章。

(3) 投标文件正本一份，副本份数见招标文件的份数要求。投标文件的正本与副本应分别装订成册，并编制目录，具体装订要求见招标文件的要求。正本和副本的封面上应清楚地标记"正本"或"副本"的字样。当副本和正本不一致时，以正本为准。

(4) 投标文件应用不褪色的材料书写或打印。要求字迹清晰、整洁。

(5) 填报的投标文件应反复校核，保证分项和汇总计算均无错误。

(6) 所有投标文件应当无涂改和行间插字，除非这些改动是招标人要求的，或是投标人造成的必须修改的错误，则所有修改处均应由投标文件签字人签字证明并加盖印鉴。

(7) 如招标文件规定投标保证金为合同总价的某一百分比时，投标人不要太早开具投标保函，以防泄露自己的报价。但也有的投标人为麻痹竞争对手，而提前开出并故意加大保函金额。

(8) 认真对待招标文件中关于废标的条件，以免被判为无效标而前功尽弃。

(9) 投标文件必须严格按照招标文件的规定编写，切勿对招标文件要求进行修改或提出保留意见。如果投标人发现招标文件确实存在很多问题，应该视问题情况，区别对待：①对投标人有利的，可以在投标时加以利用或在以后提出索赔要求，这类问题投标者在投标时一般不提；②发现的错误明显对投标人不利的，如总价包干合同工程项目漏项或工程量偏少的，这类问题投标人应及时向业主提出质疑，要求业主更正；③投标人企图通过修改招标文件的某些条款或希望补充某些规定，以使自己在合同实施时能处于主动地位的问题。

在准备投标文件时，以上问题应单独写成一份备忘录摘要。但这份备忘录摘要不能附在提交的投标文件中，应先由投标人自己保存。当招标人对该标书感兴趣，邀请投标人谈判时，投标人再根据实际情况，把这些问题拿出来谈判，并将谈判结果写入合同协议书的备忘录中。

(10) 投标文件应严格按照招标文件的要求进行分包和密封。所有投标文件的装帧应美观大方，投标商要在每一页上签字，较小工程可以装成一册，大、中型工程可分为下列几部分封装：①有关投标者资历的文件。如投标委任书，证明投标者资历、能力、财力的文件，投标保函，投标人在项目所在地国的注册证明，投标附加说明等。②与报价有关的技术规范文件。如施工规划，施工机械设备表，施工进度表，劳动力计划表等。③报价表。包括工程量表、单价、总价等。④建议方案的设计图样及有关说明。⑤备忘录。

3.6.3 投标文件的格式及文件实例

1. 投标文件格式

投标文件都必须使用招标文件中提供的格式或大纲，除另有规定外，投标人不得修改投标文件格式，如果原有的格式不能表达投标意图，可另附补充说明。

投标书是由业主准备的，供投标单位填写投标总报价的一份空白文件。投标书主要反映以下内容：投标单位、投标项目名称、投标总报价（签字盖章）及投标人投标后需要注意和遵守的有关规定等。投标人在详细研究招标文件、进行现场勘察和参加标前会议之后，即可依据所掌握的信息确定投标报价策略，然后进行施工预算的单价分析和报价决策，填写工程量清单，并确定该工程的投标总报价，最后将投标总报价填写在投标书上。招标文件提供了投标书的统一格式。

随同投标文件应提交初步的工程进度计划和主要分项工程施工方案，以表明其计划与方案能符合技术规范的要求和投标须知中规定的工期。

2. 工程施工投标文件实例

在建设工程施工投标过程中，投标文件应结合招标文件要求和工程实际情况进行编制，下面是××××广场工程施工投标文件的基本内容，供学习时参考。

工程施工投标文件封面

（略）

工程施工投标文件目录

（略）

第一章　商务标部分

一、法定代表人身份证明书

	法定代表人身份证明书					
1	投标单位全称：					
2	实体性质：					
3	投标单位地址：					
	传真：			电话：		
4	创建时间/地点：					
5	开户银行：					
6	注册资金（人民币）：					
7	投标单位法定代表人：		性别：		年龄：	
8	投标单位法定代表人职务：					
9	经营许可证（签署机关/时间/有效期）：					

我方在此确认上述表格内容的真实有效。

投标人：

日　期：

二、投标文件签署授权委托书

投标文件签署授权委托书

本授权委托书声明：我________系________公司的法定代表人，现授权委托________公司的________为我公司签署本工程的投标文件的法定代表人授权委托代理人，我承认代理人全权代表我所签署的本工程的投标文件的内容。

代理人无转委托权，特此委托。

代理人：____（签字）性别：______ 年龄：______

身份证号码：______ 职务：______

投标人：____（盖章）

法定代表人：____（签字或盖章）

授权委托日期：______年____月____日

三、投标函

投 标 函

工程名称：××××广场

致：××××广场投资有限公司

在考察现场并充分研究上述工程的合同条件、图纸、工程规范和技术说明及招标文件中规定的其他要求和条件后，我们兹以

人民币×××××××元 大写：××××××××××××××××××××××××××××

的投标价格或按上述合同条件确定的其他价格并严格按照上述合同条件、招标图纸、工程规范和技术说明以及其他构成合同文件组成部分的条件和要求承包上述工程的施工、竣工、交付并在质量保修期内承担上述工程的质量保修责任。

如果我方中标，我方保证在合同规定的开工日期开始上述工程的施工，并在我方在投标文件中承诺的××××日历天完成和交付使用。

我方同意本投标函在投标须知规定的投标截止日期开始对我方有约束力，并在投标有效期内一直对我方有约束力，且随时准备接受你方发出的中标通知书。

我方确认你方有权拒绝包括投标价格最低的投标在内的任何投标，且我方无权要求你方解释选择或拒绝任何投标的原因。

投标函（续）

我方在此申明，上述投标价格中已包括招标文件中规定的全部工作内容的费用，尤其是，我方已在其中充分考虑了投标文件中要求的对指定分包、指定供应和其他承包人施工项目的管理、配合、协调责任和义务的全部工作内容以及可能涉及的风险，且不得再

以任何手段、借口或理由向你方以及任何指定分包人或指定供应商或其他承包人收取与我方应负有的总包管理、服务、配合、协调的责任和义务有关的任何性质的费用。如果履行过程中出现我方违背该项承诺的行为，我方将无条件地接受你方根据投标函附件及合同中约定的处罚。

我方为此郑重承诺，投标文件中所附的工程量清单报价书不能构成我方向你方寻求对其中任何错、漏项、风险不足进行补偿的依据或借口，我方在投标工程量清单报价书中的任何错、漏、少的费用均已经包括在我方其他项目的报价中。为保证我方该项承诺的严肃性，如果履约过程中属于我方的任何人员出现违背该项承诺的言行，我方将无条件地接受你方根据投标函附件约定的处罚。

在签署合同协议书之前，你方的中标通知书连同本投标函及投标保证金，包括其所有附属文件，对我们双方具有法律约束力。

投标人：（盖章）：××××××××××××××××有限公司

法人代表或委托代理人（签字）：

日　　期：________年________月________日

投标函附录

项目名称：××××广场				
序号	条款内容	条款号	内容概要	投标人承诺
1	合同工作内容	合同条款第××条	合同文件所包含、涉及的一切内容与含义	同意
2	投标文件的充分性	投标须知第×××款	投标报价包括了合同规定的全部义务	同意
3	开工日期	合同条款第××条		同意
4	竣工日期	合同条款第××条		同意
5	质量等级	合同条款第××条		同意
6	业主供应材料、设备	合同条款第××条		同意
7	合同价格	合同条款第××条		同意
8	材料价格调整	合同条款第××款		同意
9	履约保函	合同条款第××款		同意
10	竣工验收	合同条款第××条	国家和项目所在地相关工程竣工验收的标准及有关要求	同意

四、投标保函（略）

五、拟投入项目管理班子主要成员（略）

六、工程量清单报价表

1. 工程量清单报价封面（略）

2. 工程量清单报价总表

序号	项目名称	单位	金额			备注
			商业	住宅	合计	
1	总承包费	元				
2	安装工程	元				
3	基坑项目	元				
4	措施项目	元				
5	土建工程	元				
6	总计					

表题：××××广场投标报价汇总表

3. 土建工程量清单计价表

4. 电气工程量清单计价汇总表

5. 电气工程量清单计价表

6. 水暖工程量清单计价表

7. 基坑土方、桩基、支护、降水工程项目清单

8. 措施项目清单

9. 其他项目清单

10. 土建工程综合单价表

11. 土建工程综合单价组价明细表

12. 电气工程综合单价表

13. 水暖工程综合单价表

14. 工程量清单附表

工程量清单附表(部分内容)

附表一：人工单价表

1	报出的劳动力取费应包括人工费(其中人工费中含住房公积金、基本医疗保险、养老保险、失业保险、工伤保险、残疾人就业保障金等六项规费项目)、总部运营及管理费、现场管理费(包括项目工程师、施工员等监督施工的费用)、风险、规费、利润和税金等的全部费用。任何工种的熟练工人的必要工具和小型设备的费用也应视为已包含在各工种劳动力单价的取费报价中。
2	未填入的其他工种的工时价；如果在实际使用中遇到，均参照非技术工人的单价执行。
3	此表项目不汇入投标汇总中。

正常工作时间(上午 8 时至下午 6 时)工资

编号	名称	单位	金额
A		小时	
B		小时	
C		小时	
		小时	

超时工作时间工资

编号	名称	单位	金额
D		小时	
E		小时	
F		小时	

续表

附表二：施工机械单价表

1	请认真填写下列项目，本表中的单价内容将作为施工中因工程变更而计算合同价款调整时之依据。			
2	投标单位须自行填写计划在本工程使用的施工机械及停置台班单价。			
3	此表项目不汇入投标汇总中。			
编号	项目名称	单位	金额	
A		小时		
B		小时		
C		小时		

附表三：常用拆除工程单价表

编号	项目名称		单位	单价	备注
1					
2					
3					

附表四：植筋单价表

序号	名称	数量	单位	金额
1			根	
2			根	
3			根	

附表五：砼/钢筋砼构件上水钻打孔单价表(略)

附表六：墙地面堵洞单价表(略)

附表七：墙地面开槽和恢复单价表(略)

附表八：清单缺项、漏项计价费率表(略)

附表九：混凝土、钢筋到工地材料费一览表(略)

附表十：主要材料、设备产地来源、供应价及供货期(略)

附表十一：保修期间设计变更费(略)

附表十二：保修期间工时费(略)

第二章 技术标部分

目录(略)

1. 工程概况(内容略)
2. 施工现场平面布置(内容略)
3. 施工总体部署及进度计划(内容略)
4. 分包与供应具体方案(内容略)
5. 资金准备计划(内容略)
6. 协助业主具体计划(内容略)
7. 施工管理组织机构(内容略)
8. 总承包管理方案(内容略)

第三章 综合部分

目录(略)

1. 建筑企业在建筑市场活动中行为规范(主要指质量、安全、招标、投标活动)无不良行为；对不良行为的认定以建设行政主管部门通报为准(内容略)。

2. 企业综合实力、信誉、综合施工能力、近三年以来类似工程业绩(内容略)。

习题

1. 简述投标人的权利和义务。
2. 投标程序包括哪些步骤和内容?
3. 简述影响投标决策的客观因素有哪些。
4. 常用的投标策略有哪些?
5. 常用的投标技巧有哪几种?
6. 简述投标报价的组成和编制方法。
7. 简述施工投标文件编制的注意事项。

建设工程开标、评标与定标

4.1 建设工程开标

4.1.1 开标概述

建设工程开标是指招标文件确定的投标截止时间的同一时间，招标人依据招标文件规定的地点，开启投标人提交的投标文件，并公开宣布投标人的名称、投标报价、工期等主要内容的活动。它是招标投标的一项重要程序，因而其要求：

(1) 提交投标文件截止之时，即为开标之时，无时间间隔，以防不法分子有可乘之机；

(2) 开标以会议的形式进行，开标的主持人为招标人或招标代理机构，并负责开标全过程的工作；

(3) 开标的参加人包括招标人或其代表、招标代理人、投标人法定代表人或其委托代理人、招标投标管理机构的监管人员和招标人自愿邀请的公证机构的人员等；

(4) 开标应在招标投标管理机构的监督下进行。

4.1.2 开标程序

建设工程开标是招标人、投标人和招标代理机构等共同参加的一项重要活动，也是建设工程招标投标活动中的决定性时刻，其开标程序如下：

1. 开标的前期准备工作

开标的前期准备工作包括开标会监督申请、选择开标地点、评标专家抽取等。

1) 开标会监督申请

为保证开标的公开、公平、公正的原则，开标会应在政府主管部门监督下进行，开标前，应向当地招标办公室申请监督。

2) 选择开标地点

一般情况下，开标地点可以选择招标人单位、招标代理机构及建筑市场专设的开标会议室等场所进行，可以根据工程性质和地方的有关规定选择。

3) 评标专家抽取

公开招标开标前，评标专家应该在所在地的评标专家库中随机抽取，保证公平。

2. 接受投标文件

经过开标前期的准备工作后，招标人按招标文件中规定的时间、地点接受投标人提交的投标文件。

3. 召开开标会议

根据招标文件规定，招标人在接受投标文件后，应按时组织开标会议，投标人应准时参加。开标会议由投标人的法定代表人或其授权代理人参加，参加时应携带法定代表人资格证明文件或授权委托书。

开标会议的主要程序如下：

主持人宣布开标会议开始；

宣读招标单位法定代表人资格证明书及授权委托书；

介绍参加开标会议的单位和人员名单；

宣布公证、唱标、记录人员名单；

宣布评标原则、评标办法；

由招标单位检验投标单位提交的投标文件和资料，并宣读核查结果；

宣读投标单位的投标报价、工期、质量、投标保证金、优惠条件等；

宣读评标期间的有关事项；

宣布休会，进入评标阶段。

4.1.3 程序性废标的确认

招标人在招标文件要求提交投标文件的截止日期前收到的所有投标文件，开标时都应当众予以开启、宣读。但常常有一个从形式上对投标文件是否有效的确认问题。这是一个对投标人合法权益以致最后中标结果有着重大影响的问题。因此，必须特别注意在招标文件中规范这一行为，以保持开标的公正性、合理性和严肃性。

在开标过程中，遇到投标文件有下列情形之一的，应当确认程序性废标：

(1) 未按招标文件的要求标识、密封的；

(2) 无投标人公章和投标人的法定代表人或其委托代理人的印鉴或签字的；

(3) 投标文件标明的投标人在名称和法律地位上与通过资格预审时不一致，且没有经过相关国家行政机构说明的；

(4) 逾期送达的；

(5) 投标人未参加开标会议的；

(6) 提交合格的撤回通知的。

至于涉及投标文件实质性内容未响应招标文件的，应当留待评标时由评标组织评审，确认投标文件是否有效。

实践中，对在开标时就被确认无效的投标文件，也有不启封或不宣读的做法。如投标文件在启封前被确认为无效的，不予启封；在启封后唱标前被确认为无效的，不予宣读。在开标时确认投标文件是否无效的，一般应由参加开标会议的招标人或其代表进行，确认的结果投标文件当事人无异议的，经招标投标管理机构认可后宣布。如果投标当事人有异议的则应留待评标时由评标委员会评审确认。

4.1.4 开标注意事项

建设工程开标是一项非常重要的活动，因此在开标时应注意以下问题：

(1) 在投标截止后，按规定时间、地点，在投标单位法定代表人或授权代理人在场的情况下举行开标会议，开标会议由招标单位组织并主持。

(2) 开标会议在招标管理机构监督下进行；开标会议可以邀请公证部门对开标全过程进行公证。

(3) 开标会议宣布开始后，应首先请各投标单位代表确认其投标文件的密封完整性，并签字予以确认。当众宣读评标原则、评标办法。由招标单位依据招标文件的要求，核查投标单位提交的证件和资料，并审查投标文件的完整性、文件的签署、投标担保等，但提交合格"撤回通知"和逾期送达的投标文件不予启封。

(4) 唱标顺序应按各投标单位报送投标文件时间先后的逆顺进行。当众宣读有效标函的投标单位名称、投标报价、工期、质量、修改或撤回通知、投标保证金、优惠条件，以及招标单位认为有必要的内容。

(5) 唱标内容应做好记录，并请投标单位法定代表人或授权代理人签字确认。

4.2 建设工程评标、定标

4.2.1 评标、定标评审

工程投标文件评审及定标是一项原则性很强的工作，需要招标人严格按照法规政策组建评标组织，并依法进行评标、定标。所采用的评标定标方法必须是招标文件所规定的，而且也必须经过政府主管部门的严格审定，做到公正性、平等性、科学性、合理性、择优性、可操作性。

具体体现为：

(1) 评标定标办法是否符合有关法律、法规和政策，体现公开、公正、平等竞争和择优的原则；

(2) 评标定标组织的组成人员要符合条件和要求；

(3) 评标定标方法应适当，浮标因素设置应合理，分值分配应恰当，打分标准科学合理，打分规则清楚等；

(4) 评标定标的程序和日程安排应当妥当等。

4.2.2 评标原则

国家发展计划委员会 2001 年 8 月 1 日发布施行《评标委员会和评标方法暂行规定》指出：评标活动应遵循公平、公正、科学、择优的原则。评标活动依法进行，任何单位和个人不得非法干预或者影响评标过程和结果。

(1) 平等竞争，机会均等

实际操作中应做到平等竞争，机会均等，在评标定标过程中，对任何投标者均应采用招标文件中规定的评标定标办法，统一用一个标准衡量，保证投标人能平等地参加竞争。对投标人来说，评标定标办法都是客观的，不存在带有倾向性的、对某一方有利或不利的条款，中标的机会均等。

(2) 客观公正，科学合理

对投标文件的评价、比较和分析，要客观公正，不以主观好恶为标准，不带成见，对投标文件的响应性、技术性、经济性等方面的客观差别和优劣进行评价。采用的评标定标方法，对评审指标的设置和评分标准的具体划分，都要在充分考虑招标项目的具体特征和招标人的合理意愿的基础上，尽量避免和减少人为的因素，做到科学合理。

(3) 实事求是，择优定标

对投标文件的评审，要从实际出发，尊重现实，实事求是。评标定标活动既要全面，也要有重点，不能泛泛进行。任何一个招标项目都有自己的具体内容和特点，招标人作为合同一方主体，对合同的签订和履行负有其他任何单位和个人都无法替代的责任，在其他条件同等的情况下，应该允许招标人选择更符合工程特点和自己招标意愿的投标人中标。招标评标办法可根据具体情况，侧重于工期或价格、质量、信誉等一两个重点，在全面评审的基础上作合理取舍。

4.2.3 评标组织

评标组织由招标人的代表和有关经济、技术等方面的专家组成。其具体形式为评标委员会，实践中也有是评标小组的。

《招投标法》明确规定：评标委员会由招标人负责组建，评标委员会成员名单一般应于开标前确定。评标委员会成员名单在中标结果确定前应当保密。《评标委员会和评标方法暂行规定》规定：依法必须进行施工招标的工程，其评标委员会由招标人的代表和有关技术、经济等方面的专家组成，成员人数为5人以上单数，其中招标人、招标代理机构以外的技术、经济等方面专家不得少于成员总数的$\frac{2}{3}$。评标委员会的专家成员，应当由招标人从建设行政主管部门及其他有关政府部门确定的专家名册或者工程招标代理机构的专家库内相关专业的专家名单中确定。确定专家成员一般应当采取随机抽取的方式。与投标人有利害关系的人不得进入相关工程的评标委员会。

国家发展计划委员会制定的自2003年4月1日起实施的《评标专家和评标专家库管理暂行办法》作出了组建评标专家库的规定，指出：评标专家库由省级(含，下同)以上人民政府有关部门或者依法成立的招标代理机构依照《招标投标法》的规定自主组建。

评标专家库的组建活动应当公开，接受公众监督。政府投资项目的评标专家，必须从政府有关部门组建的评标专家库中抽取。省级以上人民政府有关部门组建评标专家库，应当有利于打破地区封锁，实现评标专家资源共享。

入选评标专家库的专家，必须具备如下条件：

(1) 从事相关专业领域工作满八年并具有高级职称或同等专业水平；

(2) 熟悉有关招标投标的法律法规；

(3) 能够认真、公正、诚实、廉洁地履行职责；

(4) 身体健康，能够承担评标工作。

《评标委员会和评标方法暂行规定》中规定评标委员应了解和熟悉以下内容：招标的目

标；招标项目的范围和性质；招标文件中规定的主要技术要求、标准和商务条款；招标文件规定的评标标准、评标方法和在评标过程中考虑的相关因素。

4.2.4 评标程序

从评标组织评议的内容看，通常可以将评标程序分为“两段三审”：“两段”是指初步评审和详细评审，“三审”是指对投标文件进行的符合性评审、技术性评审和商务性评审。

1. 初步评审

初步评审主要包括检验投标文件的符合性和核对投标报价，确保投标文件响应招标文件的要求，剔除法律法规所提出的废标。具体包括以下内容：

(1) 投标书的有效性。审查投标人是否与资格预审名单一致；递交的投标保函的金额和有效期是否符合招标文件的规定。

(2) 投标书的完整性。投标书是否包括了招标文件规定应递交的全部文件。例如，除报价单外，是否按要求提交了工作进度计划表、施工方案、合同付款计划表、主要施工设备清单等招标文件中要求的所有材料。如果缺少一项内容，则无法进行客观公正的评价。因此，该投标书只能按废标处理。

(3) 投标书与招标文件的一致性。投标书必须严格地对招标文件的每一空格作出回答，不得有任何修改或附带条件。如果投标人对任何栏目的规定有说明要求时，只能在原标书完全应答的基础上，以投标致函的方式另行提出自己的建议。对原标书私自作任何修改或用括号注明条件，都将与业主的招标要求不相一致或违背，也按废标对待。

(4) 标价计算的正确性。由于只是初步评审，不详细研究各项目报价金额是否合理、准确，而仅审核是否有计算统计错误。若出现的错误在规定的允许范围内，则可由评标委员会予以改正，并请投标人签字确认。若投标人拒绝改正，不仅按废标处理，而且按投标人违约对待。当错误值超过允许范围时，按废标对待。修改报价统计错误的原则如下：

① 如果数字表示的金额与文字表示的金额有出入时，以文字表示的金额为准。

② 如果单价和数量的乘积与总价不一致，要以单价为准。若属于明显的小数点错误，则以标书的总价为准。

③ 副本与正本不一致，以正本为准。

经过审查，只有合格的标书才有资格进入下一轮的详评。对合格的标书再按报价由低到高重新排列名次。因为排除了一些废标和对报价错误进行了某些修正，这个名次可能和开标时的名次排列不一致。一般情况下，评标委员会将把新名单中的前几名作为初步备选的潜在中标人，并在详细评审阶段将他们作为重点评价的对象。

2. 详细评审

详细评审的内容一般包括以下5个方面。

1) 价格分析

(1) 价格折算

评标委员会根据评标办法前附表、招标文件规定的程序、标准和方法，以及算术错误修正结果，对价格进行分析。

(2) 判断投标报价是否低于成本

根据招标文件的规定，评标委员会根据招标文件中规定的程序、标准和方法，判断投标报价是否低于其成本。由评标委员会认定投标人以低于成本竞标的，其投标作废标处理。

(3) 澄清、说明或补正

在评审过程中，评标委员会应当就投标文件中不明确的内容要求投标人进行澄清、说明或者补正。投标人应当根据问题澄清通知要求，以书面形式予以澄清、说明或者补正。

2) 技术评审

技术评审主要对投标人的实施方案进行评定，包括以下内容：

(1) 施工总体布置。着重评审布置的合理性。对分阶段实施还应评审各阶段之间的衔接方式是否合适，以及如何避免与其他承包商之间(如果有的话)发生作业干扰。

(2) 施工进度计划。首先要看进度计划是否满足招标要求，进而再评价其是否科学和严谨，以及是否切实可行。业主有阶段工期要求的工程项目对里程碑工期的实现也要进行评价。评审时要依据施工方案中计划配置的施工设备、生产能力、材料供应、劳务安排、自然条件、工程量大小等诸因素，将重点放在审查作业循环和施工组织是否满足施工高峰月的强度要求，从而确定其总进度计划是否建立在可靠的基础上。

(3) 施工方法和技术措施。主要评审各单项工程所采取的方法、程序技术与组织措施。包括所配备的施工设备性能是否合适、数量是否充分；采用的施工方法是否既能保证工程质量，又能加快进度并减少干扰；安全保证措施是否可靠等。

(4) 材料和设备。规定由承包商提供或采购的材料和设备，是否在质量和性能方面满足设计要求和招标文件中的标准。必要时可要求投标人进一步报送主要材料和设备的样本，技术说明书或型号、规格、地址等资料。评审人员可以从这些材料中审查和判断其技术性能是否可靠和达到设计要求。

(5) 技术建议和替代方案。对投标书中提出的技术建议和可供选择的替代方案，评标委员会应进行认真细致的研究，评定该方案是否会影响工程的技术性能和质量。在分析建议或替代方案的可行性和技术经济价值后，考虑是否可以全部采纳或部分采纳。

3) 管理和技术能力的评价

管理和技术能力的评价重点放在承包商实施工程的具体组织机构和施工的保障措施方面。即对主要施工方法、施工设备以及施工进度进行评审，对所列施工设备清单进行审核，审查投标人拟投入到本工程的施工设备数是否符合施工进度要求，以及施工方法是否先进、合理，是否满足招标文件的要求，目前缺少的设备是采用购置还是租赁的方法来解决等。此外，还要对承包商拥有的施工机具在其他工程项目上的使用情况进行分析，预测能转移到本工程上的时间和数量，是否与进度计划的需求量相一致；重点审查投标人所提出的质量保证体系的方案、措施等是否能满足本工程的要求。

4) 对拟派该项目主要管理人员和技术人员的评价

要拥有一定数量有资质、有丰富工作经验的管理人员和技术人员。至于投标人的经历和财力，在资格预审时已通过，一般不作为评比条件。

5) 商务法律评审

这部分是对招标文件的响应性检查。主要包括以下内容：

(1) 投标书与招标文件是否有重大实质性偏离。投标人是否愿意承担合同条款规定的全部义务。

(2) 合同文件某些条款修改建议的采用价值。

(3) 审查商务优惠条件的实用价值。

在评标过程中，如果发现投标人在投标文件中存在没有阐述清楚的地方，一般可召开澄清会议，由评标委员会提出问题，要求投标人提交书面正式答复。澄清问题的书面文件不允许对原投标书作出实质上的修改，也不允许变更。因为《招标投标法》第二十九条规定，投标人只能在提交投标文件的截止日前才可对招标文件进行修改和补充。

4.2.5 评标内容

评标委员会对投标文件审查、评议的主要内容包括以下方面：

(1) 投标文件的符合性鉴定

包括商务符合性和技术符合性鉴定，即投标文件应实质上响应招标文件的要求。所谓实质上响应招标文件的要求，就是其投标文件应该与招标文件的所有条款、条件和规定相符，无显著差异或保留。如果投标文件实质上不响应招标文件的要求，招标单位将予以拒绝，并不允许投标单位通过修正或撤销其不符合要求的差异或保留，使之成为具有响应性的投标。

(2) 对投标文件的技术方面评估

对投标单位所报的施工方案或施工组织设计、施工进度计划、施工人员和施工机械设备的配备、施工技术能力、以往履行合同情况、临时设施的布置和临时用地情况等进行评估。

(3) 对投标报价评估

评标委员会将对确定为实质上响应招标文件要求的投标进行投标报价评估，在评估投标报价时应对报价进行校核，看其是否有计算上或累计上的算术错误。修改错误的原则如下：

① 如果用数字表示的数额与用文字表示的数额不一致时，以文字数额为准。

② 当单价与工程量的乘积与合价之间不一致时，通常以标出的单价为准。除非评标机构认为有明显的小数点错位，此时应以标出的合价为准，并修改单价。

按上述修改错误的方法，调整投标书中的投标报价。经投标单位确认同意后，调整后的报价对投标单位起约束作用。如果投标单位不接受修正后的投标报价则其投标将被拒绝，其投标保证金将被没收。

(4) 综合评价与比较

评标应依据评标原则、评标办法，对投标单位的报价、工期、质量、主要材料用量、施工方案或组织设计、以往业绩、社会信誉、优惠条件等方面进行综合评定，公正合理择优选定中标单位。

(5) 投标文件澄清

在必要时，为有助于投标文件的审查、评价和比较，评标委员会有权个别要求投标单位澄清其投标文件。投标文件的澄清一般召开澄清会，在澄清会上分别对投标单位进行质询，先以口头询问并解答，随后在规定的时间内投标单位以书面形式予以确认做出正式答复。澄清和确认的问题须经法定代表人或授权代理人签字，澄清问题的答复作为投标文件的组成部分。但澄清的问题不允许更改投标价格或投标文件的实质性内容。

(6) 对于当日定标的工程项目，可复会宣布中标单位名称、中标标价、工期、质量、主要材料用量、优惠条件(如有时)等。

(7) 对于当日不能定标的工程项目,自开标之日起至定标期限,结构不复杂的中小型工程不超过7天,结构复杂的大型工程不超过14天。特殊情况下经招标管理机构同意可适当延长。

4.2.6 有关废标的法律规定

投标文件有下述情形之一的,属重大投标偏差,或被认为没有对招标文件作出实质性响应,根据2001年7月5日国家七部委联合颁布的《评标委员会和评标方法暂行规定》,作废标处理:

(1) 关于投标人的报价明显低于其他投标报价等的规定。

(2)《评标委员会和评标方法暂行规定》第二十一条规定,在评标过程中,评标委员会发现投标人的报价明显低于其他投标报价或者在设有标底时明显低于标底,使得其投标报价可能低于其个别成本的,应当要求该投标人作出书面说明并提供相关证明材料。投标人不能合理说明或者不能提供相关证明材料的,由评标委员会认定该投标人以低于成本报价竞标,其投标应作废标处理。

(3) 投标人资格条件不符合国家有关规定和招标文件要求的,或者拒不按照要求对投标文件进行澄清、说明或者补正的,评标委员会可以否决其投标。

(4) 评标委员会应当审查每一投标文件是否对招标文件提出的所有实质性要求和条件作出响应。未能在实质上响应的投标,应作废标处理。

(5) 评标委员会应当根据招标文件,审查并逐项列出投标文件的全部投标偏差。

投标文件存在重大偏差,按废标处理。下列情况属于重大偏差:

(1) 没有按照招标文件要求提供投标担保或者所提供的投标担保有瑕疵;

(2) 投标文件没有投标人授权代表签字和加盖公章;

(3) 投标文件载明的招标项目完成期限超过招标文件规定的期限;

(4) 明显不符合技术规格、技术标准的要求;

(5) 投标文件载明的货物包装方式、检验标准和方法等不符合招标文件的要求;

(6) 投标文件附有招标人不能接受的条件;

(7) 不符合招标文件中规定的其他实质性要求。

招标文件对重大偏差另有规定的,从其规定。

4.2.7 评标方法

1. 评标方法的法律规定

评标方法包括经评审的最低投标价法、综合评估法或者法律、行政法规允许的其他评标方法。经评审的最低投标价法一般适用于具有通用技术、性能标准或者招标人对其技术、性能没有特殊要求的招标项目。根据经评审的最低投标价法,能够满足招标文件的实质性要求,并且经评审的最低投标价的投标,应当推荐为中标候选人。不宜采用经评审的最低投标价法的招标项目,一般应当采取综合评估法进行评审。根据综合评估法,最大限度地满足招标文件中规定的各项综合评价标准的投标,应当推荐为中标候选人。

衡量投标文件是否最大限度地满足招标文件中规定的各项评价标准,可以采取折算为货币的方法、打分的方法或者其他方法。需量化的因素及其权重应当在招标文件中明确规定。

以下分别详述施工项目评标的主要方法。

2. 经评审的最低投标价法

经评审的最低投标价法是以评审价格作为衡量标准，选取最低评标价者作为推荐中标人。评标价并非投标价，它是将一些因素(不含投标文件的技术部分)折算为价格，然后再计算其评标价。评标价一般等于投标价减去安全文明施工费和规费。

3. 综合评估法

综合评估法，是对价格、施工组织设计(或施工方案)、项目经理的资历和业绩、质量、工期、信誉和业绩等因素进行综合评价，从而确定最大限度地满足招标文件中规定的各项综合评价标准的投标为中标人的评标定标方法。它是应用最广泛的评标定标方法。

1) 评估内容

综合评估法需要综合考虑投标书的各项内容是否与招标文件所要求的各项文件、资料和技术要求相一致。不仅要对价格因素进行评议，还要对其他因素进行评议。主要包括：

(1) 标价(即投标报价)。评审投标报价预算数计算的准确性和报价的合理性。

(2) 施工方案或施工组织设计。评审方案或施工组织设计是否齐全、完整、科学合理，包括施工方法是否先进、合理；施工进度计划及措施是否科学、合理，能否满足招标人关于工期或竣工计划的要求；现场平面布置及文明施工措施是否合理可靠；主要施工机具及设备是否合理；提供的材料设备，能否满足招标文件及设计的要求。

(3) 投入的技术及管理力量。包括拟投入项目主要管理人员及工程技术人员的数量和资历及业绩等。

(4) 质量。评审工程质量是否达到国家施工验收规范合格标准或优良标准。质量必须符合招标文件要求。质量保证措施是否切实可行；安全保证措施是否可靠。

(5) 工期。指工程施工期，由工程正式开工之日到施工单位提交竣工报告之日止的期间。评审工期是否满足招标文件的要求。

(6) 信誉和业绩。包括投标单位及项目经理部施工经历、近期施工承包合同履约情况(履约率)；是否承担过类似工程；近期获得的优良工程及优质以上的工程情况，优良率；服务态度、经营作风和施工管理情况；近期的经济诉讼情况；企业社会整体形象等。

2) 综合评估法的分类

综合评估法按其具体分析方式的不同，又可分为定性综合评估法和定量综合评估法。

(1) 定性综合评估法

定性综合评估法，又称评议法，通常的做法是，由评标组织对工程报价、工期、质量、施工组织设计、主要材料消耗、安全保障措施、业绩、信誉等评审指标，分项进行定性比较分析，综合考虑，经过评议后，选择其中被大多数评标组织成员认为各项条件都比较优良的投标人为中标人，也可用记名或无记名投票表决的方式确定投标人。定性综合评估法的特点，是不量化各项评审指标。它是一种定性的优选法。采用定性综合评估法，一般要按从优到劣的顺序，对各投标人排列名次，排序第一名的即为中标人。

这种方法虽然能深入地听取各方面的意见，但由于没有进行量化评定和比较，评标的科学性较差。其优点是评标过程简单、较短时间内即可完成。一般适用于小型工程或规模较小的改扩建项目。

(2) 定量综合评估法

① 定义

定量综合评估法,又称打分法、百分制计分评议法。通常的做法是,事先在招标文件或评标定标办法中将评标的内容进行分类,形成若干评价因素,并确定各项评价因素在百分比的比例,开标后由评标组织中的每位成员按评标规则,采用无记名方式打分,最后统计投标人的得分,得分最高者(排序第一名)或次高者(排序第二名)为中标人。

② 特点

这种方法的主要特点,是量化各评审因素,对工程报价、工期、质量、施工组织设计、主要材料消耗、安全保障措施、业绩、信誉等评审指标确定科学的评分及权重分配,充分体现整体素质和综合实力,符合公平、公正的竞争法则,使质量好、信誉高、价格合理、技术强、方案优的企业能中标。

影响标书质量的因素很多,评标体系的设计也多种多样,一般需要考虑的原则是:

① 评标因素在评标因素体系中的地位和重要程度

显然,在所有评标因素中,重要的因素所占的分值应高些,不重要或不太重要的评标因素占的分值应低些。

② 各评标因素对竞争性的体现程度

对竞争性体现程度高的评标因素,即不只是某一投标人的强项,所有的投标人都具有较强的竞争性的因素,如价格因素等,所占分值应高些,而对竞争性体现程度不高的评标因素,即对所有投标人而言共同的竞争性不太明显的因素,如质量因素等,所占分值应低些。

③ 各评标因素对招标意图的体现程度

招标人的意图即招标人最侧重的择优方面,不同性质的工程、不同实力的投资者可能有很大差异。能明显体现出招标意图的评标因素所占的分值高些,不能体现招标意图的评标因素所占的分值可适当降低。

④ 各评标因素与资格审查内容的关系

对某些评标因素,如在资格预审时已作为审查内容,其所占分值可适当低些;如资格预审未列入审查内容或采用资格后审的,其所占分值就可适当高些。

3) 评标因素及其分值界限

不同性质的工程、不同的招标意图将设定不同的评分因素和评分标准,表4-1所示为现实中常用的评标因素及其分值界限。

表4-1 评标因素及其分值界限表

序号	评标因素	分值界限	说明
1	投标报价	30～70	
2	主要材料	0～10	
3	施工方案	5～20	
4	质量	5～25	
5	工期	0～10	
6	项目经理	5～10	
7	业绩	5～10	
8	信誉	5～10	

4.2.8 中标通知书

经评标确定中标人，并公示确认后，招标人应当向中标人发出中标通知书，并同时将中标结果通知所有未中标的投标人，退还未中标的投标人的投标保证金。中标通知书对招标人和中标人具有法律效力。中标通知书发出后，招标人改变中标结果的，或者中标人放弃中标项目的，应承担法律责任。

4.2.9 签订合同

中标人收到中标通知书后，招标人、中标人双方应具体协商谈判签订合同事宜，形成合同草案。在实践中，合同草案一般需要先报招标投标管理机构审查备案。经审查后，招标人与中标人应当自中标通知书发出之日起 30 日内，按照招标文件和中标人的投标文件正式签订书面合同。

招标人和中标人不得再订立背离合同实质性内容的其他协议。同时，双方要按照招标文件的约定相互提交履约保证金或者履约保函，招标人还要退还中标人的投标保证金。招标人如拒绝与中标人签订合同，除双倍返还投标保证金外，还需赔偿有关损失。

履约保证金或履约保函是为约束招标人和中标人履行各自的合同义务而设立的一种合同担保形式，其有效期通常为 2 年，一般直至履行了义务(如提供了服务、交付了货物或工程已通过了验收等)为止。招标人和中标人订立合同相互提交履约保证金或者履约保函时，应注意指明履约保证金或履约保函到期的失效时间。

如果合同规定的项目在履约保证金或履约保函到期日未能完成的，则可以对履约保证金或履约保函延期，既延长履约保证金或履约保函的有效期。履约保证金或履约保函的金额，通常为合同标的额的 5%～10%，也有的规定不超过合同金额的 5%。合同订立后，应将合同送到有关部门备案，以便接受保护和监督。

4.2.10 招标失败的处理

在评标过程中，如发现有下列情形之一不能产生定标结果的，可宣布招标失败：

(1) 所有投标报价高于或低于招标文件所规定的幅度的；

(2) 所有投标人的投标文件均实质上不符合招标文件的要求，被评标组织否决的。

如果发生招标失败，招标人应认真审查招标文件及标底，做出合理修改，重新招标。在重新招标时，原采用公开招标方式的，仍可继续采用公开招标方式，也可改用邀请招标方式；原采用邀请招标方式的，仍可继续采用邀请招标方式，也可改用议标方式；原采用议标方式的，应继续采用议标方式。

4.2.11 评标、定标的期限规定

评标和定标应当在投标有效期结束日 30 个工作日前完成。不能在投标有效期结束日 30 个工作日前完成评标和定标的，招标人应当通知所有投标人延长投标有效期。拒绝延长投标有效期的投标人有权收回投标保证金。同意延长投标有效期的投标人应当相应延长其投标担保的有效期，但不得修改投标文件的实质性内容。因延长投标有效期造成投标人损失的，招标人应当给予补偿，但因不可抗力需延长投标有效期的除外。

4.2.12 评标报告的撰写和提交

评标委员会完成评标后，应向招标人提出书面评标报告，并推荐合格的中标候选人，候选人数量应限定在1～3人，招标人也可以授权评委会直接确定中标人。评标报告应当如实记载以下内容：

(1) 基本情况和数据表；

(2) 评标委员会成员名单；

(3) 开标记录；

(4) 符合要求的投标人一览表；

(5) 废标情况说明；

(6) 评标标准、评标方法或者评标因素一览表；

(7) 经评审的价格或者评分比较一览表；

(8) 经评审的投标人排序；

(9) 推荐的中标候选人名单与签订合同前要处理的事宜；

(10) 澄清、说明、补正事项纪要。

评标报告由评标委员会全体成员签字。对评标结论持有异议的评标委员会委员可以书面形式阐述其不同意见和理由。评标委员会成员拒绝在评标报告上签字且不陈述其不同意见和理由的，视为同意评标结论。评标委员会应当对此作出书面说明并记录在案。

习题

1. 什么是开标？什么是评标、开标和定标？
2. 中标条件有哪些规定？
3. 废标的规定有哪些？

国际工程招投标

近年来，我国建筑业在技术、管理等方面都有了长足的进步，已逐步向国际水平、国际惯例靠拢，在国际建筑市场上已取得了立足之地。建筑企业开始走出国门参与国际承包市场的竞争，按照国际招投标惯例和程序承揽工程。

国际工程就是指一个工程项目从咨询、投资、招投标、承包、设备采购、培训到施工监理，各个阶段的参与者来自不同的国家，并且按国际通用的工程管理模式进行管理和实施的工程。

5.1 国际工程招投标的含义与特征

5.1.1 国际工程招投标的含义

国际工程招投标与目前国内实行的招投标相同，即在业主方面，通过招标寻找一个在信誉、技术、经验、工期、造价等方面都比较理想的承包商；在承包商方面，以投标为手段获取工程任务，并按合同要求把工程创建出来。但国际工程招投标已有百余年历史，已形成了一套较为成熟的国际惯例。

5.1.2 国际工程招投标的特征

由于国际工程招投标中有关各方属不同国家，而各国法律法规、文化习惯等方面存在较大差异，因此，在诸多方面国际工程招投标与国内工程招投标做法存在很大差别。具体表现在以下几个方面。

(1) 资格预审是国际工程招投标的一个重要程序。

在国际竞争性招标的项目中，一般来说，除非招标文件另有规定或最低报价者报价不合理或投标文件违反规定，业主均把工程授予投标最低报价者。因此业主和承包商都十分重视投标报价前的资格预审工作。国际金融组织在提供贷款时，更是注重考虑项目的经济性和实效，通常也参考 FIDIC 合同的习惯做法，以世界银行的《贷款项目竞争性招标采购指南》和亚洲开发银行的《贷款采购准则》为指导原则，对承包商进行资格预审。资格预审的结果还必须报经这些国际金融组织批准，以确保参与投标的承包商有能力履行合同，提高贷款的使用效益，保证项目的顺利实施。因此，国际工程招投标资格预审所需提交的材料证明比我国详细而周到，预审时间也明显比我国长。

(2) 国际工程招标文件的内容、范围、深度与国内存在较大差异。

国际工程招标中，投标人能得到的技术资料极为有限，大多数标书设计的深度均不能满足报价和施工的要求，并且缺乏足够的论证，不像国内招标文件一般均提供详尽的设计施工图纸和定额及价格资料等作为报价的基础。但国际工程招标文件一般均提供工程量清单及简要说明，为投标人提供统一的项目划分和工程量确定基础。

(3) 现场考察是国际工程投标的一项重要工作。

按照国际惯例，投标人提出的报价一般被认为是在现场勘察的基础上编制的，报价单提交业主后，投标人就无权以"因为不了解现场情况"而提出修改报价单，或提出退出投标竞争。因此，现场勘察是国际工程招投标的必经过程，无论是招标人还是投标人均高度重视。

(4) 国际工程招投标所采用的合同条件和技术规范与我国存在较大差异。

合同条件和技术规范是国际工程招标文件的重要组成部分。其目的是使投标人预先明确其在中标后的权利、义务和责任，以便其在报价时充分考虑这些因素。国际工程承包合同条件一般采用国际通用的FIDIC合同条件或英国合同条件，这些合同条件对合同的各个方面都有具体、详尽的规定，在许多方面如合同解释顺序、各项工作时间期限等与我国现行的《建设工程施工合同文本》规定有较大差异；国际上比较通用的技术规范有英国标准(BS)和美国材料试验学会标准(ASTM标准)，这些标准与我国现行标准也有较大差异。

(5) 国际工程投标报价方式与国内工程投标报价方式存在显著不同。

国际工程的编标报价，授标书规定条件中有严格约束。编制报价项目名称是在招标文件的报价表中规定的，投标人不能随意增删，如投标人认为标书中的项目不全，只能把由此(即标书中未列项目)而发生的费用摊入标书规定的相应项目。例如，标书报价表所列项目中未列临时实施，那么临时实施费用就要摊入相应的主体工程项目中；如标书报价表中的混凝土工程，只列出了混凝土的方量，而未单列模板、钢筋，则模板及钢筋的费用应摊入相应的混凝土报价中而不能遗漏。总之，标书中未列入的项目，除非有其他合同条款或国际惯例予以保护，咨询工程师是很难予以支付的。此外，国际投标报价的计价项目都按照工程单项内容进行划分，其主要目的是便于价款结算。承包人完成了某一数量的工程内容后，一般是在每个月终提出结算单，经咨询工程师审核并报业主批准后，即可按计价项目的单价和数量得到结算款。这样其单价就只能是综合单价，即包含了直接费、间接费和利润在内的单价。而国内做法则是把各费用项目分别列出，单独报价，不存在费用分摊问题，且各种费用计算都以政府颁布的统一定额及有关规定为依据，难以应用不平衡报价策略，灵活性小。

(6) 国际工程评标定标与国内工程评标定标做法也有明显差异。

国际工程评标一般包括如下七大步骤，即：行政性评审，技术评审，商务评审，澄清投标书中的问题，资格后审，编制评审报告，定标与授标。国际工程招标一般是由招标者最后决定中标人；我国评标标准一般根据建设部颁发的《建设工程招标投标暂行规定》确定，评标步骤比较简单，一般由确定评标标准及指标相对权重、对投标单位进行多指标综合评价、定标与授标几大步骤组成。

(7) 国际工程招投标属市场行为，无行政管理部门管理和监督。

国际工程招投标属市场行为，业主有完全的评标、定标权。而我国招投标的申请，标底的确定，评标、定标工作等均有行政管理部门管理和监督。

5.2 国际工程招标方式

国际工程项目施工的委托主要采用招标和投标的方式，选中理想的施工企业，即承包商。国际工程项目招标方式可归纳为四种类型，即国际竞争性招标（又称国际公开招标）、国际有限招标、两阶段招标和议标（又称邀请协商）。

5.2.1 国际竞争性招标

国际竞争性招标是指在国际范围内，采用公平竞争方式，定标时按事先规定的原则，对所有具备要求资格的投标商一视同仁，根据其投标报价及评标的所有依据，如工期要求，可兑换外汇比例（指按可兑换和不可兑换两种货币付款的工程项目），投标商的人力、财力和物力及其拟用于工程的设备等因素，进行评标、定标。采用这种方式可以最大限度地挑起竞争，形成买房市场，使招标人有最充分的挑选余地，取得最有利的成交条件。

国际竞争性招标是目前世界上最普遍采用的成交方式。采用这种方式，业主可以在国际市场上找到最有利于自己的承包商，无论是在价格和质量方面，还是在工期及施工技术方面都可以满足自己的要求。

按照国际竞争性招标方式，招标的条件由业主（或招标人）决定，因此，订立最有利于业主，有时甚至对承包商很苛刻的合同是理所当然的。国际竞争性招标较之其他方式更能使招标人折服。尽管在评标、选标工作中不能排除种种不光明正大的行为，但比起其他方式，国际竞争性招标毕竟因为影响大、涉及面广、当事人不得不有所收敛等原因而显得比较公平合理。

国际竞争性招标的适用范围如下：

1. 按资金来源划分

根据工程项目的全部或部分资金来源，实行国际竞争性招标主要有以下情况：

(1) 由世界银行及其附属组织国际开发协会和国际金融公司提供优惠贷款的工程项目；

(2) 由联合国多边援助机构和国际开发组织地区性金融机构，如亚洲开发银行提供援助性贷款的工程项目；

(3) 由某些国家的基金会（如科威特基金会）和一些政府（如日本）提供资助的工程项目；

(4) 由国际财团或多家金融机构投资的工程项目；

(5) 两国或两国以上合资的工程项目；

(6) 需要承包商提供资金即带资承包或延期付款的工程项目；

(7) 以实物偿付（如石油、矿产或其他实物）的工程项目；

(8) 发包国拥有足够的自由资金，而自己无力实施的工程项目。

2. 按工程性质划分

按照工程的性质，国际竞争性招标主要适用于以下情况：

(1) 大型土木工程，如水坝、电站、高速公路等；

(2) 施工难度大，发包国在技术或人力方面均无实施能力的工程，如工业综合设施、海底工程等；

(3) 跨越国境的国际工程，如非洲公路、连接欧亚两大洲的陆上贸易通道；

(4) 极其巨大的现代工程，如英法海峡过海隧道、日本的海下工程等。

5.2.2 国际有限招标

国际有限招标是一种有限竞争招标，较之国际竞争性招标，有其局限性，即投标人选有一定的限制，不是任何对发包项目有兴趣的承包商都有资格投标。国际有限招标包括两种方式。

1. 一般限制性招标

这种招标虽然也是在世界范围内进行招标，但对招标人选有一定的限制。其具体做法与国际竞争性招标颇为相似，只是更强调投资人的资信。采用一般限制性招标方式也应该在国内外主要报刊上刊登广告，只是必须注明是有限招标和对投标人选的限制范围。

2. 特邀招标

特邀招标即特别邀请性招标。采用这种方式时，一般不在报刊上刊登广告，而是根据招标人自己积累的经验和资料或由咨询公司提供的承包商名单，由招标人在征得世界银行或其他项目资助机构的同意后，对某些承包商发出邀请，经过对应邀人进行资格预审后，再通知其提出报价，递交投标书。

这种招标方式的优点是经过选择的投标人在经验、技术和信誉方面比较可靠，基本上能保证招标的质量和进度。这种方式的缺点是：由于发包人所了解的承包商的数目有限，在邀请时很可能漏掉一些在技术上和报价上有竞争力的承包商。

国际有限招标是国际竞争性招标的一种修改方式，这种方法通常用于以下情况：

(1) 工程量不大、投标人数目有限，或有正当理由不宜进行国际竞争性招标的工程项目，如对工程有特殊要求等。

(2) 某些大而复杂的且专业性很强的工程项目，如石油化工项目，可能的投标很少，准备招标的成本很高。为了既节省时间，又能节省费用，还能取得较好的报价，招标人可以限定在少数几家合格企业的范围内，以使每家企业都有争取合同的较好机会。

(3) 由于工程性质特殊，要求有专门经验的技术队伍和熟练的技工，以及专门技术设备只有少数承包商能够胜任的工程项目。

(4) 工程规模太大，中小型公司不能胜任，只好邀请若干大公司投标的工程项目。

(5) 工程项目招标通知发出后无人投标，或投标人数不足法定人数(至少三家)，招标人可再邀请少数公司投标。

(6) 由于工期紧迫，或由于保密要求，或由于其他原因不宜公开招标的工程项目。

5.2.3 两阶段招标

两阶段招标实质上是国际竞争性招标和国际有限招标相结合的方式。第一阶段按公开方式招标，经过开标和评标后，再邀请其中报价较低的或较合格的三家或四家投保人进行第二阶段投标报价。

(1) 招标工程内容属高新技术，需在第一阶段招标中博采众议，进行评价，选出最新最优设计方案，然后在第二阶段中邀请选中方案的投标人进行详细的报价。

(2) 在某些新型的大型项目承包之前，招标人对此项目的建造方案尚未最后确定，这时可以在第一阶段招标中向投标人提出要求，就其最擅长的建造方案进行报价，或者按其建造方案报价。经过评价，选出其中最佳方案的投标人再进行第二阶段的按其具体方案的详细报价。

(3) 一次招标不成功，即所有投标报价超出标底20%(规定限额)以上，只好在现有基础上邀请若干家较低报价者再次报价。

5.2.4 议标

议标也称邀请协商，就其本意而言，议标乃是一种非竞争性招标。严格来说，这不算一种招标方式，只是一种“谈判合同”。最初，议标的习惯做法是由发包人物色一家承包商直接进行谈判。只是在某些工程项目的造价过低，不值得组织招标，或由于其专业为某一家或几家垄断，或因工期紧迫不宜采用竞争性招标，或者招标内容是关于专业咨询、设计和指导性服务或属保密工程，或属于政府协议工程等情况下，才采用议标方式。

随着承包商活动的广泛开展，议标的含义和做法也不断发展和改变。目前，在国际工程三包实践中，发包单位已不再仅仅是同一家承包商议标，而是同时与多家承包商谈判，最后无任何约束地将合同授予其中的一家，无须优先授予报价最优惠者。

议标给承包商带来较多好处，首先，承包商不用出具投保保函，参与议标承包商无须在一定的期限内对其报价负责；其次，议标毕竟竞争性少，竞争对手不多，因而缔约的可能性较大。议标对于发包单位也不无好处，发包单位不受任何约束，可以按其要求选择合作对象，尤其是发包单位同时与多家议标时，可以充分利用议标的承包商的弱点，以此压彼，利用其担心其他对手抢标、成交心切的心理迫使其降价或降低其他要求条件，从而达到理想的成交目的。

当然，议标毕竟不是招标，竞争对手少，有些工程由于专业性过强，议标的承包商往往是“只此一家，别无分号”，自然无法获得有竞争力的报价。

然而，不能不充分注意到议标常常是获得巨额合同工程的主要手段。纵观近十年来国际承包市场的成交情况，国际上225家大承包公司每年的成交额约占世界总发包额的40%，而它们的合同竟有90%是通过议标取得的，由此可见议标在国际承发包工程中所占的重要地位。

采取议标形式，发包单位同样应采取各种可能的措施，运用各种特殊手段，挑起多家可能实施合同项目的承包商之间的竞争。当然，这种竞争并不像其他招标方式那样必不可少或完全依照竞争规则进行。

议标通常在以下情况下采用：

(1) 以特殊名义(如执行政府协议)签订承包合同。

(2) 按临时签约且在业主监督下执行的合同。

(3) 由于技术的需要或重大投资原因，只能委托给特定的承包商或制造商实施的合同。这类项目在谈判之前，一般都事先征求技术或经济援助合同双方的意见。近年来，凡是提供经济援助的国家资助的建设项目大多采取议标形式，由受援国有关部门委托给供援国的承保公司实施。这种情况下的议标一般是单向议标，且以政府协议为基础。

(4) 属于研究、试验或实验及有待完善的项目承包合同。

(5) 项目已付诸招标，但没有中标者或没有理想的承包商。这种情况下，业主通过议标，另行委托承包商实施工程。

(6) 出于紧急情况或急迫需求的项目。

(7) 秘密工程。

(8) 属于国防需要的工程。

(9) 已为业主实施过项目，且已取得业主满意的承包商重新承担技术基本相同的工程项目。适用于议标方式的合同基本如上所列，但这并不意味着上述项目不适用于其他招标方式。

5.3 世界不同地区的工程项目招标习惯方式

从总体上讲，世界各地委托的主要方式可以归纳为以下四种，即世界银行推行的做法、英联邦地区的做法、法语地区的做法、独联体成员国的做法。本节仅对世界银行推行的做法及英联邦地区的做法加以阐述。

5.3.1 世界银行推行的做法

世界银行作为一个权威性的国际多边援助机构，具有雄厚的资本和丰富的组织工程承发包的经验。世界银行以其处理事务公平合理和组织实施项目强调经济实效而享有良好的信誉和绝对的权威。

世界银行已积累了40多年的投资与工程招投标经验，制定了一套完整而系统的有关工程承发包的规定，且被许多多边援助机构尤其是国际工业发展组织和许多金融机构及一些国家政府援助机构视为模式，世界银行规定的招标方式适用于所有由世界银行参与投资或贷款的项目。

世界银行推行的招标方式主要突出三个基本观点：

1. 世界银行贷款项目的采购原则

(1) 项目实施必须强调经济效益。

(2) 对所有会员国及瑞士和中国台湾地区的所有合格企业给予同等的竞争机会。

(3) 通过在招标和签署合同时采取优惠措施鼓励借款国发展本国制造商和承包商(评标时，借款国的承包商享受7.5%的优惠)。

2. 采用的发包方式

凡有世界银行参与投资或提供优惠贷款的项目，通常采用以下方式发包：

1) 国际竞争性招标

国际竞争性招标(international competitive bidding，ICB)是指邀请世界银行成员国的承包商参加投标，从而确定最低评标价的投标人为中标人，并与之签订合同的整个程序和过程。

2) 有限国家招标(LIB)

有限国家招标是采用不公开刊登招标广告而直接邀请供应商或承包商进行投标的一种采购方式。

3）国内竞争性招标(LCB)

国内竞争性招标是指在借款国范围内进行的招标采购，招标通告只在国内主要报纸刊登，招标文件一般也只采用本国文字书写。

4）国际和国内询价采购

询价采购是对外国或国内(通常至少3家)几家供应商的报价进行比较为根据的一种采购方式。

5）直接采购

直接采购是指不通过招标或货比三家等方式，而是由项目单位直接和供货单位进行谈判而签订的合同。

6）自营工程

自营工程是指土建工程项目中采用的一种采购方式，它是由借款人直接使用自己国内的施工队伍来承建的土建工程。

世界银行推行的国际竞争性招标要求业主方面公正表述拟建工程的技术要求，以保证不同国家的合格企业能够广泛参与投标。如引用的设备、材料必须符合业主的国家标准，在技术说明书中必须陈述也可以接受其他相等的标准。这样可以消除一些国家的保护主义给招标的工程笼罩的阴影。此外，技术说明书必须以实施的要求为依据。

世界银行作为招标工程的资助者，从项目的选择直至整个实施过程都有权参与意见，在许多关键问题上如招标条件、采用的招标方式、遵循的工程管理条款等都享有决定性发言权。

凡按世界银行规定的方式进行国际性招标的工程，必须以国际咨询工程师联合会(FIDIC)制定的合同条件为管理项目的指导原则，而且承发包双方还要执行由世界银行颁发的三个文件，即世界银行采购指南、国际土木工程施工合同条件、世界银行监理指南。

世界银行推行的做法已被世界大多数国家奉为模式，无论是世界银行贷款的项目，还是非世界银行贷款的项目，都越来越广泛地效仿这种模式。

除了推行国际竞争性招标方式外，在有充足理由或特殊原因下，世界银行也同意甚至主张受援国政府采用有限招标方式委托实施工程。这种招标方式主要适用于工程额度不大、投标人数有限，或其他不采用国际竞争性招标理由的情况，但要求招标人必须接受足够多的承包商的投标报价，以保证有竞争力的价格。另外，对于某些大而复杂的工业项目，如石油化工项目，可能的投标者很少，准备投标的成本很高，为了节省时间又能取得较好的报价，同样采取国际有限招标。

除了上述两种国际性招标外，有些不宜或无须进行国际招标的工程，世界银行也同意采用国内招标、国际或国内选购、直接签约采购、政府承包或自营等方式。

5.3.2 英联邦地区的做法

英联邦地区(包括原为英属殖民地的国家)的许多涉外工程的承包，基本上按照英国做法。

从经济发展角度看，大部分英联邦成员国属于发展中国家，这些国家的大型工程通常求援于世界银行或国际多边援助机构，也就是说要按世界银行的做法发包工程，但是他们始终保留英联邦地区的传统特色，即以改良的方式实行国际竞争性招标。他们在发行招标文件时，通常将已发给文件的承包商数目通知投标人，使其心中有数，避免盲目投标。

英国土木工程师学会(ICE)合同条件常设委员会认为：国际竞争性招标浪费时间和资金，效率低下，常常以无结果而告终，导致很多承包商白白浪费钱财和人力。他们不欣赏这种公开的招标，相比之下，选择性招标即国际有限招标则在各方面都能产生最高效率和经济效益。因此英联邦地区所实行的主要招标方式是国际有限招标。

其国际有限招标通常按以下步骤进行：

(1) 对承包商进行资格预审，以编制一份有资格接受邀请书的公司名单。被邀请参加预审的公司提交其适用该类工程所在地区周围环境的有关经验的详情，尤其是承包商的财务状况、技术和组织能力及一般工作经验和履行合同的记录。

(2) 招标部门保留一份常备的经批准的承包商名单。这份常备名单并非一成不变，而是根据实践中对新老承包商的了解加深，不断更新，这样可使业主在拟定委托项目时心中有数。

(3) 规定预选投标人的数目。一般情况下，被邀请的投标人数目为4～8家，项目规模越大，邀请的投标人越少，在投标竞争中要强调完全公平的原则。

(4) 初步调查。在发出标书之前，先对其保留的名单上的拟邀请的承包商进行调查，一旦发现某家承包商无意投标，立即换上名单中的另一家作为代替，以保证所要求投标人的数目。英国土木工程师协会认为承包商谢绝邀请是负责任的表现，这一举动并不会影响其将来的投标机会。在初步调查的过程中，招标单位应对工程进行详细介绍，使可能的投标人能够了解工程的规模和估算造价概算，所提供的信息应包括场地位置、工程性质、预期开工日，指出主要工程量，并提供所有的具体特征的细节。

5.4 国际工程招标程序及招标文件

本节主要通过世界银行贷款项目土建工程国际性招标文件介绍招标文件的主要内容。

5.4.1 国际工程招标程序(世界银行)

1. 总采购公告

世界银行要求，贷款项目中心以国际竞争性方式采购的货物和工程，借款人必须准备并交给世界银行一份总采购公告。送交世界银行的时间最迟不应迟于招标文件已经准备好、将向投标人公开发售之前60天，以便及早安排刊登，使可能的投标人有时间考虑，并表示他们对这项采购的兴趣。

2. 资格预审和资格定审

采购大而复杂的工程，以及在例外情况下，采购专为用户设计的复杂设备或特殊服务，在正式投标前宜先进行资格预审，资格预审首先要确定投标人是否具有投标资格(eligibility)，在有优惠待遇的情况下，也可确定其是否有资格享受本国或地区优惠待遇。

资格预审的目的是审定可能的投标人是否有能力承担该项采购任务。如果在投标前未进行资格预审，则应在评标后对标价最低、并拟授予合同的标书的投标人进行资格定审，以便审定其是否具有足够的人力、财力资源有效地实施采购合同。资格定审的标准应在招标文件中明确规定，其内容与资格预审的标准相同。

3. 准备招标文件

招标文件是评标及签订合同的依据。招标文件的各项条款应符合《采购指南》的规定。世界银行虽然并不“批准”招标文件，但需其表示“无意见”(no objection)后招标文件才可以公开发售。在准备招标文件或世界银行审查过程中，也可能有忽略或产生错误。但招标文件一经制定，世界银行也已表示“无意见”，并已公开发售后，除非有十分严重的不妥之处或错误，即使其中有些规定不符合《采购指南》，评标时也必须以招标文件为准。招标文件的内容必须明白确切。应说明工程内容、工程所在地点、所需提供的货物、交货及安装地点、交货或竣工进程表、保修和维修要求，以及其他有关的条件和条款。如有必要，招标文件还应规定将采用的测试标准及方法，用以测定交付使用的设备是否符合规格要求。图纸与技术说明书内容必须一致。

招标文件还应说明在评标时除报价以外需考虑的其他因素，以及在评标时如何计量或用其他方法评定这些因素。如果允许对设计方案、使用原材料、支付条件、竣工日程等提出替代方案，招标文件应明确说明可以接受替代方案的条件和评标方法。招标文件发出后如有任何补充、澄清、勘误或更改，包括对投标人提出的问题所作出的答复，都必须在距招标截止期足够长的时间以前，发送原招标文件的每一个收件人。

招标文件所用的语言应是国际商业通用的语言，即英、法、西班牙文三者之一，并以该种文字的文本为准。如果借款人愿意，他可以在以英、法或西班牙文发出招标文件外，同时发出本国文字的招标文件。只有本国投标人可选择用本国文字投标。

4. 具体合同招标广告(投标邀请书)

除了总采购通告外，借款人应将具体合同的投标机会及时通知国际社会。为此，应及时刊登具体合同的招标广告，即投标邀请书。与总采购通告有所不同，这类具体合同招标广告不要，但鼓励刊登在联合国《发展商务报》上。至少应刊登在借款人国内广泛发行的一种报纸上；如有可能，也应刊登在官方公报上。招标公告的副本，应转发给有可能提供所需采购的货物或工程的合格国家的驻当地代表(如使馆的商务处)，也应发给那些看到总采购通告后表示兴趣的国内外厂商。如系大型、专业性强或重要的合同，世界银行也可要求借款人把招标广告刊登在国际发行很广的著名技术性杂志、报纸或贸易刊物上。

从发出广告到投标人作出反应之间应有充分时间，以便投标人进行准备。一般从刊登招标广告或发售招标文件(两个时间中以较晚的时间为准)算起，给予投标商准备投标的时间不得少于 45 天。

5. 开标

在招标文件《投标人须知》中应明确规定投交标书地址、投标截止时间和开标时间及地点。投交标书的方式不得加以限制(如规定必须寄交某邮政信箱)，以免延误，应该允许投标人亲自或派代表投交标书。开标时间一般应是投标截止时间或紧接在截止时间之后。招标人应规定时间当众开标。应允许投标人或其代表出席开标会议，对每份标书都应当众读出其投标人、报价和交货或完工期；如果要求或允许提出替代方案，也应读出替代方案的报价及完工期。标书是否附有投标保证金或保函也应当众读出。不能因为标书未附投标保证金或保函而拒绝开启。标书的详细内容是不可能也不必全部读出的。开标应作出记录，列明到会人员及会宣读的有关标书的内容。如果世界银行有要求，还应将记录的副本送交世界银行。

开标时，一般不允许提问或作任何解释，但允许记录和录音。在投标截止期以后收到的标书，尤其是已经开始宣读标书以后收到的标书，不论出于何种原因，一般都可加以拒绝。

公开开标也有其他变通办法，一个办法是所谓"两个信封制度"(two envelope system)，即要求投标书的技术性部分密封装入一个信封，而将报价装入另一个密封信封。第一次开标会时先开启技术性标书的信封；然后将各投标人的标书交评标委员会评比，视其是否在技术方面符合要求。这一步骤所需时间短至几个小时，长至几个星期。如标书在技术上不符合要求，即通知该标书的投标人。第二次开标会时再将技术上符合要求的标书报价公开读出。技术上不符合要求的标书，其第二个信封不再开启。如果采购合同简单，两个信封也可能在一次会议上先后开启。

6. 评标

评标主要有审标、评标、资格定审三个步骤。

(1) 审标。审标是先将各投标人提交的标书就一些技术性、程序性的问题加以澄清并初步筛选。

(2) 评标。按招标文件所明确规定的标准和评标方法，评定各标书的评标价。

(3) 资格定审。如果未经资格预审，则应该对评标价最低标书的投标人进行资格定审。定审结果，如果认定他有资格，又有足够的人力、财力资源承担合同任务，就应报送世界银行，建议授予合同；如发现他不符合要求，则再对评标价次低标书的投标人进行资格定审。

7. 授予合同或拒绝所有投标

按照招标文件规定的标准，对所有符合要求的标书进行评标，得出结果后，应将合同授予其标书评标价最低，并有足够的人力、财力资源的投标人。在正式授予合同之前，借款人应将评标报告连同授予合同的建议送交世界银行审查，征得其同意。

招标文件一般都规定借款人有拒绝所有投标的权利。借款人在采取这样的行动之前应先与世界银行磋商。借款人不能仅仅为了希望以更低价格采购到所需设备或工程而拒绝所有投标，再以同样的技术规格要求重新招标。但如果评标价最低的投标报价也大大超出了原来的预算，则可以废弃所有投标后再与最低标的投标人谈判协商，以求取得协议。如不成功，可与次低标的投标人谈判。

如果所有投标具有重大方面不符合要求，或招标缺乏有效的竞争，借款人也可废弃所有投标而重新招标，但不能任意这样做。

8. 合同谈判和签订合同

中标人确定后，应尽快通知中标的投标商准备谈判。《采购指南》还规定："不应要求投标人承担技术规格书中没有规定的工作责任，也不得要求其修改投标内容作为授予合同的条件。"有些技术性或商务性的问题是可以而且应该在谈判中确定的。

(1) 原招标文件中规定采购的设备、货物或工程的数量可能有所增减，合同总价也随之可按单价计算而有增减。

(2) 投标人的投标，对原招标文件中提出的各种标准及要求，总会有一些非重大性的差异。

9. 采购不当

如果借款人不按照借款人与世界银行在贷款协定中商定的采购程序进行采购，世界银行的政策就认为这种采购属于"采购不当"(misprocurement)。世界银行将不支付货物或工程的采购价款，并将从贷款中取消原分配给此项采购的那一部分贷款额。

5.4.2 国际工程项目招标文件

土建工程项目投资金额比较大，合同规定复杂，项目易于受到内在和外界因素的影响，因而其招标程序和招标文件比一般货物采购的招标投标复杂得多。国际工程项目的招标文件一般可分为5卷。

1. 第一卷：合同

合同包括招标邀请书、投标须知、合同条件（合同通用条件和专用条件）及合同表格格式。

其中合同表格格式是业主与中标人签订的合同中所应用的文件格式，由业主与承包商等有关方面填写并签字。一般有7种格式：

(1) 合同协议书格式；

(2) 银行担保履约保函格式；

(3) 履约担保书格式；

(4) 动员预付款银行保函格式；

(5) 劳务协议书格式；

(6) 运输协议书格式；

(7) 材料供应协议书格式。

当然，上述7种格式的具体内容会因项目的不同而有所变化，但其主要措辞和格式都类同于国内工程项目招标投标的协议书格式。

2. 第二卷：技术规格书

技术规格书（又译为技术规范）详细载明了承包人的施工对象、材料、工艺特点和质量要求，以及在合同的一般条件和专用条件中未规定的承包人的一切特殊责任。同时，技术规格书还对工程各部分的施工程序、应采用的施工方法和向承包人提供的各项设施作出规定。技术规格中还要求承包人提出工程施工组织计划，对已决定的施工方法和临时工程作出说明。

1) 编写技术规格书时应注意的问题

业主在编写技术规格书时，应注意以下几个方面，并相应地作出详细说明和规定：

(1) 承包人将要施工的工程，包括工程竣工后所应达到的标准；

(2) 工程各部分的施工程序，应采用的施工方法和施工要求；

(3) 施工中的各种计量方法、计量程序及计量标准，特别是对关键工程的计量方法、程序及标准更应详尽地规定和说明；

(4) 工程师实验室设备和办公室设备的标准；

(5) 承包人自检队伍的素质要求；

(6) 现场清理程序及清理后所达到的标准。

技术规格书是对整个工程施工的具体要求和对程序的详尽描述，它与工程竣工后的质量优劣有直接关系，所以技术规格书一般需要详细和明确。

2) 土建工程技术规格书的组成

一般来说，土建工程技术规格书分为以下7部分。

(1) 工程描述。对整个工程进行详尽说明,包括与工程相关的施工程序、工程师测试设备、施工方法、现场清理等方面的具体描述。

(2) 土方工程。包括借土填方、材料的适用性、现场清理等。

(3) 混凝土工程。包括工程范围、混凝土或预应力混凝土结构工程施工方法和程序等。

(4) 辅助工程。不同工程对辅助工程的要求不同。以公路项目为例,包括基层、沥青层等辅助工程,施工方法、程序及要求等。

(5) 桩基。包括桩基材料、质量要求、钻孔要求、混凝土浇筑要求、桩基的检验、桩基成型情况。

(6) 混凝土。包括水泥和其他集料的质量要求,混凝土级别要求,混凝土及混凝土材料的测试计量等。

(7) 预应力混凝土。包括材料的质量要求、测试方法等。

由于工程不同,对工程的技术和质量要求也不同,只有根据工程项目的具体特点和要求编制技术规格书,才能做到有的放矢,达到预期效果。

3. 第三卷:投标书格式及其附件、辅助资料表和工程量清单

1) 投标书格式及其附件

投标书格式及其附件是投标必须填好递送的文件。投标书及其附件内容主要是报价及投标人对工期、保留金等承包条件的书面承诺。

2) 辅助资料表

辅助资料表的内容包括外汇需求表、合同支付的现金流量表、主要施工机具和设备表、主要人员表和分包人表,以及临时工程用地需求表和借土填方资料表。这些表格应按照具体土建工程项目的特殊情况而定。但这些表格的格式对不同的土建工程项目来说变化不大。

3) 工程量清单

(1) 工程量清单的编制原则

工程量清单是招标文件的主要组成部分,其分部分项工程的划分和次序与技术规格书是完全相对应并一致的。绝大部分土建项目的招标文件中都有工程量清单表。

国际上大部分工程项目的划分和计算方法是采用《建筑工程量计算原则(国际通用)》或以英国《建筑工程量标准计算方法》为标准,我国的工程量清单是参照国际做法并结合我国对土建工程项目的具体要求而编制的,所以,工程量清单中分部分项工程的划分往往十分繁多而细致。一个工程的工程量清单少则几百项,多则上千项。

工程量清单中所写明的工程量一般比较正确,即使发现错误,也不允许轻易改动。在绝大部分土建项目的招标文件中,均附有对工程量及其项目进行补充或调整的项目,以备工程量有出入或遗漏时,可在此项目上补充或调整。

(2) 暂定金额

暂定金额是指包含在合同价中,并在工程量清单中以此名义开列的金额,可作为工程施工或供应货物与材料,或提供服务,或作为不可预见费等费用。这些项目将按工程师的指示和决定,或全部使用,或部分使用,或全部不用。在暂定金额项目中,有的列有工程量,有的未列工程量而只有一个总金额。

(3) 临时工程量

除暂定金额外,有的工程量清单中还列有临时工程量。在未取得工程师正式书面允许前,承包人不应进行临时工程量所包括的任何工程。

(4) 工程量的计量单位

工程量清单中的工程量的计量单位应使用公制,如"米"、"平方米"、"立方米"、"吨"等。

(5) 其他

有的工程量清单中只有项目而无工程量,但需注明只填单价。这是作为以后实际结算时的依据。

4. 第四卷:图纸

图纸和第二卷技术规格书及第三卷工程量清单相关联,承包人应按第二卷技术规格书的要求按图纸进行施工。

5. 第五卷:参考资料

参考资料为工程项目提供了更多的信息,如水文、气象、地质、地理、取土位置等,对投标人编制投标书有重要的参考价值,但它更主要的是用于以后的施工。值得注意的是,参考资料不构成以后所签合同文件的一部分。

5.5 国际工程项目投标报价

国际工程投标报价与国内工程主要概(预)算方法的投标报价相比较,最主要的区别在于:某些间接费和利润等合用一个估算的综合管理费率分摊到各分项工程单价中,从而组成各分项工程的完整单价,然后将分项工程单价乘以工程量即为该分项工程的合价,所有分项工程合价汇总后即为该工程的单项工程的估价。

国际工程投标报价是投标文件的核心部分,必须掌握国际上通用的有关规定和投标报价技巧,同时做到加强管理,降低成本,只有这样才能获得中标机会,并获得盈利。下面简要概述投标报价业务的程序和方法。

5.5.1 研究分析招标文件

投标人通过资格预审取得投标资格,并希望参加该项目工程的投标后,按照招标邀请通告中的要求,在规定的时间内向招标公司购买招标文件。在获得招标文件后,投标人必须立即研究、分析招标文件,以便准确地进行报价。

1. 检查招标文件

如前所述,土建工程的招标文件一般分为四卷,包括合同,技术规格书,投标书格式及其附件、辅助资料表和工程量清单,图纸。在投标期间还可能有修改文件(由招标公司和业主发送的对招标文件的修改文件)等。投标人购买招标文件后,首先要检查上述文件是否齐全,每卷按目录检查是否有缺页、缺图现象,有无字迹不清的页、段,如发现存在上述问题,应立即向招标公司交涉并补全。

2. 通读招标文件

在检查无误后,应将招标文件通读。通读招标文件的目的是正确理解,进而掌握招标文件的各项要求和规定,以便考虑所有的作价因素。

3. 讨论招标文件

在通读的基础上进行讨论,要重点研究工程量清单,弄清所含内容,以便报价时列出细目。在此过程中,可能发生的问题有以下几个方面:

(1) 招标文件本身的问题,如技术要求不明确、文字含混不清等;

(2) 与该项目工程所在地的实际情况有关的问题;

(3) 投标人本身由于经验不足或承包知识缺乏而不能理解的问题。

对于以上问题,可通过不同途径来解决。对于第一类问题应向招标公司和业主咨询解决;第二类问题可通过参加现场考察和标前会议解决;第三类问题可向其他承包公司有经验的有关专家请教解决。

5.5.2 确定担保单位和开具银行保函

投标人在提交其投标书时,还应同时提交投标保证金证书(又称投标保函)。为此,投标人在准备投标文件的同时,还应寻找一家金融机构或保险机构作为投标担保单位。目前,在我国采用国际竞争性招标方式的大型土建项目中,投标保证金证书只能由下述银行开具:①中国银行;②中国银行在国外的开户行;③在中国营业的中国或外国银行;④由招标公司和业主认可的任何一家外国银行;⑤外国银行通过中国银行转开。

所以,投标人在投标期间,必须持有一家满足招标文件要求的担保单位开具的投标保证金证书方能被接受。

5.5.3 投标书的编制

投标书可分为商务部分和技术部分。

1. 投标书的商务部分

商务部分的编制主要有两项工作,即投标报价和对合同条款的研究。

1) 投标报价

(1) 单价分析

投标报价是整个工作的核心。首先,要计算并核对工程量清单,对于无工程量清单的招标工程,应当计算工程量,其项目一般以单价项目划分为依据。这部分是招标文件的核心部分。对有工程量清单的招标工程,应重点对工程量进行核对,如发现有出入,应按规定作必要的调整或补充。其次,要对单价进行分析研究(不能照搬原有单价),工资、材料价格、施工机械、管理费、利润、临时设施等应作出全面考虑。对较大的土建招标工程,在确定单价时一般应作专题研究,而不能套用常用单价。因为每一招标工程都有一定的特殊性,如现场情况、气候条件、地貌与地质状况、工程的复杂程度、是否免税工程、有哪些有利与不利条件、合同价格可否因工资与物价的变动而调整、工期长短、对设备和材料有哪些特殊要求、有哪些投标人参加、其中谁是竞争对手及当前自己的经营状况等问题,都要周密考虑。在确定价格时,要从战略和战术上进行研究。一方面要对工资、材料价格、施工机械、管理费、利润、临时设施等,结合初步的施工方案提出原则性的意见,并确定初步的、总体的投标框架;另一方面,针对工程量清单中的项目与技术规范中的有关规定与要求,逐项进行分析研究,确定工程材料的消耗量。此外,还应对工效、材料来源和当前价格,以及施工期间可能发生的材料浮动幅度作深入的调查研究,作出全面考虑。对于有些材料和设备,应及时询价,从而分别定出比较适当的材料、设备等的单价，然后，逐一确定各项目的单价。

(2) 综合汇总分析

各项单价分析完毕后，就和工程数量逐项相乘，算出每一项目的工程费用，从而计算出全部工程造价。然后，再进行一次全面的自校，检查计算有无错误，并从总价上权衡报价是否合理。

具体的测算方法是，通过各项综合性单价的指标，如平均每立方米土方单价、每立方米钢筋混凝土单价、每吨钢筋及钢结构单价等，与各种不同建筑工程的单价指标进行比较，结合工程质量的标准，分析所确定的单价是否相称，与类似工程的造价指标进行比较，看其是高是低，是否合理。如果发现整个标价或其中一部分偏高或偏低时，就应进行调整。经过这样多次的分析测算之后，最后确定标价。

2) 对合同条件的研究

(1) 工程范围、特别是有关工程的交接点或交接面。

(2) 甲、乙双方的职责和义务。

(3) 工程变更条款。

(4) 付款条款：确定付款的次数和每次付款占整个合同金额的最小百分比。对于合同条件上存在的问题，投标人可在招标文件中规定的时间内或在标前会议上提请招标公司和业主解释。

2. 投标书的技术部分

技术部分的主要内容是详细叙述投标人对本工程项目如何去实施，包括质量保证、质量控制、进度控制、成本控制及具体的施工方案。其一般内容如下：

1) 保函

包括投标保函和履约保函。这些保函的作用主要是为了防止承包人中标后毁约，业主可向担保银行没收担保费用，补偿由此而产生的损失。这些保函格式已在招标文件中说明，投标人须落实担保银行，由银行填写、签字即可。

2) 公司简介

说明公司的概况即可。

3) 各种证件

即本公司法人地位的证件复印件。

4) 项目组织表

投标人为实施本工程所采用的组织机构表，说明关键人员所在位置及工作关系，使业主对投标人的人事安排一目了然。

5) 关键人员简历表

关键人员系指投标人为本工程拟派往现场的主要管理人员，包括项目经理、部门经理、专业组长、高级工程师等人员。关键人员简历表主要介绍其学历和工作经验。

6) 施工方案

施工方案主要介绍投标人怎样实施本工程项目。投标人应根据本工程的特殊情况，考虑到其他可能的因素，制定出一个切实可行的工程施工方案(或称施工组织设计)。

7) 投标人的施工机具和设备

可用表格形式表达。

8）投标人过去完成类似工程的经验

可用表格和文字表达。

5.5.4 国际工程常用报价技巧

国际工程在具体报价时还应运用一些技巧。报价时，哪类工程定高价，哪类工程应定低价，或在一个工程中，在总价基本确定的情况下，哪些单价宜高，哪些单价宜低，都有一定的技巧。下面介绍几种常用的报价方法。

1. 扩大单价法

扩大单价法是在按正常的已知条件编制价格外，对工程中变化比较大或没把握的工作采用扩大单价，增加不可预见费的方法来减少风险。这种方法较常用，但会使总价提高，降低了中标概率。

2. 开口升级报价法

开口升级报价法将报价看成协商的开始。首先对施工图和说明书进行分析，把工程中的一些难题，如特殊的建筑工程基础等占工程总造价比例高的部分抛开作为活口，将标价降至其他人无法与之竞争的数额(在报价单中应加以说明)。利用这种“最低标价”吸引业主，从而取得与业主协商的机会，再将预留的活口部分进行升级加价，以达到最终中标工程并盈利的目的。

3. 多方案报价法

多方案报价法是利用工程说明书或合同条款不够明确之处，以争取修改工程说明书和合同为目的的一种报价方法。当工程说明书或合同条款不够明确时，往往会增加投标人所承担的风险，导致投标人增加不可预见费，使得报价过高，降低中标的概率。多方案报价的具体做法是在标书上报两个单价，一个是按原工程说明书合同条款报价；另一个是在第一个报价的基础上加以注解，“如工程说明书或合同条款可作某些改变时，则可降低部分费用”，这样使报价降低，以吸引业主修改工程说明书和合同条款。

4. 先亏后盈法

采用这种方法报价必须具有十分雄厚的实力，一般是有国家或大财团作后盾，为了占领某一市场或想在某一地区打开局面，而不惜代价，只求中标。使用这种方法即使中标，承包的结果也必然是亏本，而以后能否通过工程所在的市场或地区的其他工程再盈利还是未知数，因此这种方法具有很大的冒险性。

5. 突然袭击法

运用这种方法是在投标报价时，故意对外透露对工程中标毫无兴趣(或志在必得)的信息，待投标即将截止时，突然降价(或加价)，使竞争对手措手不及。在国际工程投标竞争中，竞争对手间都力求掌握更多对方的信息，投标人的报价很可能被竞争对手所了解，而丧失主动权，对此可采用突然袭击法报价。

6. 不平衡报价法

不平衡报价是指在一个工程项目投标报价的总价基本确定后，保持工程总价不变，适当调整各项目的工程单价，在不影响中标的前提下，使得结算时得到更理想的经济效益的一种报价策略。不平衡报价按追求最终的经济效果可分为两类，第一类是“早收钱”，第二类是“多收钱”。

第一类不平衡报价法称为“早收钱”，就是投标人在认真研究报价与支付之间关系的基础上，发挥资金的时间价值的一种报价策略。具体做法是在报价单中适当调高能够早日结账收款的项目报价，如开办费、基础工程、土方开挖、桩基等；适当调低后期施工项目的报价，如机电设备安装、装修装饰工程、施工现场清理、零散附属工程等。这样即使后期项目有可能亏损，但由于前期项目已增收了工程价款，因此从整体来看，仍可增加盈利。这种方法的核心是力争减少企业内部流动资金的占用和贷款利息的支出，提高财务应变能力。另外在收入大于支出的“顺差”状态下，工程的主动权就掌握在投标人自己的手中，从而提高索赔的成功率和风险的防范能力。

第二类不平衡报价称为“多收钱”，是按工程量变化趋势调整工程单价的一种报价策略。以 FIDIC 施工合同条件为例，由于报价单中给出的工程量是估计工程量，它与实际施工时的工程量之间多少会产生差异，有时甚至差异很大。而 FIDIC 条件下的单价合同是按实际完成的工程量计算工程价款的，因此，投标人可参照各报价项目未来工程量的变化趋势，通过调整各项目的单价来实现“多收钱”。如果投标人在报价过程中判断出标书中某些项目的工程量明显不合理或将会发生某些变化，这就是盈利的机会。此时，投标人适当提高今后工程量可能会增加的项目的单价，同时降低今后工程量可能会减少的项目单价，并保持工程总价不变。如果工程实际发生的状况与投标人预期的相同，投标人就会在将来结算时增加额外收入。

采用不平衡报价虽然可以带来额外收益，但要承担一定的风险。如果工程内部条件与外部环境发生的变化与投标人的预计相反，将会导致投标人的亏损。因此，投标人采用不平衡报价技术时，要详细分析来自各方面的影响因素，审慎行事，正确确定施工组织计划中各项目的开始时间与持续工作时间和正确估计各项目未来工程量变化趋势及其可能性，这直接关系到各项目不平衡报价的价格调整方向和大小，最终影响到项目的盈亏。

5.5.5 我国对外投标报价的具体做法简介

1. 工料、机械台班消耗量的确定

可以国内任一省市或地区的预算定额、劳动定额、材料消耗定额等作为主要参考资料再结合国外具体情况进行调整，如工效一般应酌情降低 10%～30%，混凝土、砂浆配合比压按当地材质调整，机械台班用量也应适当调整，缺项定额应通过实地测算后补充。

2. 工资确定

国外工资包括的因素比国内复杂得多，大体分为出国工人工资和当地雇用工人工资两种。应力争用前者，少雇后者。出国工人的工资一般应包括：国内包干工资（约为基本工资的三倍）、服装费、国内外差旅费、国外零用费、人身保险费、伙食费、护照及签证费、税金、奖金、加班工资、劳保福利费、卧具费、探亲及出国前后所需的调迁工资等。工资分技工工资和普工工资（目前每工日为 15～20 美元）。国外当地雇用工人的工资，一般包括工资、加班费、津贴及招聘、解雇等费用。国外当地雇用工人的工资较国内出国工人工资有的稍高，有的则稍低，但工资均很低。在国际上，我国工人的工资与西方发达国家比是低的，这对投标是有利因素。

3. 材料费的确定

所有材料需实际调查，综合确定其费用。工期较长的投标工程还应酌情预先考虑每年涨价的百分比。材料来源可有：国内调拨材料、我国外贸材料、当地采购材料和第三国订购材料等几种。应进行方案比较，择优选用，也可采用招标采购，力求保质和低价。对国际上的运杂费、保险费、关税等均应了解掌握，摊进材料预算价格之内。

4. 机械费的确定

国外机械费往往是单独一笔费用列入“开办费”中，也有的包括在工程单价之内。其计量单位通常为“台时”，鉴于国内机械费定得太低，在国外则应大大提高，尤其是折旧费至少可参考“经济援助”标准，一年为重置价的40%，二年为70%，三年为90%，四年为100%，运杂费另计。工期在2～3年以上者，或无后续工程的一般工程，均可考虑一次摊销，另加经常费用。此外，还应增加机械的保险费。如租用当地机械更为合算者，则采用租赁费计算。

5. 管理费的确定

在国外的管理费率应按实地测算，测算的基数可以按一个企业或一个独立核算单位的年完成产值的能力计算，也可以专门按一个较大规模的投标总承包额计算。有关管理费的项目划分及开支内容，可参考国内现行管理费内容，结合国外当前的一些具体费用情况确定。

管理费的内容大致有工作人员费(包括内容与出国工人工资基本同)、业务经营费(包括广告宣传、考察联络、交际、业务资料、各项手续费及保证金、佣金、保险费、税金、贷款利息等)、办公费、差旅交通费、行政工具用具使用费、固定资产使用费及其他相关费用等。这些管理费包括的内容可以灵活掌握。据在中东地区某些国家初步测算，我国企业的管理费率约为15%左右，比西方国家要高，这是投标报价中一项不利因素，应采取措施加以降低。

6. 利润的确定

国外投标工程中可自己灵活确定利润，根据投标策略可高可低，但由于我国企业的管理费率较高，本着国家对外开展承包工程的“八字方针”(即守约、保质、薄利、重义)的精神，应采取低利政策，一般毛利可定在5%～10%的范围。

习题

1. 国际性招标方式主要有哪些？
2. 国际性招标文件主要有哪些内容？
3. 国际工程项目招标的程序是什么？

<<< 第6章

建设工程合同

6.1 合同与合同法

6.1.1 合同概述

1. 合同

合同是平等主体的自然人、法人、其他经济组织(包括中国的和外国的)之间建立、变更、终止民事法律关系的协议。在人们的社会生活中,合同是普遍存在的。在社会主义市场经济中,社会各类经济组织或商品生产经营者之间存在着各种经济往来关系,它们是最基本的市场经济活动,它们都需要通过合同来实现和连接,需要用合同来维护当事人的合法权益,维护社会的经济秩序。没有合同,整个社会的生产和生活就不可能有效和正常地进行。

2. 合同的法律特征

合同具有如下的法律特征:

(1) 合同是一种民事法律行为

民事法律行为是指民事主体实施的能够设立、变更、终止民事权力义务的合法行为。民事法律是以意思表示为核心,并且按照意思表示的内容产生法律后果。作为民事法律行为,合同应当是合法的,即只有合同当事人所作出的意思表示符合法律要求,才能产生法律约束力,受到法律保护。如果当事人的意思表示违法,即使双方已经达成协议,也不能产生当事人预期的法律效果。

(2) 合同必须是两个以上当事人意思表示一致的协议

合同的成立必须有两个以上的当事人相互之间做出意思表示,并达成共识。因此,只有当事人在平等自愿的基础上、意思表示完全一致时,合同才能成立。

(3) 合同以设立、变更、终止民事权利与义务关系为目的

当事人订立合同都有一定目的,即设立、变更、终止民事权力义务关系。无论当事人订立合同是为了什么目的,只有当事人达成的协议生效以后,才能对当事人产生法律上的约束力。

3. 合同的分类

在市场经济活动中,交易的形式多种多样,合同的种类也各不相同。

(1) 按照合同的表现形式,合同可以分为书面合同、口头合同和默示合同。建设工程施工合同所涉及的合同特别复杂,合同履行期较长,为便于明确各自的权利和义务,减少履行问题和争议,《合同法》规定:"建设工程合同应当采用书面形式。"

(2) 按照给付内容和性质的不同，合同应当分为转移财产合同、完成工作合同和提供服务合同。《合同法》规定的承揽合同、建设工程施工合同均属于完成工作合同。

(3) 按照当事人是否相互负有义务，合同可以分为双务合同和单务合同。《合同法》中规定的绝大多数合同，如买卖合同、建设工程施工合同、承揽合同和运输合同等均属于双务合同。单务合同是指仅有一方当事人承担给付义务的合同，既双方当事人的权利义务关系并不对等，而是一方享有权利但不承担义务，而另一方仅承担义务而不享有权利，不存在具有对等给付性质的权利与义务关系。

(4) 按照当事人之间的权利义务关系是否存在对等关系，合同可以分为有偿合同和无偿合同。无偿合同是指当事人一方享有合同约定的权利而无须向双方当事人履行相应的义务的合同，如赠与合同等。

(5) 按照合同的成立是否以递交标的物为必要条件，合同可分为诺成合同和要物合同两种。要物合同是指除了要求当事人双方意思表示达成一致外，还必须实际交付标的物以后才能成立的合同。如承揽合同中的来料加工合同，在双方达成协议后，还需要供料方交付原材料或者半成品，合同才能成立。

(6) 按照相互之间的从属关系，合同可以分为主合同和从合同。主合同是指不以其他合同的存在为前提而独立存在和独立发生效力的合同，如买卖合同、借贷合同。从合同又称附属合同，是指不具备独立性，以其他合同的存在为前提而成立并发生效力的合同，如在借贷合同和担保合同之间，借贷合同属于主合同，而担保合同则属于从合同。在建筑工程承包合同中，总包合同是主合同而分包合同则是从合同。主合同和从合同的关系为：主合同和从合同并存时，两者发生互补作用，主合同无效或者撤销时，从合同也将失去法律效力；而从合同无效或者被撤销，一般不影响主合同的法律效力。

(7) 按照法律对合同形式是否有特殊要求，合同可分为要式合同和不要式合同。要式合同是指法律规定必须采取特定形式的合同。《合同法》中规定："法律、行政法规规定采用书面形式的，应当采用书面形式。"不要式合同是指法律对合同形式未作出特别规定的合同。此时，合同究竟采用何种形式，完全由双方当事人自己决定，可以采用口头形式，也可以采用书面形式或默示形式。

(8) 按照法律是否为某种合同确定了一个特定的名称，合同可分为有名合同和无名合同两种。有名合同又称为典型合同，是指法律确定了特定名称和规则的合同。如《合同法》分则中所规定的15种基本合同即为有名合同。无名合同又称非典型合同，是指法律没有确定一定的名称和相应规则的合同。

按照现行合同法的要求，合同分为买卖合同、供用电水气热力合同、赠与合同、借款合同、租赁合同、融资租赁合同、承揽合同、建设工程合同、运输合同、技术合同、保管合同、仓储合同、委托合同、行纪合同、居间合同等15种有名合同。

6.1.2 合同法

合同法是调整平等主体的自然人、法人、其他组织之间在设立、变更、终止合同时所发生的社会关系的法律规范总称。合同法是规范我国社会主义市场交易的基本法律，是民法的重要组成部分。

我国实行改革开放以来，十分重视合同法的立法工作。我国于1999年3月15日颁布了统一的《合同法》,并于 1999 年 10 月 1 日起施行。

1.《合同法》的特点

《合同法》作为我国至今为止条文最多、内容最丰富的民事合同法,具有以下特点:

1) 统一性

《合同法》的颁布和施行,结束了我国过去《经济合同法》、《涉外经济合同法》和《技术合同法》三足鼎立的多元合同立法的模式,克服了三个合同法各自规范不同的关系和领域,但调整范围又有交叉而引起的不一致和不协调的局面,形成了统一的合同法律规则。

2) 任意性

在平等互利基础上决定其相互之间的权利义务关系,并根据其意志调整他们之间的关系。《合同法》以调整市场交易关系为其主要内容,而交易习惯则需要尊重当事人的自由选择,因此,《合同法》规范多为任意性规范,即允许当事人对其内容予以变更的法律规范。如当事人可以自由决定是否订立合同,同谁订立合同,订立什么样的合同,合同的内容包括哪些,合同是否需要变更或者解除等。

3) 强制性

《合同法》对当事人各方的行为进行规范。为了杜绝某些严重影响到国家、社会秩序和当事人利益的内容,《合同法》则采用强制性规范或者禁止性规范,如《合同法》中规定:"当事人订立、履行合同,应当遵守法律、行政法规,尊重社会公德,不得扰乱社会经济秩序,损害社会公共利益。"

2. 合同法的基本原则

《合同法》的基本原则是指合同当事人在合同签订、履行、解释和争执的解决过程中应当遵守的基本准则,也是人民法院、仲裁机构在审理、仲裁合同纠纷时应当遵循的原则。合同法关于合同订立、效力、履行、违约责任等内容,都是根据这些基本原则规定的。

1) 平等原则

在合同法律关系中,当事人之间的法律地位平等,任何一方都有权独立做出决定,一方不得将自己的意愿强加给另一方。

2) 合同自由原则

只有双方当事人经过协商,意思表示完全一致,合同才能成立。合同自由包括缔结合同自由、选择合同相对人自由、选择合同形式自由及变更和解除合同自由。

3) 公平原则

公平原则即在合同的订立和履行过程中,公平、合理地调整合同当事人之间的权利义务关系。

4) 诚实信用原则

诚实信用原则指在合同的订立和履行过程中,合同当事人应当诚实守信,以善意的方式履行其义务,不得滥用权力及规避法律或合同规定的义务。同时,还应当维护当事人之间的利益及当事人利益和社会利益之间的平衡。

5) 合同的法律原则

合同的法律原则即当事人订立、履行合同应当遵守法律、行政法规及尊重社会公认的道德规范。如建设工程合同的当事人应当遵守《建筑法》、《招标投标法》、《合同法》及其他法律规章制度。

6）合同严守原则

依法成立的合同在当事人之间具有相当于法律的效力，当事人必须严格遵守，不得擅自变更和解除合同，不得随意违反合同规定。

7）鼓励交易的原则

鼓励交易的原则即鼓励合法正当的交易。如果当事人之间的合同订立和履行符合法律及行政法规的规定，则当事人各方的行为应当受到鼓励和法律的保护。

6.1.3 合同法律关系

法律关系是指人与人之间的社会关系为法律规范调整时所形成的权利和义务关系，即法律上的社会关系。合同法律关系又称为合同关系，指当事人相互之间在合同中形成的权利义务关系。合同法律关系由主体、客体及内容三个基本要素构成。

1. 合同法律关系的主体

合同法律关系的主体又称合同当事人，是指在合同关系中享有权利和承担义务的人，包括债权人和债务人。在合同关系中，债权人有权要求债务人根据法律规定和合同约定履行义务，而债务人则负有实施一定行为的义务。在实际工作中，债权人和债务人的地位往往是相对的，因为大多数合同都是双务合同，当事人双方互相享有权利、承担义务，因此，双方互为债权人和债务人。

合同法律关系的主体种类包括自然人、法人和其他组织，但合同法对不同主体的民事权利能力和民事行为能力进行了一定的限制，如合同法要求建设工程施工合同的主体必须取得相应的资格。

2. 合同法律关系的客体

合同法律关系的客体又称为合同的标的，指在合同法律关系中，合同法律关系主体的权利义务关系所指向的对象。

在合同交往过程中，由于当事人的交易目的和合同内容千差万别，合同主体也各不相同。根据标的的特点，客体可分为以下几种。

(1) 行为：是指合同法律关系主体为达到一定的目的而进行的活动，如完成一定的工作和提供一定劳务的行为，如建设工会监理等。

(2) 物：是指民事权利主体能够支配的具有一定经济价值的物质财富，包括自然物和劳动创造物，以及充当一般等价物的货币和有价证券等。物是应用最为广泛的合同法律关系客体。

(3) 智力成果：也称为无形资产，指脑力劳动的成果，它可以用于生产，转化为生产力，主要包括商标权、专利权、著作权等。

3. 合同法律关系的内容

合同法律关系的内容指债权人的权利和债务人的义务，即合同债权和合同债务。合同债权又称为合同权利，是债权人依据法律规定和合同约定而享有的、要求债务人一定给付的权利。依据合同享有合同债权的债权人，有权要求债务人按照法律的规定和合同的约定履行其义务，并具有处分债权的权利。

合同债务又称为合同义务，是指债务人根据法律规定和合同约定，向债权人履行给付及给付相关的其他行为的义务。

4. 合同法律关系主体、客体及内容之间的关系

主体、客体及内容是合同法律关系的三个基本要素。主体是客体的占有者、支配者和行为的实施者，客体是主体合同债权和合同债务指向的目标，内容是主体和客体之间的连接纽带，三者缺一不可，共同构成合同法律关系。

6.1.4　合同的形式及主要条款

1. 合同的形式

合同可以分为两种形式，一种是口头合同，建立在双方相互信任的基础上，适用于不太复杂、不易产生争执的经济活动中；另一种是书面合同，是用文字书面表达的合同。对于数量较大、内容比较复杂以及容易产生争执的经济活动必须采用书面形式的合同。常见的有：合同书、信件或数据电文(传真、电子邮件等)。书面合同是最常用、也是最重要的合同形式，人们通常所指的合同就是这一类。

2. 合同的主要条款

合同的内容由合同双方当事人约定，不同种类的合同其内容也是不同的。但一般合同主要条款通常包括如下几方面的内容：

1）当事人的名称(或姓名)和场所

当事人的名称(或姓名)和场所指自然人的姓名和住所及法人和其他组织的名称和住所。合同中记载的当事人的姓名或者名称是确定合同当事人的标志，而住所则在确定合同债务履行地、法院对案件的管辖等方面具有重要的法律意义。

2）标的

标的即合同法律关系的客体。合同中的标的条款应当标明标的的名称，以使其特定化，并能确定权利义务的范围。合同的标的因合同类型的不同而变化。

3）数量

合同标的的数量是衡量合同当事人权利义务大小、程度的尺度。因此，合同标的的数量一定要确切，并应当采用国家标准或者行业标准中确定的，或者当事人共同接受的计量方法和计量单位。

4）质量

合同标的的质量是指检验标的的内在素质和外观形态优劣的标准。它和标的的数量一样是确定合同标的的具体条件，是这一标的区别另一标的的具体特征。因此，在确定合同标的的质量标准时，应当采用国际、国家或者行业标准。如果当事人对合同标的的质量有特别约定时，在不违反相关标准的前提下，可以根据合同约定另外制定标的的质量要求。合同中的质量条款包括标的的规格、性能、物理和化学成分、款式和质感。

5）价款和报酬

价款和报酬是指以物、行为和智力成果为标的的有偿合同中，取得利益的一方当事人作为取得利益的代价而应向对方支付的金钱。价款是取得有形标的物应支付的代价，报酬是提供服务应获得的代价。

6）履行的期限、地点和方式

履行的期限是指合同当事人履行合同和接受履行的时间，它直接关系到合同义务的完成时间，涉及当事人的权利期限，也是确定违约与否的因素之一。履行地点是指合同当事人履行合同和接受履行的地点。履行地点是确定交付与验收标的地点的依据,有时是确定风险由谁承担的依据,以及标的物所有权是否转移的依据。履行方式是合同当事人履行合同和接受履行的方式,包括交货方式、实施行为方式、验收方式、付款方式、结算方式和运输方式等。

7) 违约责任

违约责任是指当事人不履行合同义务或者履行合同义务不符合约定时应当承担的民事责任。违约责任是促使合同当事人履行债务,使守约方免受或者少受损失的法律救援手段,对合同当事人的利益关系重大,合同对此应予明确。

8) 争议解决的途径

解决争议的方法是指合同当事人解决合同纠纷的手段、地点。在合同中明确在合同订立、履行中一旦产生争执时解决争议的方法,合同方法是通过协商、仲裁还是通过诉讼解决其争议,这有利于合同争议的管辖和尽快解决,并最终从程序上保障了当事人的实体性权益。

6.2 建设工程合同概述

6.2.1 建设工程合同的概念及特征

1. 建设工程合同的基本概念

《合同法》第269条第1款规定:"建设工程合同是承包人进行工程建设、发包人支付价款的合同。"建设工程的主体是发包人和承包人。发包人,一般为建设工程的建设单位,即投资建设该项目的单位,通常也叫做"业主",包括业主委托的管理机构。承包人,是指实施建设工程勘察、设计、施工等业务的单位。这里的建设工程是指土木工程、建筑工程、线路管道和设备安装以及装修工程。

在建设工程合同中,建设工程项目的参与者(业主、施工承包单位、施工分包单位、设计单位、劳务分包单位、材料设备供应单位、监理单位、咨询服务单位等)之间互相签订合同。在不同的管理模式下,有不同的合同种类和不同的合同内容,合同双方的职责也不同。

由于业主在建设工程项目管理中所处的优势地位,业主一般具有工程项目管理模式的选择权以及发包选择权。因此,建设工程主要合同是指业主与相关单位之间签订的系列合同,如与勘察、设计单位之间签订的勘察、设计合同,与施工承包单位之间签订的施工合同、机电设备安装合同,与监理单位之间签订的监理合同,与材料设备供应单位之间签订的材料采购(供应)合同、设备采购(供应)合同等。

建设工程合同属于承揽合同的特殊类型,因此,法律对建设工程合同没有特别规定的,适用法律对承揽合同的相关规定。

2. 建设工程合同的特征

1) 建设工程合同主体资格的合法性

建设工程合同主体就是建设工程合同的当事人,即建设工程合同发包人和承包人。不同种类的建设工程合同具有不同的合同当事人。由于建设工程活动的特殊性,我国建设法律法规对建设工程合同的主体有非常严格的要求。所有建设工程合同主体资格必须合法,必须为法人单位，并且具备相应的资质。

2）建设工程合同客体的层次性

合同客体是合同法律关系的标的，是合同当事人权利和义务共同指向的对象，包括物、行为和智力成果。建设工程合同客体就是建设工程合同所指向的内容，如工程的施工、安装、设计、勘察、咨询和管理服务等。

3）建设工程合同交易的特殊性

以施工承包合同为主的建设工程合同，在签订合同时确定的价格一般为暂定的合同价格。合同实际价格只有等合同履行全部结束并结算后才能最终确定。建设工程合同交易具有多次性、渐进性，与其他一次性交易合同有很大不同。即使低于成本价格的合同初始价格，在工程合同履行期间，通过工程变更、索赔和价格调整，承包人仍然可能获得可观利润。

4）建设工程合同的行政监督性

我国建设工程合同的订立、履行和结束等全过程都必须符合基本建设程序，接受国家相关行政主管部门的监督和管理。行政监督既涉及工程项目建设的全过程，如工程建设立项、规划设计、初步设计、施工图纸、土地使用、招标投标、施工、竣工验收等，也涉及工程项目的参与者，如参与者的资质等级、分包和转包、市场准入等。

5）建设工程合同履行的地域性

由于建设工程具有产品的固定性，工程合同履行需围绕固定的工程展开，同时工程咨询服务合同也应尽可能在工程所在地履行。因此，建设工程合同履行具有明显的地域性，影响合同履行效果、合同纠纷的解决方式。

6）建设工程合同的书面性

虽然《合同法》规定合法的合同可以是书面形式、口头形式和其他形式，但我国相关法律均规定建设工程合同应当采用书面形式。由于建设工程合同一般具有合同标的数额大、合同内容复杂、履行期较长等特点，以及在工程建设中经常会发生影响合同履行的纠纷，因此，建设工程合同应当采用书面形式。这是国家工程建设进行监督管理的需要。

6.2.2 建设工程合同的类型

表 6-1 所示为建设工程合同的类型。

表 6-1 建设工程合同类型

序号	分类条件	合同名称
1	根据承包的内容不同	工程勘察合同
		工程设计合同
		工程施工合同
2	根据合同联系结构不同	总承包合同与分别承包合同
		总包合同与分包合同
3	根据项目管理模式与参与者关系	传统模式条件下的合同
		设计-建造/EPC/交钥匙模式条件下的合同
		施工管理模式条件下的合同
		BOT 模式条件下的合同

1. 建设工程合同按照工程承包的内容进行分类

(1) 工程勘察合同，是指勘察人(承包人)根据发包人的委托，完成对建设工程项目的勘察工作，由发包人支付报酬的合同。

(2) 工程设计合同，是指设计人(承包人)根据发包人的委托，完成对建设工程项目的设计工作，由发包人支付报酬的合同。

勘察、设计合同的内容包括提交有关基础资料和文件(包括概预算)的期限、质量要求、费用以及其他协作条件等条款。

(3) 工程施工合同，是指施工人(承包人)根据发包人的委托，完成建设工程项目的施工工作，发包人接受工作成果并支付报酬的合同。施工合同的内容包括工程范围、建设工期、中间交工工程的开工和竣工时间、工程质量、工程造价、技术资料交付时间、材料和设备供应责任、拨款和结算、竣工验收、质量保修范围和质量保证期、双方相互协作等条款。

2. 建设工程合同根据合同联系结构进行分类

1) 总承包合同与分别承包合同

总承包合同，是指发包人将整个建设工程承包给一个总承包人而订立的建设工程合同。总承包人就整个工程对发包人负责。

分别承包合同，是指发包人将建设工程的勘察、设计、施工工作分别承包给勘察人、设计人、施工人而订立的勘察合同、设计合同、施工合同。勘察人、设计人、施工人作为承包人，就其各自承包的工程勘察、设计、施工部分，分别对发包人负责。

2) 总包合同与分包合同

总包合同，是指发包人与总承包人或者勘察人、设计人、施工人就整个建设工程或者建设工程的勘察、设计、施工工作所订立的承包合同。总包合同包括总承包合同与分别承包合同，总承包人和承包人都直接对发包人负责。

分包合同，是指总承包人或者勘察人、设计人、施工人经发包人同意，将其承包的部分工作承包给第三人所订立的合同。分包合同与总包合同是不可分离的。分包合同的发包人就是总包合同的总承包人或者承包人(勘察人、设计人、施工人)。分包合同的承包人即分包人，就其承包的部分工作与总承包人或者勘察、设计、施工承包人向总包合同的发包人承担连带责任。

上述几种承包方式，均为我国法律所承认和保护。但对于建设工程的肢解承包、转包以及再分包这几种承包方式，均为我国法律所禁止。

3. 建设工程合同根据项目管理模式与参与者关系进行分类

1) 建设工程传统模式的合同

在建设工程传统模式下，业主与不同承包人之间的主要合同包括咨询服务合同、勘察合同、设计合同、施工承包合同、设备安装合同、材料设备供应合同、监理合同、造价咨询合同、保险合同等。此外，还包括各承包人与分包人之间签订的大量的分包合同。

2) 建设工程项目设计-建造/EPC/交钥匙模式的合同

在建设工程项目设计-建造/EPC/交钥匙模式下，业主与不同承包人之间的主要合同包括咨询服务合同、设计-建造合同、EPC(设计-采购-施工)合同、交钥匙合同、监理合同、保险合同等，此外，还包括工程项目承包人与其他分包人之间签订的大量的分包合同。

3) 建设工程项目施工管理模式的合同

在建设工程项目施工管理模式下，施工管理人作为独立的第四方(除业主、设计人、施工承包人外)参与工程管理。业主与不同承包人之间的主要合同包括咨询服务合同、勘察合同、设计合同、施工管理合同、施工承包合同、设备安装合同、材料设备供应合同、保险合同等。此外，还包括各承包人与分包人之间签订的大量分包合同。

4) 建设工程其他模式下的合同

在建设工程项目中还存在许多其他模式，如 PFI/PPP(私人融资启动/公私合营)模式、BOT(建设-经营-转让)模式、简单模式等，业主与不同参与者之间签订不同的合同。

6.2.3 建设工程合同管理的基本原则

建设工程合同基本原则与《合同法》的基本原则一致，是签订和履行建设工程合同的指导思想。根据法学和《合同法》的规定，在订立和履行建设工程合同时有以下原则：

1. 平等原则

建设工程合同平等原则指的是当事人的民事法律地位平等，包括合同的订立、履行、变更、转让、解除、承担违约责任等各个环节，一方不得将自己的意志强加给另一方。

2. 自愿原则

建设工程合同的自愿原则，既表现在当事人之间，因一方欺诈、胁迫订立的合同无效或者可撤销，也表现在合同当事人与其他人之间，任何单位和个人不得非法干预。自愿原则是指当事人依法享有缔结合同、选择交易伙伴、决定合同内容以及在变更和解除合同、选择合同补救方式等方面的自由。

3. 公平原则

建设工程合同当事人应当遵循公平原则确定各方的权利和义务。公平性既表现在订立合同时，显失公平的合同可以撤销，又可以表现在发生合同纠纷时的公平处理。既要保护守约方的合法利益，也不能使违约方因较小的过失承担过重的责任。还表现在当因客观情况发生异常变化，履行合同使当事人之间的利益产生重大失衡时，公平地调整当事人之间的利益。

4. 诚实信用原则

指民事主体在从事民事活动时应诚实守信，以善意的方式履行其义务，不得滥用权利，规避法律规定的或合同约定的义务。诚实信用主要包括三方面。一是诚实，表里如一。因欺诈订立的合同，无效或可以撤销。二是守信，言行一致。三是从当事人协商合同条款时起，就处于特殊的合作关系中，当事人应当恪守商业道德，履行相互协助、通知、保密等义务。

以上原则体现了合同的基本原则，充分体现出建设工程合同作为合同的一种类型，在建设工程合同订立和管理过程中，遵循着合同的基本原则。

6.2.4 建设工程合同体系

工程建设是一个极为复杂的社会生产过程，它分别经历了可行性研究、勘察、设计、工程施工和运行等阶段；有土建、水电、机械设备、网络等专业的设计和施工活动；需要各种材料、设备、资金和劳动力等资源的供应；由于现代社会化大生产和专业化分工，大中型工程项目，其参加单位就有十几个、几十个，甚至成百上千个，它们之间形成各式各样的经济关系。由于工程中维系这种关系的纽带是合同，所以就有各式各样的合同。工程项目的建设工程实质上又是一系列经济合同的签订和履行过程。

在一个工程中，合同数量可能达到几份、几十份、几百份甚至几千份，形成一个复杂的合同网络，在这个网络中，业主和承包商是最重要的两个节点。

1. 业主的主要合同关系

业主作为工程服务的买方，是工程的所有者，他可能是政府、企业、其他投资者、几个企业的组合、政府与企业的组合（如合资项目、BOT项目的业主）。业主投资一个项目，通常委派一个代理人（或代表）以业主的身份进行工程的经营管理。

业主根据对工程的需求，确定工程项目的整体目标，这个目标是所有相关工程合同的核心。要实现工程目标，业主必须将建筑工程的勘察设计、各专业工程施工、设备和材料供应等工作委托出去，必须与有关单位签订如下合同：

1）咨询（监理）合同

咨询（监理）合同即业主与咨询（监理）公司签订的合同。咨询（监理）公司负责工程的可行性研究、设计监理、招标和施工阶段监理等某一项或几项工作。

2）勘察设计合同

勘察设计合同即业主与勘察设计单位签订的合同。勘察设计单位负责工程的地质勘察和初步设计、施工图设计工作。

3）设备、材料供应合同

当由业主负责提供项目的工程材料和设备时，业主与有关材料和设备供应单位签订供应（采购）合同。

4）工程施工合同

工程施工合同即业主与工程承包商签订的工程施工合同。一个或几个承包商分别承包土建、机电设备、电气安装、装饰、弱电等工程施工。

5）贷款合同

贷款合同即业主与金融机构签订的合同，后者向业主提供资金保证。按照资金来源的不同，可能有贷款合同、合资合同或BOT合同等。

按照工程承包方式和范围的不同，业主可能订立几十份合同。例如，将工程分专业、分阶段进行委托，将材料和设备按标段进行采购，也可能将上述委托合并，如把土建和安装工程委托给一个总承包商，将全套设备采购委托给一个成套设备供应单位。当然，业主还可以与一个承包商签订设计、采购和施工总承包合同，由承包商负责整个工程的设计、采购、施工等工作。因此，合同的工作范围和内容会有很多区别。

2. 承包商的主要合同关系

承包商是工程施工的具体实施者，是工程承包合同的执行者。承包商通过招投标程序接受业主的委托，签订工程总承包合同。承包商要完成承包合同的责任，包括工程量清单范围的施工、竣工和保修工作，为完成这些工程提供劳动力、施工设备、材料，有时也包括技术设计。任何承包商可能不具备全部的专业工程的施工能力、材料和设备的生产和供应能力，他可以将许多专业工程发包出去，但不能包含主体工程。所以承包商常常又有自己复杂的合同关系。

1）分包合同

对于一些大的工程，承包商常常必须与其他承包商合作才能完成总承包合同责任。承包商把从业主承接到的工程中的某些分项工程或工作分包给另一承包商来完成，则与其要签订分包合同。

承包商在承包合同下可能订立许多分包合同，而分包商仅完成总承包商分包给自己的工程，向总承包商负责，与业主无合同关系。总承包商仍向业主担负全部工程责任，负责工程的管理和所属各分包商工作之间的协调，以及各分包商之间合同责任的划分，同时承担协调失误造成损失的责任，向业主承担工程风险。

在投标文件中，承包商必须提供拟定分包商名单，供业主审查。如果在工程施工中重新委托分包商，必须经过监理工程师和业主同意。

2）供应合同

承包商为工程实施所进行的必要的材料与设备的采购和供应，必须与供应商签订供应合同。

3）运输合同

运输合同即承包商即为解决材料和设备的运输问题而与运输单位签订的合同。

4）加工合同

加工合同即承包商将建筑构配件、特殊构件加工任务委托给加工承揽单位而签订的合同。

5）租赁合同

在建设工程中，承包商需要许多施工设备、运输设备、周转材料。当有些设备、周转材料在现场使用率较低，或自己购置需要大量资金投入而自己又不具备这个经济实力时，可以采用租赁方式，与租赁单位签订租赁合同。

6）劳务供应合同

建筑产品往往要花费大量的人力、物力和财力。承包商不可能全部采用固定工来完成全部工程，为了满足工程的人力需要，往往与劳务公司签订劳务供应合同，由劳务公司提供劳动力资源。

7）保险合同

承包商按施工合同要求对建筑工程、安装工程进行保险，与保险公司签订保险合同。

承包商这些合同都与工程承包合同相关，都是为了履行工程承包合同而签订的。此外，在许多大型工程中，如水电站、高速公路等项目，尤其是在业主要求总承包的工程中，承包商经常由几个企业的联合体构成，即联合承包，互相之间还需要签订联合体协议。

3. 建设工程合同体系

按照上述的分析和项目任务的结构分解，就能得到不同层次、不同种类的合同，它们共同组成如图 6-1 所示的合同体系。

在该合同体系中，这些合同都是为了完成业主的工程目标而签订和实施的。由于这些合同之间存在着复杂的内部联系，构成了该合同的合同网络。

其中，建设工程施工合同是最具有代表性、最普遍也是最复杂的合同类型。它在建设工程的合同体系中处于主导地位，是整个建设工程项目合同管理的重点。无论是业主、监理工程师还是承包商都将它作为合同管理的主要对象。

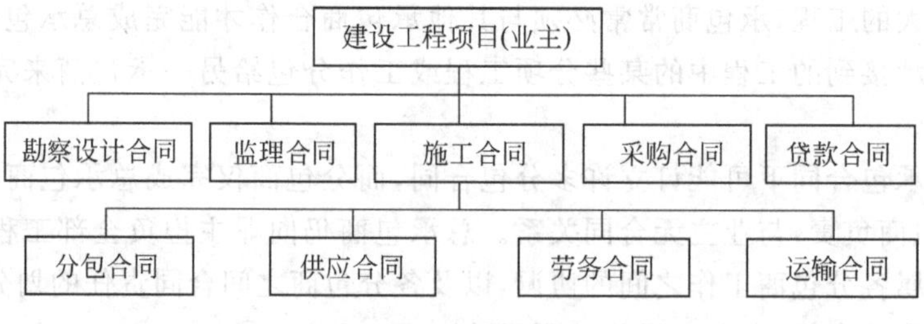

图 6-1 合同体系

建设工程项目的合同体系在项目管理中也是一个非常重要的概念，它从一个角度反映了项目的形象，对整个项目管理的运作有很大的影响。

(1) 它反映了项目任务的范围和划分方式；

(2) 它反映了项目所采用的管理模式(如监理制度、总承包模式或平行承包方式)；

(3) 它在很大程度上决定了项目组织的组织形式，因为不同层次的合同往往决定了该合同的实施者在项目组织结构中的地位。

6.3 建设工程施工合同

6.3.1 建设工程施工合同概述

1. 概念

工程施工合同是指施工承包人进行工程施工、发包人支付价款的合同。工程施工合同也叫施工承包合同或者建筑安装工程承包合同。建设工程承包合同主要包括建筑工程施工、管线设备安装两方面。其中，建筑工程施工是指建筑工程，包括土木工程的现场建设行为；管线设备安装是指与工程有关的各类线路、管道、设备等设施的装配。根据工程施工合同，施工承包人应完成合同规定的土木和建筑工程、安装工程施工任务，发包人应提供必要的施工条件并支付工程价款。

2. 特征

工程施工合同是发包人与施工承包人之间签订的合同，是工程建设的核心合同，为工程建设从图纸转化为工程实体的过程提供全方位的管理。工程施工合同虽然仅在发包人和施工承包人之间签订，但是工程施工几乎涉及工程建设的所有参与者，是所有工程合同中最复杂、最重要的合同。

目前，我国运用最广泛的施工合同为《建设工程施工合同(示范文本)》(GF—2013—0201)。该合同借鉴 FIDIC《土木工程施工合同条件》的实践经验，规范了我国工程建设的发包人、施工承包人、工程师三者之间的关系。

工程师或者监理工程师为发包人提供工程现场的管理服务。施工承包人的现场质量、安全、进度等工作需要获得工程师的现场认可，然后发包人才能支付工程进度款。发包人对施工承包人的大量指令可以通过工程师签发，可以使发包人摆脱现场管理纷杂的细节工作，同时发包人能够保持对工程现场施工的高度控制。

3. 建设工程施工合同订立的依据和条件

建设工程合同订立，是指业主和承包人之间为了建立承发包合同关系，通过对施工合同具体内容进行协商而形成合意的过程。订立施工合同必须依据《合同法》、《建筑法》、《招标投标法》、《建设工程质量管理条例》等有关法律、法规，按照《建设工程施工合同示范文本》的"合同条件"，明确规定双方的权利、义务，各尽其责，共同保证工程项目按合同规定的工期、质量、造价等要求完成。

订立建设工程施工合同必须具备以下条件：

(1) 初步设计和总概算已经批准；

(2) 国家投资的工程项目已经列入国家或地方年度建设计划；

(3) 有能够满足施工需要的设计文件和有关技术资料；

(4) 建设资金和重要建筑材料设备来源已经落实；

(5) 建设场地、水源、电源、道路已具备或在开工前完成；

(6) 工程发包人和承包人具有签订合同的相应资格；

(7) 工程发包人和承包人具有履行合同的能力；

(8) 中标通知书已经下达。

6.3.2 建设工程施工合同示范文本

《建设工程施工合同(示范文本)》(GF—2013—0201)(简称《示范文本》)由合同协议书、通用合同条款和专用合同条款三部分组成，并附有11个附件。《示范文本》适用于房屋建筑工程、土木工程、线路管道和设备安装工程、装修工程等建设工程的施工承发包活动，合同当事人可结合建设工程具体情况，根据《示范文本》订立合同，并按照法律法规规定和合同约定承担相应的法律责任及合同权利与义务。

1.《建设工程施工合同(示范文本)》的组成

1) 合同协议书

协议书是总纲性文件，反映了标准化的协议书格式，其中空格的内容需要当事人双方结合工程特点协商填写。协议书虽然篇幅小，但是规定了合同当事人双方最主要的权利与义务，规定了组成合同的文件及合同当事人对履行合同义务的承诺，并且合同当事人在这份文件上签字盖章，具有很高的法律效力。

协议书主要由13方面的内容组成：工程概况、合同工期、质量标准、签约合同价和合同价格形式、项目经理、合同文件构成、承诺以及合同生效条件等重要内容，集中约定了合同当事人基本的合同权利与义务。

2) 通用条款

通用条款中所列的条款内容不区分具体工程的性质、地域、规模等特点，只要属于建筑安装工程均可适用。

通用合同条款是合同当事人根据《中华人民共和国建筑法》、《中华人民共和国合同法》等法律法规的规定，就工程建设的实施及相关事项，对合同当事人的权利义务作出的原则性约定。

通用合同条款共计20条，具体条款分别为：一般约定、发包人、承包人、监理人、工程质量、安全文明施工与环境保护、工期和进度、材料与设备、试验与检验、变更、价格调整、合同价格、计量与支付、验收和工程试车、竣工结算、缺陷责任与保修、违约、不可抗力、保险、索赔和争议解决。前述条款安排既考虑了现行法律法规对工程建设的有关要求,也考虑了建设工程施工管理的特殊需要。

通用条款在使用时一般不作任何改动,使用者可以直接使用。

3) 专用条款

由于具体工程的工作内容各不相同,施工现场和外部环境不同,发包人和承包人的管理能力、经验也不同,通用条款不能完全适用于各个具体工程。专用合同条款是对通用合同条款原则性约定的细化、完善、补充、修改或另行约定的条款。合同当事人可以根据不同建设工程的特点及具体情况,通过双方的谈判、协商对相应的专用合同条款进行修改补充。在使用专用合同条款时,应注意以下事项:

(1) 专用合同条款的编号应与相应的通用合同条款的编号一致。

(2) 合同当事人可以通过对专用合同条款的修改,满足具体建设工程的特殊要求,避免直接修改通用合同条款。

(3) 在专用合同条款中有横道线的地方,合同当事人可针对相应的通用合同条款进行细化、完善、补充、修改或另行约定;如无细化、完善、补充、修改或另行约定,则填写"无"或画"/"。

4) 附件

针对我国工程施工常见的管理特色,示范文本提供了11个标准附件,对发包人和承包人的权利和义务进行进一步明确。这11个附件分别为:

合同协议书附件1:承包人承揽工程项目一览表,专用合同条款附件;附件2:发包人供应材料设备一览表;附件3:工程质量保修书;附件4:主要建设工程文件目录;附件5:承包人用于本工程施工的机械设备表;附件6:承包人主要施工管理人员表;附件7:分包人主要施工管理人员表;附件8:履约担保格式;附件9:预付款担保格式;附件10:支付担保格式;附件11:暂估价一览表。

2. 施工合同文件的组成及解释顺序

组成合同的各项文件应互相解释,互为说明。除专用合同条款另有约定外,解释合同文件的优先顺序如下:

(1) 合同协议书;

(2) 中标通知书(如果有);

(3) 投标函及其附录(如果有);

(4) 专用合同条款及其附件;

(5) 通用合同条款;

(6) 技术标准和要求;

(7) 图纸;

(8) 已标价工程量清单或预算书;

(9) 其他合同文件。

上述各项合同文件包括合同当事人就该项合同文件所作出的补充和修改,属于同一类内容的文件,应以最新签署的为准。当合同文件中出现不一致时,上面的顺序就是合同的优先解释顺序。当合同文件出现含糊不清或者当事人有不同理解时，按照合同争议的解决方式处理。

6.3.3 建设工程施工合同管理内容

《合同法》第13条规定："当事人订立合同，采取要约、承诺方式。"

对于建设工程施工项目采取招投标方式的，必须符合《招标投标法》及相关法律法规。根据《招标投标法》对招标、投标的规定，招标、投标、中标实质上就是要约、承诺的一种具体方式。招标人通过媒体发布招标公告，或向符合条件的投标人发出招标文件，为要约邀请；投标人根据招标文件内容在约定的期限内向招标人提交投标文件，为要约；招标人通过评标确定中标人，发出中标通知书，为承诺；招标人和中标人按照中标通知书、招标文件和中标人的投标文件等订立书面合同时，合同成立并生效。

1. 发包人、承包人和监理人的工作

1）发包人的工作

发包人按专用条款约定的内容和时间完成以下工作：

（1）办理土地征用、拆迁补偿、平整施工场地等工作，使施工场地具备施工条件，在开工后继续负责解决以上事项遗留问题。

（2）将施工用水、电力、通信线路等施工所必需的条件接至施工现场内。

（3）保证向承包人提供正常施工所需要的进入施工现场的交通条件。

（4）提供施工现场及工程施工所必需的毗邻区域内供水、排水、供电、供气、供热、通信、广播电视等地下管线资料，气象和水文观测资料，地质勘察资料，相邻建筑物、构筑物和地下工程等有关基础资料，并对所提供资料的真实性、准确性和完整性负责。

（5）办理施工许可、批准或备案，包括但不限于建设用地规划许可证、建设工程规划许可证、建设工程施工许可证，施工所需临时用水、临时用电、中断道路交通、临时占用土地等许可和批准。发包人应协助承包人办理法律规定的有关施工证件和批件。

（6）协调处理施工现场周围地下管线和邻近建筑物、构筑物、古树名木的保护工作，并承担相关费用。

（7）发包人应做的其他工作，双方在专用条款内约定。

发包人可以将上述部分工作委托承包人办理，双方在专用条款内约定，其费用由发包人承担。发包人未能履行上述各项义务，导致工期延误或给承包人造成损失的，发包人赔偿承包人有关损失，顺延延误的工期。

2）承包人的工作

承包人按专用条款约定的内容和时间完成以下工作：

（1）办理法律规定应由承包人办理的许可和批准，并将办理结果书面报送发包人留存。

（2）按法律规定和合同约定完成工程，并在保修期内承担保修义务。

（3）按法律规定和合同约定采取施工安全和环境保护措施，办理工伤保险，确保工程及人员、材料、设备和设施的安全。

（4）按合同约定的工作内容和施工进度要求，编制施工组织设计和施工措施计划，并对所有施工作业和施工方法的完备性和安全可靠性负责。

（5）在进行合同约定的各项工作时，不得侵害发包人与他人使用公用道路、水源、市政管网等公用设施的权利，避免对邻近的公用设施产生干扰。承包人占用或使用他人的施工场地，影响他人作业或生活的，应承担相应责任。

(6) 按照第 6.3 款“环境保护”约定负责施工场地及其周边环境与生态的保护工作。

(7) 按第 6.1 款“安全文明施工”约定采取施工安全措施，确保工程及其人员、材料、设备和设施的安全，防止因工程施工造成的人身伤害和财产损失。

(8) 将发包人按合同约定支付的各项价款专用于合同工程，且应及时支付其雇用人员工资，并及时向分包人支付合同价款。

(9) 按照法律规定和合同约定编制竣工资料，完成竣工资料立卷及归档，并按专用合同条款约定的竣工资料的套数、内容、时间等要求移交发包人。

(10) 应履行的其他义务。

3) 监理人

(1) 监理人的一般规定

工程实行监理的，发包人和承包人应在专用合同条款中明确监理人的监理内容及监理权限等事项。监理人应当根据发包人授权及法律规定，代表发包人对工程施工相关事项进行检查、查验、审核、验收，并签发相关指示，但监理人无权修改合同，且无权减轻或免除合同约定的承包人的任何责任与义务。

(2) 监理人员

发包人授予监理人对工程实施监理的权利由监理人派驻施工现场的监理人员行使，监理人员包括总监理工程师及监理工程师。监理人应将授权的总监理工程师和监理工程师的姓名及授权范围以书面形式提前通知承包人。更换总监理工程师的，监理人应提前 7 天书面通知承包人；更换其他监理人员，监理人应提前 48 小时书面通知承包人。

(3) 监理人的指示

监理人应按照发包人的授权发出监理指示。监理人的指示应采用书面形式，并经其授权的监理人员签字。紧急情况下，为了保证施工人员的安全或避免工程受损，监理人员可以口头形式发出指示，该指示与书面形式的指示具有同等法律效力，但必须在发出口头指示后 24 小时内补发书面监理指示，补发的书面监理指示应与口头指示一致。

监理人发出的指示应送达承包人项目经理或经项目经理授权接收的人员。因监理人未能按合同约定发出指示、指示延误或发出了错误指示而导致承包人费用增加和(或)工期延误的，由发包人承担相应责任。除专用合同条款另有约定外，总监理工程师不应将第 4.4 款“商定或确定”约定应由总监理工程师作出确定的权力授权或委托给其他监理人员。

承包人对监理人发出的指示有疑问的，应向监理人提出书面异议，监理人应在 48 小时内对该指示予以确认、更改或撤销，监理人逾期未回复的，承包人有权拒绝执行上述指示。

监理人对承包人的任何工作、工程或其采用的材料和工程设备未在约定的或合理期限内提出意见的，视为批准，但不免除或减轻承包人对该工作、工程、材料、工程设备等应承担的责任和义务。

(4) 商定或确定

合同当事人进行商定或确定时，总监理工程师应当会同合同当事人尽量通过协商达成一致，不能达成一致的，由总监理工程师按照合同约定审慎做出公正的确定。

总监理工程师应将确定以书面形式通知发包人和承包人，并附详细依据。合同当事人对总监理工程师的确定没有异议的，按照总监理工程师的确定执行。任何一方合同当事人有异议，按照第 20 条“争议解决”约定处理。争议解决前，合同当事人暂按总监理工程师的确定执行；争议解决后，争议解决的结果与总监理工程师的确定不一致的，按照争议解决的结果执行，由此造成的损失由责任人承担。

2. 建设工程施工合同的质量条款

工程施工中的质量管理是施工合同履行中的重要环节。施工合同的质量管理涉及许多方面的因素，任何一个方面的缺陷和疏漏，都会使工程质量无法达到预期的标准。《施工合同文本》中的大量条款都与工程质量有关，项目经理必须严格按照合同的约定抓好施工质量，施工质量的好坏是项目管理水平的重要体现。

1）标准、规范和图纸

（1）标准和规范

施工合同第 1.4 条规定了标准和规范的内容。

适用于工程的国家标准、行业标准、工程所在地的地方性标准，以及相应的规范、规程等，合同当事人有特别要求的，应在专用合同条款中约定。

发包人要求使用国外标准、规范的，发包人负责提供原文版本和中文译本，并在专用合同条款中约定提供标准规范的名称、份数和时间。

发包人对工程的技术标准、功能要求高于或严于现行国家、行业或地方标准的，应当在专用合同条款中予以明确。除专用合同条款另有约定外，应视为承包人在签订合同前已充分预见前述技术标准和功能要求的复杂程度，签约合同价中已包含由此产生的费用。

（2）图纸

发包人应按照专用合同条款约定的期限、数量和内容向承包人免费提供图纸，并组织承包人、监理人和设计人进行图纸会审和设计交底。发包人至迟不得晚于第 7.3.2 项“开工通知”载明的开工日期前 14 天向承包人提供图纸。

承包人在收到发包人提供的图纸后，发现图纸存在差错、遗漏或缺陷的，应及时通知监理人。监理人接到该通知后，应附具相关意见并立即报送发包人，发包人应在收到监理人报送的通知后的合理时间内作出决定。合理时间是指发包人在收到监理人的报送通知后，尽其努力且不懈怠地在所需的时间内完成图纸修改补充。

图纸需要修改和补充的，应经图纸原设计人及审批部门同意，并由监理人在工程或工程相应部位施工前将修改后的图纸或补充图纸提交给承包人，承包人应按修改或补充后的图纸施工。

2）材料设备供应的质量控制

（1）发包人供应材料与工程设备

发包人自行供应材料、工程设备的，应在签订合同时在专用合同条款的附件《发包人供应材料设备一览表》中明确材料、工程设备的品种、规格、型号、数量、单价、质量等级和送达地点。

承包人应提前 30 天通过监理人以书面形式通知发包人供应材料与工程设备进场。承包人按照第 7.2.2 项“施工进度计划的修订”约定修订施工进度计划时，需同时提交经修订后的发包人供应材料与工程设备的进场计划。

(2) 承包人采购材料与工程设备

承包人负责采购材料、工程设备的,应按照设计和有关标准要求采购,并提供产品合格证明及出厂证明,对材料、工程设备质量负责。合同约定由承包人采购的材料、工程设备,发包人不得指定生产厂家或供应商,发包人违反本款约定指定生产厂家或供应商的,承包人有权拒绝,并由发包人承担相应责任。

(3) 材料与工程设备的接收与拒收

发包人应按《发包人供应材料设备一览表》约定的内容提供材料和工程设备,并向承包人提供产品合格证明及出厂证明,对其质量负责。发包人应提前24小时以书面形式通知承包人、监理人材料和工程设备到货时间,承包人负责材料和工程设备的清点、检验和接收。

发包人提供的材料和工程设备的规格、数量或质量不符合合同约定的,或因发包人原因导致交货日期延误或交货地点变更等情况的,按照第16.1款“发包人违约”约定办理。

承包人采购的材料和工程设备,应保证产品质量合格,承包人应在材料和工程设备到货前24小时通知监理人检验。承包人进行永久设备、材料的制造和生产的,应符合相关质量标准,并向监理人提交材料的样本以及有关资料,并应在使用该材料或工程设备之前获得监理人同意。

承包人采购的材料和工程设备不符合设计或有关标准要求时,承包人应在监理人要求的合理期限内将不符合设计或有关标准要求的材料、工程设备运出施工现场,并重新采购符合要求的材料、工程设备,由此增加的费用和(或)延误的工期,由承包人承担。

(4) 材料与工程设备的保管与使用

① 发包人供应材料与工程设备的保管与使用

发包人供应的材料和工程设备,承包人清点后由承包人妥善保管,保管费用由发包人承担,但已标价工程量清单或预算书已经列支或专用合同条款另有约定除外。因承包人原因发生丢失毁损的,由承包人负责赔偿;监理人未通知承包人清点的,承包人不负责材料和工程设备的保管,由此导致丢失毁损的由发包人负责。

发包人供应的材料和工程设备使用前,由承包人负责检验,检验费用由发包人承担,不合格的不得使用。

② 承包人采购材料与工程设备的保管与使用

承包人采购的材料和工程设备由承包人妥善保管,保管费用由承包人承担。法律规定材料和工程设备使用前必须进行检验或试验的,承包人应按监理人的要求进行检验或试验,检验或试验费用由承包人承担,不合格的不得使用。

发包人或监理人发现承包人使用不符合设计或有关标准要求的材料和工程设备时,有权要求承包人进行修复、拆除或重新采购,由此增加的费用和(或)延误的工期,由承包人承担。

(5) 禁止使用不合格的材料和工程设备

监理人有权拒绝承包人提供的不合格材料或工程设备,并要求承包人立即进行更换。监理人应在更换后再次进行检查和检验,由此增加的费用和(或)延误的工期由承包人承担。

监理人发现承包人使用了不合格的材料和工程设备,承包人应按照监理人的指示立即改正,并禁止在工程中继续使用不合格的材料和工程设备。

发包人提供的材料或工程设备不符合合同要求的，承包人有权拒绝，并可要求发包人更换，由此增加的费用和(或)延误的工期由发包人承担，并支付承包人合理的利润。

(6) 样品

① 样品的报送与封存

需要承包人报送样品的材料或工程设备，样品的种类、名称、规格、数量等要求均应在专用合同条款中约定。

② 样品的保管

经批准的样品应由监理人负责封存于现场，承包人应在现场为保存样品提供适当和固定的场所并保持适当和良好的存储环境条件。

(7) 材料与工程设备的替代

承包人应在使用替代材料和工程设备28天前书面通知监理人，并附下列文件：被替代的材料和工程设备的名称、数量、规格、型号、品牌、性能、价格及其他相关资料；替代品的名称、数量、规格、型号、品牌、性能、价格及其他相关资料；替代品与被替代产品之间的差异以及使用替代品可能对工程产生的影响；替代品与被替代产品的价格差异；使用替代品的理由和原因说明。

监理人应在收到通知后14天内向承包人发出经发包人签认的书面指示；监理人逾期发出书面指示的，视为发包人和监理人同意使用替代品。

发包人认可使用替代材料和工程设备的，替代材料和工程设备的价格，按照已标价工程量清单或预算书相同项目的价格认定；无相同项目的，参考相似项目价格认定；既无相同项目也无相似项目的，按照合理的成本与利润构成的原则，由合同当事人按照第4.4款"商定或确定"确定价格。

(8) 施工设备和临时设施

① 承包人提供的施工设备和临时设施

承包人应按合同进度计划的要求，及时配置施工设备和修建临时设施。进入施工场地的承包人设备需经监理人核查后才能投入使用。承包人更换合同约定的承包人设备的，应报监理人批准。

除专用合同条款另有约定外，承包人应自行承担修建临时设施的费用，需要临时占地的，应由发包人办理申请手续并承担相应费用。

② 发包人提供的施工设备和临时设施

发包人提供的施工设备或临时设施在专用合同条款中约定。

③ 要求承包人增加或更换施工设备

承包人使用的施工设备不能满足合同进度计划和(或)质量要求时，监理人有权要求承包人增加或更换施工设备，承包人应及时增加或更换，由此增加的费用和(或)延误的工期由承包人承担。

(9) 材料与设备专用要求

承包人运入施工现场的材料、工程设备、施工设备以及在施工场地建设的临时设施，包括备品备件、安装工具与资料，必须专用于工程。未经发包人批准，承包人不得运出施工现场或挪作他用；经发包人批准，承包人可以根据施工进度计划撤走闲置的施工设备和其他物品。

3）试验与检验

（1）试验设备与试验人员

承包人根据合同约定或监理人指示进行的现场材料试验，应由承包人提供试验场所、试验人员、试验设备以及其他必要的试验条件。监理人在必要时可以使用承包人提供的试验场所、试验设备以及其他试验条件，进行以工程质量检查为目的的材料复核试验，承包人应予以协助。

承包人应按专用合同条款的约定提供试验设备、取样装置、试验场所和试验条件，并向监理人提交相应进场计划表。

承包人配置的试验设备要符合相应试验规程的要求并经过具有资质的检测单位检测，且在正式使用该试验设备前，需要经过监理人与承包人共同校定。

承包人应向监理人提交试验人员的名单及其岗位、资格等证明资料，试验人员必须能够熟练进行相应的检测试验，承包人对试验人员的试验程序和试验结果的正确性负责。

（2）取样

试验属于自检性质的，承包人可以单独取样；试验属于监理人抽检性质的，可由监理人取样，也可由承包人的试验人员在监理人的监督下取样。

（3）材料、工程设备和工程的试验与检验

承包人应按合同约定进行材料、工程设备和工程的试验与检验，并为监理人对上述材料、工程设备和工程的质量检查提供必要的试验资料和原始记录。按合同约定应由监理人与承包人共同进行试验和检验的，由承包人负责提供必要的试验资料和原始记录。

试验属于自检性质的，承包人可以单独进行试验。试验属于监理人抽检性质的，监理人可以单独进行试验，也可由承包人与监理人共同进行。承包人对由监理人单独进行的试验结果有异议的，可以申请重新共同进行试验。约定共同进行试验的，监理人未按照约定参加试验的，承包人可自行试验，并将试验结果报送监理人，监理人应承认该试验结果。

监理人对承包人的试验和检验结果有异议的，或为查清承包人试验和检验成果的可靠性要求承包人重新试验和检验的，可由监理人与承包人共同进行。重新试验和检验的结果证明该项材料、工程设备或工程的质量不符合合同要求的，由此增加的费用和（或）延误的工期由承包人承担；重新试验和检验结果证明该项材料、工程设备和工程符合合同要求的，由此增加的费用和（或）延误的工期由发包人承担。

（4）现场工艺试验

承包人应按合同约定或监理人指示进行现场工艺试验。对大型的现场工艺试验，监理人认为必要时，承包人应根据监理人提出的工艺试验要求编制工艺试验措施计划，报送监理人审查。

4）工程验收的质量控制

（1）质量要求

工程质量标准必须符合现行国家有关工程施工质量验收规范和标准的要求。有关工程质量的特殊标准或要求由合同当事人在专用合同条款中约定。

因发包人原因造成工程质量未达到合同约定标准的，由发包人承担由此增加的费用和（或）延误的工期，并支付承包人合理的利润。

因承包人原因造成工程质量未达到合同约定标准的，发包人有权要求承包人返工直至工程质量达到合同约定的标准为止，并由承包人承担由此增加的费用和(或)延误的工期。

(2) 质量保证措施

① 发包人的质量管理

发包人应按照法律规定及合同约定完成与工程质量有关的各项工作。

② 承包人的质量管理

承包人按照第7.1款“施工组织设计”约定向发包人和监理人提交工程质量保证体系及措施文件，建立完善的质量检查制度，并提交相应的工程质量文件。对于发包人和监理人违反法律规定和合同约定的错误指示，承包人有权拒绝实施。

承包人应对施工人员进行质量教育和技术培训，定期考核施工人员的劳动技能，严格执行施工规范和操作规程。

承包人应按照法律规定和发包人的要求，对材料、工程设备以及工程的所有部位及其施工工艺进行全过程的质量检查和检验，并作详细记录，编制工程质量报表，报送监理人审查。此外，承包人还应按照法律规定和发包人的要求，进行施工现场取样试验、工程复核测量和设备性能检测，提供试验样品、提交试验报告和测量成果以及其他工作。

③ 监理人的质量检查和检验

监理人按照法律规定和发包人授权对工程的所有部位及其施工工艺、材料和工程设备进行检查和检验。承包人应为监理人的检查和检验提供方便，包括监理人到施工现场，或制造、加工地点，或合同约定的其他地方进行察看和查阅施工原始记录。监理人为此进行的检查和检验，不免除或减轻承包人按照合同约定应当承担的责任。

监理人的检查和检验不应影响施工正常进行。监理人的检查和检验影响施工正常进行的，且经检查检验不合格的，影响正常施工的费用由承包人承担，工期不予顺延；经检查检验合格的，由此增加的费用和(或)延误的工期由发包人承担。

(3) 隐蔽工程检查

工程具备隐蔽工程条件，承包人应当对工程隐蔽部位进行自检，并经自检确认是否具备覆盖条件，并在检查前48小时书面通知监理人检查，通知中应载明隐蔽检查的内容、时间和地点，并应附有自检记录和必要的检查资料。

监理人应按时到场并对隐蔽工程及其施工工艺、材料和工程设备进行检查。经监理人检查确认质量符合隐蔽要求，并在验收记录上签字后，承包人才能进行覆盖。经监理人检查质量不合格的，承包人应在监理人指示的时间内完成修复，并由监理人重新检查，由此增加的费用和(或)延误的工期由承包人承担。

除专用合同条款另有约定外，监理人不能按时进行检查的，应在检查前24小时向承包人提交书面延期要求，但延期不能超过48小时，由此导致工期延误的，工期应予以顺延。监理人未按时进行检查，也未提出延期要求的，视为隐蔽工程检查合格，承包人可自行完成覆盖工作，并作相应记录报送监理人，监理人应签字确认。监理人事后对检查记录有疑问的，可按第5.3.3项“重新检查”的约定重新检查。

(4) 重新检查

承包人覆盖工程隐蔽部位后，发包人或监理人对质量有疑问的，可要求承包人对已覆盖的部位进行钻孔探测或揭开重新检查，承包人应遵照执行，并在检查后重新覆盖恢复原状。经检查证明工程质量符合合同要求的，由发包人承担由此增加的费用和(或)延误的工期，并支付承包人合理的利润；经检查证明工程质量不符合合同要求的，由此增加的费用和(或)延误的工期由承包人承担。

(5) 不合格工程的处理

因承包人原因造成工程不合格的，发包人有权随时要求承包人采取补救措施，直至达到合同要求的质量标准，由此增加的费用和(或)延误的工期由承包人承担。无法补救的，按照第13.2.4项“拒绝接收全部或部分工程”约定执行。

因发包人原因造成工程不合格的，由此增加的费用和(或)延误的工期由发包人承担，并支付承包人合理的利润。

(6) 质量争议检测

合同当事人对工程质量有争议的，由双方协商确定的工程质量检测机构鉴定，由此产生的费用及因此造成的损失，由责任方承担。

合同当事人均有责任的，由双方根据其责任分别承担。合同当事人无法达成一致的，按照第4.4款“商定或确定”执行。

5) 验收和工程试车

(1) 分部分项工程验收

分部分项工程质量应符合国家有关工程施工验收规范、标准及合同约定，承包人应按照施工组织设计的要求完成分部分项工程施工。分部分项工程经承包人自检合格并具备验收条件的，承包人应提前48小时通知监理人进行验收。监理人不能按时进行验收的，应在验收前24小时向承包人提交书面延期要求，但延期不能超过48小时。监理人未按时进行验收，也未提出延期要求的，承包人有权自行验收，监理人应认可验收结果。分部分项工程未经验收的，不得进入下一道工序施工。

(2) 竣工验收条件

工程具备以下条件的，承包人可以申请竣工验收：

① 除发包人同意的甩项工作和缺陷修补工作外，合同范围内的全部工程以及有关工作，包括合同要求的试验、试运行以及检验均已完成，并符合合同要求；

② 已按合同约定编制了甩项工作和缺陷修补工作清单以及相应的施工计划；

③ 已按合同约定的内容和份数备齐竣工资料。

(3) 竣工验收程序

除专用合同条款另有约定外，承包人申请竣工验收的，应当按照以下程序进行：

① 承包人向监理人报送竣工验收申请报告，监理人应在收到竣工验收申请报告后14天内完成审查并报送发包人。监理人审查后认为尚不具备验收条件的，应通知承包人在竣工验收前承包人还需完成的工作内容，承包人应在完成监理人通知的全部工作内容后，再次提交竣工验收申请报告。

② 监理人审查后认为已具备竣工验收条件的，应将竣工验收申请报告提交发包人，发包人应在收到经监理人审核的竣工验收申请报告后28天内审批完毕并组织监理人、承包人、设计人等相关单位完成竣工验收。

③ 竣工验收合格的，发包人应在验收合格后14天内向承包人签发工程接收证书。发包人无正当理由逾期不颁发工程接收证书的，自验收合格后第15天起视为已颁发工程接收证书。

④ 竣工验收不合格的，监理人应按照验收意见发出指示，要求承包人对不合格工程返工、修复或采取其他补救措施，由此增加的费用和(或)延误的工期由承包人承担。承包人在完成不合格工程的返工、修复或采取其他补救措施后，应重新提交竣工验收申请报告，并按本项约定的程序重新进行验收。

⑤ 工程未经验收或验收不合格，发包人擅自使用的，应在转移占有工程后7天内向承包人颁发工程接收证书；发包人无正当理由逾期不颁发工程接收证书的，自转移占有后第15天起视为已颁发工程接收证书。

除专用合同条款另有约定外，发包人不按照本项约定组织竣工验收、颁发工程接收证书的，每逾期一天，应以签约合同价为基数，按照中国人民银行发布的同期同类贷款基准利率支付违约金。

(4) 竣工日期

工程经竣工验收合格的，以承包人提交竣工验收申请报告之日为实际竣工日期，并在工程接收证书中载明；因发包人原因，未在监理人收到承包人提交的竣工验收申请报告42天内完成竣工验收，或完成竣工验收不予签发工程接收证书的，以提交竣工验收申请报告的日期为实际竣工日期；工程未经竣工验收，发包人擅自使用的，以转移占有工程之日为实际竣工日期。

对于竣工验收不合格的工程，承包人完成整改后，应当重新进行竣工验收，经重新组织验收仍不合格的且无法采取措施补救的，则发包人可以拒绝接收不合格工程，因不合格工程导致其他工程不能正常使用的，承包人应采取措施确保相关工程的正常使用，由此增加的费用和(或)延误的工期由承包人承担。

合同当事人应当在颁发工程接收证书后7天内完成工程的移交。

发包人无正当理由不接收工程的，发包人自应当接收工程之日起，承担工程照管、成品保护、保管等与工程有关的各项费用，合同当事人可以在专用合同条款中另行约定发包人逾期接收工程的违约责任。

承包人无正当理由不移交工程的，承包人应承担工程照管、成品保护、保管等与工程有关的各项费用，合同当事人可以在专用合同条款中另行约定承包人无正当理由不移交工程的违约责任。

(5) 工程试车

工程需要试车的，除专用合同条款另有约定外，试车内容应与承包人承包范围相一致，试车费用由承包人承担。工程试车应按如下程序进行：

① 具备单机无负荷试车条件，承包人组织试车，并在试车前48小时书面通知监理人，通知中应载明试车内容、时间、地点。承包人准备试车记录，发包人根据承包人要求为试车提供必要条件。试车合格的，监理人在试车记录上签字。监理人在试车合格后不在试车记录上签字，自试车结束满24小时后视为监理人已经认可试车记录，承包人可继续施工或办理竣工验收手续。

监理人不能按时参加试车，应在试车前24小时以书面形式向承包人提出延期要求，但延期不能超过48小时，由此导致工期延误的，工期应予以顺延。监理人未能在前述期限内提出延期要求，又不参加试车的，视为认可试车记录。

② 具备无负荷联动试车条件，发包人组织试车，并在试车前48小时以书面形式通知承

包人。通知中应载明试车内容、时间、地点和对承包人的要求,承包人按要求做好准备工作。试车合格,合同当事人在试车记录上签字。承包人无正当理由不参加试车的,视为认可试车记录。

如需进行投料试车的,发包人应在工程竣工验收后组织投料试车。发包人要求在工程竣工验收前进行或需要承包人配合时,应征得承包人同意,并在专用合同条款中约定有关事项。

投料试车合格的,费用由发包人承担;因承包人原因造成投料试车不合格的,承包人应按照发包人要求进行整改,由此产生的整改费用由承包人承担;非因承包人原因导致投料试车不合格的,如发包人要求承包人进行整改的,由此产生的费用由发包人承担。

6) 缺陷责任与保修

(1) 工程保修的原则

在工程移交发包人后,因承包人原因产生的质量缺陷,承包人应承担质量缺陷责任和保修义务。缺陷责任期届满,承包人仍应按合同约定的工程各部位保修年限承担保修义务。

(2) 缺陷责任期

缺陷责任期自实际竣工日期起计算,合同当事人应在专用合同条款约定缺陷责任期的具体期限,但该期限最长不超过24个月。

因发包人原因导致工程无法按合同约定期限进行竣工验收的,缺陷责任期自承包人提交竣工验收申请报告之日起开始计算;发包人未经竣工验收擅自使用工程的,缺陷责任期自工程转移占有之日起开始计算。

工程竣工验收合格后,因承包人原因导致的缺陷或损坏致使工程、单位工程或某项主要设备不能按原定目的使用的,则发包人有权要求承包人延长缺陷责任期,并应在原缺陷责任期届满前发出延长通知,但缺陷责任期最长不能超过24个月。

任何一项缺陷或损坏修复后,经检查证明其影响了工程或工程设备的使用性能,承包人应重新进行合同约定的试验和试运行,试验和试运行的全部费用应由责任方承担。

除专用合同条款另有约定外,承包人应于缺陷责任期届满后7天内向发包人发出缺陷责任期届满通知,发包人应在收到缺陷责任期满通知后14天内核实承包人是否履行缺陷修复义务,承包人未能履行缺陷修复义务的,发包人有权扣除相应金额的维修费用。发包人应在收到缺陷责任期届满通知后14天内,向承包人颁发缺陷责任期终止证书。

(3) 保修

工程保修期从工程竣工验收合格之日起算,具体分部分项工程的保修期由合同当事人在专用合同条款中约定,但不得低于法定最低保修年限。在工程保修期内,承包人应当根据有关法律规定以及合同约定承担保修责任。

发包人未经竣工验收擅自使用工程的,保修期自转移占有之日起算。

3. 建设工程合同的经济条款

在一份合同中,涉及经济问题的条款总是双方关心的焦点。在合同履行过程中,项目经理尤其关心合同经济方面的管理工作。其目的是降低施工成本,争取应当属于自己的经济利益。从合同管理角度来说,督促发包人支付正常的施工合同价款;对于应当追加的合同价款和应当由发包人承担的有关费用,项目经理应当做好有关的材料和文件,一旦发生争议,能够据理力争,维护己方的合法权益。当然,所有的这些工作都应当在合同规定的程序和时限内进行。

1）合同价格、计量与支付

（1）合同价格形式

发包人和承包人应在合同协议书中选择下列一种合同价格形式：

① 单价合同

单价合同是指合同当事人约定以工程量清单及其综合单价进行合同价格计算、调整和确认的建设工程施工合同，在约定的范围内合同单价不作调整。合同当事人应在专用合同条款中约定综合单价包含的风险范围和风险费用的计算方法，并约定风险范围以外的合同价格的调整方法，其中因市场价格波动引起的调整按第 11.1 款“市场价格波动引起的调整”约定执行。

② 总价合同

总价合同是指合同当事人约定以施工图、已标价工程量清单或预算书及有关条件进行合同价格计算、调整和确认的建设工程施工合同，在约定的范围内合同总价不作调整。合同当事人应在专用合同条款中约定总价包含的风险范围和风险费用的计算方法，并约定风险范围以外的合同价格的调整方法，其中因市场价格波动引起的调整按第 11.1 款“市场价格波动引起的调整”、因法律变化引起的调整按第 11.2 款“法律变化引起的调整”约定执行。

③ 其他价格形式

合同当事人可在专用合同条款中约定其他合同价格形式。

（2）预付款

预付款的支付按照专用合同条款约定执行，但至迟应在开工通知载明的开工日期 7 天前支付。预付款应当用于材料、工程设备、施工设备的采购及修建临时工程、组织施工队伍进场等。

除专用合同条款另有约定外，预付款在进度付款中同比例扣回。在颁发工程接收证书前，提前解除合同的，尚未扣完的预付款应与合同价款一并结算。

发包人逾期支付预付款超过 7 天的，承包人有权向发包人发出要求预付的催告通知，发包人收到通知后 7 天内仍未支付的，承包人有权暂停施工，并按第 16.1.1 项“发包人违约的情形”执行。

（3）计量

工程量计量按照合同约定的工程量计算规则、图纸及变更指示等进行计量。工程量计算规则应以相关的国家标准、行业标准等为依据，由合同当事人在专用合同条款中约定。

除专用合同条款另有约定外，工程量的计量按月进行。

（4）工程进度款支付

付款周期应按照计量周期的约定与计量周期保持一致。

① 单价合同进度付款申请单的提交

单价合同的进度付款申请单，按照单价合同的计量约定的时间按月向监理人提交，并附上已完成工程量报表和有关资料。单价合同中的总价项目按月进行支付分解，并汇总列入当期进度付款申请单。

② 总价合同进度付款申请单的提交

总价合同按月计量支付的，承包人按照总价合同的计量约定的时间按月向监理人提交进度付款申请单，并附上已完成工程量报表和有关资料。

总价合同按支付分解表支付的，承包人应按照支付分解表及进度付款申请单的编制的约定向监理人提交进度付款申请单。

③ 进度款审核和支付

- 除专用合同条款另有约定外，监理人应在收到承包人进度付款申请单以及相关资料后7天内完成审查并报送发包人，发包人应在收到后7天内完成审批并签发进度款支付证书。发包人逾期未完成审批且未提出异议的，视为已签发进度款支付证书。
- 发包人和监理人对承包人的进度付款申请单有异议的，有权要求承包人修正和提供补充资料，承包人应提交修正后的进度付款申请单。监理人应在收到承包人修正后的进度付款申请单及相关资料后7天内完成审查并报送发包人，发包人应在收到监理人报送的进度付款申请单及相关资料后7天内，向承包人签发无异议部分的临时进度款支付证书。存在争议的部分，按照第20条“争议解决”的约定处理。

2）变更

（1）变更的范围

除专用合同条款另有约定外，合同履行过程中发生以下情形的，应按照本条约定进行变更：

① 增加或减少合同中任何工作，或追加额外的工作；

② 取消合同中任何工作，但转由他人实施的工作除外；

③ 改变合同中任何工作的质量标准或其他特性；

④ 改变工程的基线、标高、位置和尺寸；

⑤ 改变工程的时间安排或实施顺序。

（2）变更权

发包人和监理人均可以提出变更。变更指示均通过监理人发出，监理人发出变更指示前应征得发包人同意。承包人收到经发包人签认的变更指示后，方可实施变更。未经许可，承包人不得擅自对工程的任何部分进行变更。

涉及设计变更的，应由设计人提供变更后的图纸和说明。如变更超过原设计标准或批准的建设规模时，发包人应及时办理规划、设计变更等审批手续。

（3）变更程序

发包人提出变更的，应通过监理人向承包人发出变更指示，变更指示应说明计划变更的工程范围和变更的内容。

监理人提出变更建议的，需要向发包人以书面形式提出变更计划，说明计划变更工程范围和变更的内容、理由，以及实施该变更对合同价格和工期的影响。发包人同意变更的，由监理人向承包人发出变更指示。发包人不同意变更的，监理人无权擅自发出变更指示。

（4）变更估价

除专用合同条款另有约定外，变更估价按照本款约定处理：

① 已标价工程量清单或预算书有相同项目的，按照相同项目单价认定；

② 已标价工程量清单或预算书中无相同项目，但有类似项目的，参照类似项目的单价认定；

③ 变更导致实际完成的变更工程量与已标价工程量清单或预算书中列明的该项目工

程量的变化幅度超过15%的，或已标价工程量清单或预算书中无相同项目及类似项目单价的，按照合理的成本与利润构成的原则，由合同当事人按照第4.4款"商定或确定"确定变更工作的单价。

(5) 变更估价程序

承包人应在收到变更指示后14天内，向监理人提交变更估价申请。监理人应在收到承包人提交的变更估价申请后7天内审查完毕并报送发包人，监理人对变更估价申请有异议，通知承包人修改后重新提交。发包人应在承包人提交变更估价申请后14天内审批完毕。发包人逾期未完成审批或未提出异议的，视为认可承包人提交的变更估价申请。

因变更引起的价格调整应计入最近一期的进度款中支付。

(6) 暂估价

暂估价专业分包工程、服务、材料和工程设备的明细由合同当事人在专用合同条款中约定。

3) 价格调整

除专用合同条款另有约定外，市场价格波动超过合同当事人约定的范围，合同价格应当调整。合同当事人可以在专用合同条款中约定选择以下一种方式对合同价格进行调整。

第1种方式：采用价格指数进行价格调整。

因人工、材料和设备等价格波动影响合同价格时，根据专用合同条款中约定的数据，按以下公式计算差额并调整合同价格：

$$\Delta P = P_0\left[A + \left(B_1 \times \frac{F_{t1}}{F_{01}} + B_2 \times \frac{F_{t2}}{F_{02}} + B_3 \times \frac{F_{t3}}{F_{03}} + \cdots + B_n \times \frac{F_{tn}}{F_{0n}}\right) - 1\right] \tag{6-1}$$

式中，ΔP——需调整的价格差额。

P_0——约定的付款证书中承包人应得到的已完成工程量的金额。此项金额应不包括价格调整，不计质量保证金的扣留和支付、预付款的支付和扣回。约定的变更及其他金额已按现行价格计价的，也不计在内。

A——定值权重(即不调部分的权重)。

$B_1, B_2, B_3, \cdots, B_n$——各可调因子的变值权重(即可调部分的权重)，为各可调因子在签约合同价中所占的比例。

$F_{t1}, F_{t2}, F_{t3}, \cdots, F_{tn}$——各可调因子的现行价格指数，指约定的付款证书相关周期最后一天的前42天的各可调因子的价格指数。

$F_{01}, F_{02}, F_{03}, \cdots, F_{0n}$——各可调因子的基本价格指数，指基准日期的各可调因子的价格指数。

以上价格调整公式中的各可调因子、定值和变值权重，以及基本价格指数及其来源在投标函附录价格指数和权重表中约定，非招标订立的合同，由合同当事人在专用合同条款中约定。价格指数应首先采用工程造价管理机构发布的价格指数，无前述价格指数时，可采用工程造价管理机构发布的价格代替。

第2种方式：采用造价信息进行价格调整。

合同履行期间，因人工、材料、工程设备和机械台班价格波动影响合同价格时，人工、机械使用费按照国家或省、自治区、直辖市建设行政管理部门、行业建设管理部门或其授权的工程造价管理机构发布的人工、机械使用费系数进行调整；需要进行价格调整的材料，其单价和采购数量应由发包人审批，发包人确认需调整的材料单价及数量，作为调整合同价格的依据。

4）竣工结算

(1) 竣工结算申请

除专用合同条款另有约定外，承包人应在工程竣工验收合格后28天内向发包人和监理人提交竣工结算申请单，并提交完整的结算资料，有关竣工结算申请单的资料清单和份数等要求由合同当事人在专用合同条款中约定。

(2) 竣工结算审核

① 除专用合同条款另有约定外，监理人应在收到竣工结算申请单后14天内完成核查并报送发包人。发包人应在收到监理人提交的经审核的竣工结算申请单后14天内完成审批，并由监理人向承包人签发经发包人签认的竣工付款证书。监理人或发包人对竣工结算申请单有异议的，有权要求承包人进行修正和提供补充资料，承包人应提交修正后的竣工结算申请单。

发包人在收到承包人提交竣工结算申请书后28天内未完成审批且未提出异议的，视为发包人认可承包人提交的竣工结算申请单，并自发包人收到承包人提交的竣工结算申请单后第29天起视为已签发竣工付款证书。

② 除专用合同条款另有约定外，发包人应在签发竣工付款证书后的14天内，完成对承包人的竣工付款。发包人逾期支付的，按照中国人民银行发布的同期同类贷款基准利率支付违约金；逾期支付超过56天的，按照中国人民银行发布的同期同类贷款基准利率的两倍支付违约金。

③ 承包人对发包人签认的竣工付款证书有异议的，对于有异议部分应在收到发包人签认的竣工付款证书后7天内提出异议，并由合同当事人按照专用合同条款约定的方式和程序进行复核，或按照第20条"争议解决"约定处理。对于无异议部分，发包人应签发临时竣工付款证书，并按本款第(2)项完成付款。承包人逾期未提出异议的，视为认可发包人的审批结果。

5）安全文明施工费

安全文明施工费由发包人承担，发包人不得以任何形式扣减该部分费用。因基准日期后合同所适用的法律或政府有关规定发生变化，增加的安全文明施工费由发包人承担。

承包人经发包人同意采取合同约定以外的安全措施所产生的费用，由发包人承担。未经发包人同意的，如果该措施避免了发包人的损失，则发包人在避免损失的额度内承担该措施费。如果该措施避免了承包人的损失，则由承包人承担该措施费。

除专用合同条款另有约定外，发包人应在开工后28天内预付安全文明施工费总额的50%，其余部分与进度款同期支付。发包人逾期支付安全文明施工费超过7天的，承包人有权向发包人发出要求预付的催告通知，发包人收到通知后7天内仍未支付的，承包人有权暂停施工，并按发包人违约的情形执行。

6）质量保证金

(1) 质量保证金的提供方式

承包人提供质量保证金有以下三种方式：

① 质量保证金保函；

② 相应比例的工程款；

③ 双方约定的其他方式。

除专用合同条款另有约定外，质量保证金原则上采用上述第(1)种方式。

(2) 质量保证金的扣留

质量保证金的扣留有以下三种方式：

① 在支付工程进度款时逐次扣留，在此情形下，质量保证金的计算基数不包括预付款的支付、扣回以及价格调整的金额；

② 工程竣工结算时一次性扣留质量保证金；

③ 双方约定的其他扣留方式。

除专用合同条款另有约定外，质量保证金的扣留原则上采用上述第(1)种方式。

发包人累计扣留的质量保证金不得超过结算合同价格的5%。

7) 保修

保修期内，修复的费用按照以下约定处理：

(1) 保修期内，因承包人原因造成工程的缺陷、损坏，承包人应负责修复，并承担修复的费用以及因工程的缺陷、损坏造成的人身伤害和财产损失；

(2) 保修期内，因发包人使用不当造成工程的缺陷、损坏，可以委托承包人修复，但发包人应承担修复的费用，并支付承包人合理利润；

(3) 因其他原因造成工程的缺陷、损坏，可以委托承包人修复，发包人应承担修复的费用，并支付承包人合理的利润，因工程的缺陷、损坏造成的人身伤害和财产损失由责任方承担。

4. 建设工程合同的进度条款

1) 施工组织设计

(1) 施工组织设计的内容

施工组织设计应包含以下内容：

① 施工方案；

② 施工现场平面布置图；

③ 施工进度计划和保证措施；

④ 劳动力及材料供应计划；

⑤ 施工机械设备的选用；

⑥ 质量保证体系及措施；

⑦ 安全生产、文明施工措施；

⑧ 环境保护、成本控制措施；

⑨ 合同当事人约定的其他内容。

(2) 施工组织设计的提交和修改

除专用合同条款另有约定外，承包人应在合同签订后14天内，但至迟不得晚于第7.3.2项“开工通知”载明的开工日期前7天，向监理人提交详细的施工组织设计，并由监理人报送发包人。除专用合同条款另有约定外，发包人和监理人应在监理人收到施工组织设计后7天内确认或提出修改意见。对发包人和监理人提出的合理意见和要求，承包人应自费修改完善。根据工程实际情况需要修改施工组织设计的，承包人应向发包人和监理人提交修改后的施工组织设计。

2）施工进度计划

（1）施工进度计划的编制

承包人应按照第7.1款“施工组织设计”约定提交详细的施工进度计划，施工进度计划的编制应当符合国家法律规定和一般工程实践惯例，施工进度计划经发包人批准后实施。施工进度计划是控制工程进度的依据，发包人和监理人有权按照施工进度计划检查工程进度情况。

（2）施工进度计划的修订

施工进度计划不符合合同要求或与工程的实际进度不一致的，承包人应向监理人提交修订的施工进度计划，并附具有关措施和相关资料，由监理人报送发包人。除专用合同条款另有约定外，发包人和监理人应在收到修订的施工进度计划后7天内完成审核和批准或提出修改意见。发包人和监理人对承包人提交的施工进度计划的确认，不能减轻或免除承包人根据法律规定和合同约定应承担的任何责任或义务。

3）开工

（1）开工准备

除专用合同条款另有约定外，承包人应按照第7.1款“施工组织设计”约定的期限，向监理人提交工程开工报审表，经监理人报发包人批准后执行。开工报审表应详细说明按施工进度计划正常施工所需的施工道路、临时设施、材料、工程设备、施工设备、施工人员等落实情况以及工程的进度安排。

除专用合同条款另有约定外，合同当事人应按约定完成开工准备工作。

（2）开工通知

发包人应按照法律规定获得工程施工所需的许可。经发包人同意后，监理人发出的开工通知应符合法律规定。监理人应在计划开工日期7天前向承包人发出开工通知，工期自开工通知中载明的开工日期起算。

除专用合同条款另有约定外，因发包人原因造成监理人未能在计划开工日期之日起90天内发出开工通知的，承包人有权提出价格调整要求，或者解除合同。发包人应当承担由此增加的费用和（或）延误的工期，并向承包人支付合理利润。

4）测量放线

除专用合同条款另有约定外，发包人应在至迟不得晚于开工通知载明的开工日期前7天通过监理人向承包人提供测量基准点、基准线和水准点及其书面资料。发包人应对其提供的测量基准点、基准线和水准点及其书面资料的真实性、准确性和完整性负责。

承包人负责施工过程中的全部施工测量放线工作，并配置具有相应资质的人员、合格的仪器、设备和其他物品。承包人应矫正工程的位置、标高、尺寸或准线中出现的任何差错，并对工程各部分的定位负责。

施工过程中对施工现场内水准点等测量标志物的保护工作由承包人负责。

5）工期延误

（1）因发包人原因导致工期延误

在合同履行过程中，因下列情况导致工期延误和（或）费用增加的，由发包人承担由此延误的工期和（或）增加的费用，且发包人应支付承包人合理的利润：

① 发包人未能按合同约定提供图纸或所提供图纸不符合合同约定的；

② 发包人未能按合同约定提供施工现场、施工条件、基础资料、许可、批准等开工条件的；

③ 发包人提供的测量基准点、基准线和水准点及其书面资料存在错误或疏漏的；

④ 发包人未能在计划开工日期之日起 7 天内同意下达开工通知的；

⑤ 发包人未能按合同约定日期支付工程预付款、进度款或竣工结算款的；

⑥ 监理人未按合同约定发出指示、批准等文件的；

⑦ 专用合同条款中约定的其他情形。

因发包人原因未按计划开工日期开工的，发包人应按实际开工日期顺延竣工日期，确保实际工期不低于合同约定的工期总日历天数。因发包人原因导致工期延误需要修订施工进度计划的，按照施工进度计划的修订执行。

(2) 因承包人原因导致工期延误

因承包人原因造成工期延误的，可以在专用合同条款中约定逾期竣工违约金的计算方法和逾期竣工违约金的上限。承包人支付逾期竣工违约金后，不免除承包人继续完成工程及修补缺陷的义务。

6）不利物质条件

不利物质条件是指有经验的承包人在施工现场遇到的不可预见的自然物质条件、非自然的物质障碍和污染物，包括地表以下物质条件和水文条件以及专用合同条款约定的其他情形，但不包括气候条件。

承包人遇到不利物质条件时，应采取克服不利物质条件的合理措施继续施工，并及时通知发包人和监理人。通知应载明不利物质条件的内容以及承包人认为不可预见的理由。监理人经发包人同意后应当及时发出指示，指示构成变更的，按第 10 条“变更”约定执行。承包人因采取合理措施而增加的费用和(或)延误的工期由发包人承担。

7）异常恶劣的气候条件

异常恶劣的气候条件是指在施工过程中遇到的，有经验的承包人在签订合同时不可预见的，对合同履行造成实质性影响的，但尚未构成不可抗力事件的恶劣气候条件。合同当事人可以在专用合同条款中约定异常恶劣的气候条件的具体情形。

承包人应采取克服异常恶劣的气候条件的合理措施继续施工，并及时通知发包人和监理人。监理人经发包人同意后应当及时发出指示，指示构成变更的，按第 10 条“变更”约定办理。承包人因采取合理措施而增加的费用和(或)延误的工期由发包人承担。

8）暂停施工

(1) 发包人原因引起的暂停施工

因发包人原因引起暂停施工的，监理人经发包人同意后，应及时下达暂停施工指示。情况紧急且监理人未及时下达暂停施工指示的，按照紧急情况下的暂停施工执行。

因发包人原因引起的暂停施工，发包人应承担由此增加的费用和(或)延误的工期，并支付承包人合理的利润。

(2) 承包人原因引起的暂停施工

因承包人原因引起的暂停施工，承包人应承担由此增加的费用和(或)延误的工期，且承包人在收到监理人复工指示后 84 天内仍未复工的，视为承包人违约的情形，约定的承包人无法继续履行合同的情形。

(3) 紧急情况下的暂停施工

因紧急情况需暂停施工，且监理人未及时下达暂停施工指示的，承包人可先暂停施工，并及时通知监理人。监理人应在接到通知后24小时内发出指示，逾期未发出指示，视为同意承包人暂停施工。监理人不同意承包人暂停施工的，应说明理由，承包人对监理人的答复有异议，按照争议解决约定处理。

(4) 暂停施工后的复工

暂停施工后，发包人和承包人应采取有效措施积极消除暂停施工的影响。在工程复工前，监理人会同发包人和承包人确定因暂停施工造成的损失，并确定工程复工条件。当工程具备复工条件时，监理人应经发包人批准后向承包人发出复工通知，承包人应按照复工通知要求复工。

承包人无故拖延和拒绝复工的，承包人承担由此增加的费用和(或)延误的工期；因发包人原因无法按时复工的，按照因发包人原因导致工期延误约定办理。

9) 提前竣工

发包人要求承包人提前竣工的，发包人应通过监理人向承包人下达提前竣工指示，承包人应向发包人和监理人提交提前竣工建议书，提前竣工建议书应包括实施的方案、缩短的时间、增加的合同价格等内容。发包人接受该提前竣工建议书的，监理人应与发包人和承包人协商采取加快工程进度的措施，并修订施工进度计划，由此增加的费用由发包人承担。承包人认为提前竣工指示无法执行的，应向监理人和发包人提出书面异议，发包人和监理人应在收到异议后7天内予以答复。任何情况下，发包人不得压缩合理工期。

5. 建设工程合同的安全文明施工条款

1) 安全生产要求

合同履行期间，合同当事人均应当遵守国家和工程所在地有关安全生产的要求，合同当事人有特别要求的，应在专用合同条款中明确施工项目安全生产标准化达标目标及相应事项。承包人有权拒绝发包人及监理人强令承包人违章作业、冒险施工的任何指示。

在施工过程中，如遇到突发的地质变动、事先未知的地下施工障碍等影响施工安全的紧急情况，承包人应及时报告监理人和发包人，发包人应当及时下令停工并报政府有关行政管理部门采取应急措施。

因安全生产需要暂停施工的，按照第7.8款"暂停施工"的约定执行。

2) 安全生产保证措施

承包人应当按照有关规定编制安全技术措施或者专项施工方案，建立安全生产责任制度、治安保卫制度及安全生产教育培训制度，并按安全生产法律规定及合同约定履行安全职责，如实编制工程安全生产的有关记录，接受发包人、监理人及政府安全监督部门的检查与监督。

3) 特别安全生产事项

承包人应按照法律规定进行施工，开工前做好安全技术交底工作，施工过程中做好各项安全防护措施。承包人为实施合同而雇用的特殊工种的人员应受过专门的培训并已取得政府有关管理机构颁发的上岗证书。

承包人在动力设备、输电线路、地下管道、密封防震车间、易燃易爆地段以及临街交通要道附近施工时，施工开始前应向发包人和监理人提出安全防护措施，经发包人认可后实施。

实施爆破作业，在放射、毒害性环境中施工（含储存、运输、使用）及使用毒害性、腐蚀性物品施工时，承包人应在施工前7天以书面通知发包人和监理人，并报送相应的安全防护措施，经发包人认可后实施。

需单独编制危险性较大分部分项专项工程施工方案的，及要求进行专家论证的超过一定规模的危险性较大的分部分项工程，承包人应及时编制和组织论证。

4）治安保卫

除专用合同条款另有约定外，发包人应与当地公安部门协商，在现场建立治安管理机构或联防组织，统一管理施工场地的治安保卫事项，履行合同工程的治安保卫职责。

发包人和承包人除应协助现场治安管理机构或联防组织维护施工场地的社会治安外，还应做好包括生活区在内的各自管辖区的治安保卫工作。

除专用合同条款另有约定外，发包人和承包人应在工程开工后7天内共同编制施工场地治安管理计划，并制定应对突发治安事件的紧急预案。在工程施工过程中，发生暴乱、爆炸等恐怖事件，以及群殴、械斗等群体性突发治安事件的，发包人和承包人应立即向当地政府报告。发包人和承包人应积极协助当地有关部门采取措施平息事态，防止事态扩大，尽量避免人员伤亡和财产损失。

5）文明施工

承包人在工程施工期间，应当采取措施保持施工现场平整，物料堆放整齐。工程所在地有关政府行政管理部门有特殊要求的，按照其要求执行。合同当事人对文明施工有其他要求的，可以在专用合同条款中明确。

在工程移交之前，承包人应当从施工现场清除承包人的全部工程设备、多余材料、垃圾和各种临时工程，并保持施工现场清洁整齐。经发包人书面同意，承包人可在发包人指定的地点保留承包人履行保修期内的各项义务所需要的材料、施工设备和临时工程。

6）安全生产责任

（1）发包人的安全责任

发包人应负责赔偿以下各种情况造成的损失：

① 工程或工程的任何部分对土地的占用所造成的第三者财产损失；

② 由于发包人原因在施工场地及其毗邻地带造成的第三者人身伤亡和财产损失；

③ 由于发包人原因对承包人、监理人造成的人员人身伤亡和财产损失；

④ 由于发包人原因造成的发包人自身人员的人身伤害以及财产损失。

（2）承包人的安全责任

由于承包人原因在施工场地内及其毗邻地带造成的发包人、监理人以及第三者人员伤亡和财产损失，由承包人负责赔偿。

6. 职业健康

1）劳动保护

承包人应按照法律规定安排现场施工人员的劳动和休息时间，保障劳动者的休息时间，并支付合理的报酬和费用。承包人应依法为其履行合同所雇用的人员办理必要的证件、许可、保险和注册等，承包人应督促其分包人为分包人所雇用的人员办理必要的证件、许可、保险和注册等。

承包人应按照法律规定保障现场施工人员的劳动安全，并提供劳动保护，并应按国家有关劳动保护的规定，采取有效的防止粉尘、降低噪声、控制有害气体和保障高温、高寒、高空作业安全等劳动保护措施。承包人雇用人员在施工中受到伤害的，承包人应立即采取有效措施进行抢救和治疗。

承包人应按法律规定安排工作时间，保证其雇用人员享有休息和休假的权利。因工程施工的特殊需要占用休假日或延长工作时间的，应不超过法律规定的限度，并按法律规定给予补休或付酬。

2）生活条件

承包人应为其履行合同所雇用的人员提供必要的膳宿条件和生活环境；承包人应采取有效措施预防传染病，保证施工人员的健康，并定期对施工现场、施工人员生活基地和工程进行防疫和卫生的专业检查和处理，在远离城镇的施工场地，还应配备必要的伤病防治和急救的医务人员与医疗设施。

7. 环境保护

承包人应在施工组织设计中列明环境保护的具体措施。在合同履行期间，承包人应采取合理措施保护施工现场环境。对施工作业过程中可能引起的大气、水、噪声以及固体废物污染采取具体可行的防范措施。

承包人应当承担因其原因引起的环境污染侵权损害赔偿责任，因上述环境污染引起纠纷而导致暂停施工的，由此增加的费用和（或）延误的工期由承包人承担。

6.4 建设工程其他相关合同

6.4.1 建设工程勘察设计合同

1. 建设工程勘察设计合同的概念

建设工程勘察设计合同是委托方与承包方为完成一定的勘察设计任务，明确相互权利和义务关系的协议。委托方是建设单位或有关单位，承包方是持有勘察设计证书的勘察设计单位。

2. 建设工程勘察设计合同的订立

勘察设计包括初步设计和施工设计。勘察设计单位接到发包人的要约和计划任务书、建设地址报告后，经双方协商一致而成立，通常在书面合同经当事人签字或盖章后生效。

具体程序如下：

（1）承包方审查建设工程项目的批准文件；

（2）委托方提出勘察设计的要求，包括期限、精度、质量等；

（3）承包方确定取费标准和进度；

（4）双方当事人协商，就合同的各项条款取得一致意见；

（5）签订勘察设计合同。

勘察设计如由一单位完成，可签订一个勘察设计合同；若由两个不同单位承担，则应分别订立合同。

建设工程的设计由几个设计单位共同进行时，建设单位可与主体工程设计人签订总承包合同，由总承包人与分承包人签订分包合同。总承包人对全部工程设计向发包人负责，分包人就其承包的部分对总承包人负责并对发包人承担连带责任。

3. 建设工程勘察设计合同的履行

1) 委托方的义务

在勘察工作开展前，委托方应向承包方提交由设计单位提供、经建设单位同意的勘察范围的地形图和建筑平面布置图，提交勘察技术要求及附图。委托方应负责勘察现场的水电供应、道路平整、现场清理等工作，以保证勘察工作的顺利开展。

2) 承包方的义务

承包方应按照规定的标准、规范、规程和技术条例进行工程测量、工程地质、水文地质等勘察工作，并按合同规定的进度、质量要求提供勘察成果。

3) 违约责任

(1) 委托方若不履行合同，无权要求退还定金。若承包方不履行合同，应当双倍返还定金。

(2) 如果委托方变更计划，提供不准确的资料，未按合同规定提供勘察设计工作必需的资料和工作条件，或修改设计，造成勘察设计工作的返工、停工、窝工，委托方应按承包方实际消耗的工作量增付费用。因委托方责任而造成重大返工或重新进行勘察设计时，应另增加勘察设计费。

(3) 勘察设计的成果按期、按质、按量交付后，委托方要按期、按量支付勘察设计费。若委托方超过合同期限付费，应偿付逾期违约金。

(4) 因勘察设计质量低劣引起返工，或未按期提出勘察设计文件，拖延工程工期造成委托方损失，应由承包方继续完善勘察、完成设计，并视造成的损失、浪费的大小，减收或免收勘察设计费。

(5) 因勘察设计错误而造成工程重大质量事故，承包方除免收损失部分的勘察设计费外，还应支付与该部分勘察设计费相当的赔偿金。

4) 争执的处理

建设工程勘察设计合同在实施中发生争执，双方应及时协商解决；若协商不成，可由上级主管部门调解；调解不成，可按合同申请仲裁，或直接向人民法院起诉。

6.4.2 建设工程监理合同

1. 建设工程监理合同的概念

建设工程监理合同是委托人与监理人之间签订的就工程现场管理的合同。目前使用的建设工程监理合同为住房和城乡建设部和国家工商行政管理局联合制定的《建设工程委托监理合同(示范文本)》(GF—2012—0202)。该合同是根据《建筑法》、《合同法》，通过对2000年建设部、国家工商行政管理局联合颁布的《建设工程委托监理合同(示范文本)》(GF—2000—0202)修订而得到的，其中借鉴了工程监理制度的提出、发展、完善等不同阶段的经验，参考了FIDIC合同条件中关于咨询工程师的规定。

2. 建设工程监理合同的特征

建设工程监理合同的委托人必须是具有国家批准的建设项目，落实投资计划的企事业单位、其他社会组织及个人。监理人必须是依法成立的具有法人资格的监理单位，并且所承担的建设工程监理业务应与单位资质相符合。签订建设工程监理合同必须符合工程项目建设程序。

建设单位与监理单位签订的建设工程监理合同，与其在工程建设实施阶段所签订的其他合同的最大区别表现在标的物性质上的差异。勘察合同、设计合同、物资采购合同、施工合同等的标的物是产生新的物质成果或信息成果，而监理合同的标的物是服务，即监理工程师凭借自己的知识、经验、技能，受建设单位委托为其所签订的其他合同的履行实施监督和管理的职责。

监理单位与施工单位之间是监理与被监理的关系，双方没有经济利益间的联系。当施工单位接受了监理工程师的指导而节省成本时，监理单位也不参与其赢利分成。

3. 建设工程监理合同示范文本

《建设工程委托监理合同(示范文本)》(GF—2012—0202)由3部分组成：建设工程委托监理合同、标准条款、专用条件。

建设工程委托监理合同就是监理合同的协议书，共八条，由委托人和监理人双方按照客观情况如实填写和共同签订。它是监理合同的总纲，规定了监理合同的原则、合同的组成文件。

通用条件由8个部分共计35条组成，适用于各种工程项目建设监理的委托，委托人和监理人都应遵守。包括词语定义，适用范围和法规，委托人及监理人的权利、义务和责任，合同的生效、变更与终止，监理报酬，争议的解决等固定条款。

专用条件是根据工程项目的特点和所处的自然和社会环境，由委托人和监理人协商一致后填写的。它与标准条件配套使用，是对标准条件的补充和修订。

4. 建设工程监理合同的订立及履行

1) 合同的订立

监理单位在获得建设单位的招标文件之后，应对招标文件中的合同文本进行分析、审查，并对工程所需要费用进行预算，提出报价。

具体做法：

(1) 剖析合同，对合同有一个全面的了解。

(2) 检查合同内容的完整性，看有无遗漏问题。

(3) 分析评价每一合同条款，在使用示范文本时，特别要分析每一条款执行后的法律后果以及将给监理单位带来的风险。

不论是直接委托还是招标中标，建设单位和监理单位都要对合同的主要条款和应负责任具体谈判，在充分讨论、磋商的基础上，监理单位对建设单位提出的要约作出是否能够全部承诺的明确答复。对重大问题不能迁就和无原则的让步。

经过谈判，建设单位和监理单位双方就建设工程监理合同各项条款达成一致，即可正式签订合同文件。

2) 合同的履行

(1) 委托人的履行

严格按照合同的规定履行应尽义务。建设工程监理合同内规定的应由委托人负责的工作，是使合同目标最终实现的基础。如内外部关系的协调。委托人必须严格按照监理合同的规定履行应尽的义务，才有权要求监理人履行合同义务。

按照合同的规定行使权利。委托人应按照建设工程监理合同的规定行使权利。

委托人的档案管理。在全部工程项目竣工后，委托人应将全部合同文件按照有关规定建档保管。

（2）监理人的履行

确定项目总监理工程师，成立项目监理部。对于每一个拟监理的工程项目，监理人都应根据工程项目规模、性质，委托人对监理的要求，委派称职的人员担任项目的总监理工程师，并成立项目监理组织。总监理工程师代表监理单位全面负责该项目的监理工作，总监理工程师对内向监理单位负责，对外向委托人负责。

制订工程项目监理规划。工程项目监理规划是开展项目监理活动的纲领性文件，是根据委托人要求，在详细收集监理项目有关资料的基础上，结合监理的具体条件编制的开展监理工作的指导性文件。主要内容包括：工程概况；监理范围和目标；监理方法和措施；监理组织；监理工作制度等。

制订各专业监理工作计划或实施细则。在监理规划的指导下，为具体进行投资控制、质量控制、进度控制工作，监理人还需结合工程项目的实际情况，制订相应的实施性计划或细则。

根据制订的监理工作计划和工作制度，规范化地开展监理工作。在监理工作中注意工作的顺序性、职责分工的严密性和工作目标的确定性。

监理工作总结。建设监理工作总结应包括向委托人提交的监理工作总结和向监理人提交的监理工作总结两部分内容。

向委托人提交的监理工作总结的内容主要包括：监理委托合同履行情况概述；监理任务或监理目标完成情况评价；由业主提供的供监理活动使用的办公用房、车辆、试验设施等清单；表明监理工作终结的说明等。

向监理人提交的监理工作总结的内容主要包括监理工作的经验和监理工作中存在的问题及改进的建议，以指导今后的监理工作。

5. 建设工程监理工作内容

（1）收到工程设计文件后编制监理规划，并在第一次工地会议7天前报委托人。根据有关规定和监理工作需要，编制监理实施细则。

（2）熟悉工程设计文件，并参加由委托人主持的图纸会审和设计交底会议。

（3）参加由委托人主持的第一次工地会议；主持监理例会并根据工程需要主持或参加专题会议。

（4）审查施工承包人提交的施工组织设计，重点审查其中的质量安全技术措施、专项施工方案与工程建设强制性标准的符合性。

（5）检查施工承包人的工程质量、安全生产管理制度及组织机构和人员资格。

（6）检查施工承包人专职安全生产管理人员的配备情况。

（7）审查施工承包人提交的施工进度计划，核查承包人对施工进度计划的调整。

（8）检查施工承包人的试验室。

（9）审核施工分包人资质条件。

（10）查验施工承包人的施工测量放线成果。

（11）审查工程开工条件，对条件具备的签发开工令。

(12) 审查施工承包人报送的工程材料、构配件、设备质量证明文件的有效性和符合性，并按规定对用于工程的材料采取平行检验或见证取样方式进行抽检。

(13) 审核施工承包人提交的工程款支付申请，签发或出具工程款支付证书，并报委托人审核、批准。

(14) 在巡视、旁站和检验过程中，发现工程质量、施工安全存在事故隐患的，要求施工承包人整改并报委托人。

(15) 经委托人同意，签发工程暂停令和复工令。

(16) 审查施工承包人提交的采用新材料、新工艺、新技术、新设备的论证材料及相关验收标准。

(17) 验收隐蔽工程、分部分项工程。

(18) 审查施工承包人提交的工程变更申请，协调处理施工进度调整、费用索赔、合同争议等事项。

(19) 审查施工承包人提交的竣工验收申请，编写工程质量评估报告。

(20) 参加工程竣工验收，签署竣工验收意见。

(21) 审查施工承包人提交的竣工结算申请并报委托人。

(22) 编制、整理工程监理归档文件并报委托人。

6.4.3 建设工程物资采购合同

1. 建设工程物资采购合同的概念

建设工程物资采购合同，是指具有平等主体的自然人、法人、其他组织之间为实现工程材料设备买卖，设立、变更、终止权利义务关系的协议。依照协议，出卖人转移工程材料设备的所有权于买受人，买受人接受该项工程材料设备并支付相应价款。包括：工程材料采购合同和工程设备采购合同，属于买卖合同。

2. 建设工程物资采购合同的特征

建设工程物资采购活动具有一定的特殊性，工程物资采购合同中的标的物数量大，技术性能要求和质量要求复杂，且需要根据工程建设进度计划分期分批均衡履行，同时还涉及售后服务甚至安装等工作，合同履行周期长。因此，建设工程物资合同面临的条件比一般买卖合同复杂。特点如下：

(1) 建设工程物资采购合同应依据工程施工合同订立。工程施工合同确定了工程施工建设的进度，而工程物资的供应必须与工程建设进度相协调。不论是发包人供应还是承包人供应，都应依据工程施工合同条款采购物资。例如，根据施工合同的工程量确定工程所需的物资技术性能要求、种类、数量、供货时间、地点等。因此，工程施工合同一般是订立工程物资采购合同的前提。

(2) 建设工程物资采购合同以转移财物和支付价款为基本内容。工程物资采购合同内容繁多、条款复杂，涉及物资的数量、质量、包装、运输方式、结算方式等条款。工程物资采购合同的根本条款是双方应尽的义务，即卖方按质、按量、按时地将工程物资的所有权转归买方；买方按时、按量地支付货款。这两项主要义务构成了工程物资采购合同最主要的内容。

(3) 建设工程物资采购合同标的物的品种繁多、供货条件复杂。工程物资采购合同的标的物是工程材料和设备，包括工程所需的钢材、木材、水泥、管线材料、建筑辅助材料以及大型机械和电气成套设备等。这些工程物资的特点在品种、质量、数量和价格差异较大，因此，在合同中必须对各种所需货物逐一明细，以确保工程施工的需要。

(4) 建设工程物资采购合同应实际履行。由于工程物资采购合同是依据工程施工合同订立的，工程物资采购合同的履行直接影响施工合同的履行，因此工程物资采购合同一旦订立，卖方义务一般不能解除，不允许卖方以支付违约金和赔偿金的方式代替合同的履行，除非合同的迟延履行对买方成为不必要。

(5) 建设工程物资采购合同采用书面形式。工程物资采购合同标的物的特殊性和重要性，导致合同履行周期长、可能存在的纠纷多，因此不宜用口头方式。

3. 建设工程物资采购合同订立及履行

1) 物资采购合同的订立

(1) 物资采购合同的订立方式可以是：

① 公开招标；②邀请招标；③询价、报价、签订合同；④直接订购。

公开招标一般适用于大宗物资采购合同。如果采用公开招标，其招标程序是：①编制招标文件；②发布招标广告；③购买标书；④投标报价；⑤开标、评标、定标，确定中标单位；⑥签订合同。

如果采用邀请招标，则由招标人事先选择几家厂商投标，从中确定中标人。

(2) 物资采购合同

按照《合同法》的分类，物资采购合同属于买卖合同。国内物资购销合同的示范文本规定，采购合同条款应包括以下内容：

产品名称、商标、型号、生产厂家、订购数量、合同金额、供货时间及每次供应数量；

质量要求的技术标准，供货方对质量负责的条件和期限；

交(提)货地点、方式；

运输方式及到站、到港费用的负担；

合理损耗及计算方法；

包装标准、包装物的供应及回收；

验收标准、方法及提出异议的期限；

随机备品、配件工具数量及供应方法；

结算方式及期限；

如需提供担保，另立合同担保书作为合同附件；

违约责任；

解决合同争议的方法等。

2) 订购产品的交付

(1) 询价、直接约定

询价是指买方向卖方发出询价函，要求卖方在规定时间内报价，从中选择价优物美者为中标人。直接约定是指由买方直接向卖方约定，选择供货方签订供货合同。

(2) 产品的交付方式

订购物质或产品的交付方式包括采购方到合同约定地点自提货物和供货方负责将货物送达指定地点两种。而供货方送货又可细分为将货物负责送抵现场和委托运输部门代运两种形式。为明确货物的运输责任，应在相应条款内写明所采用的交(提)货方。

(3) 交(提)货期限

货物的交(提)货期限,是指货物交接的具体时间要求。货物的交(提)货期限关系到合同是否按期履行,以及可能出现货物意外灭失或损坏时的责任承担问题。合同内应注明货物的交(提)货期限,应做到尽量具体。如果合同内规定分批交货时,还须注明各批次交货的时间,以便明确责任。

3) 履约保证金

卖方应向买方提交专用条款规定金额的履约保证金。履约保证金应用商议好的货币种类,用下列方式之一提交:

(1) 在中华人民共和国注册和营业的银行或买方可以接受的国外的一家信誉好的银行出具的银行保函,或不可撤销的信用证;

(2) 银行本票或保付汇票。

除非专用条款另有规定,在卖方完成专用条款规定的质保期后30日内,买方将履约保证金退还卖方。

4) 包装

卖方应提供合同设备运至合同规定的目的地所需要的包装,以防止合同设备在转运中损坏或变质,这类包装应足以承受但不限于承受转运过程中的野蛮装卸,暴露于恶劣气温、盐分大和降雨环境,以及露天存放。包装箱的尺寸及重量应考虑货物的最终目的地偏远程度以及在所有转运地点缺乏重型装卸设施的情况。包装、标记和包装箱内外的单据应严格符合合同的特殊要求,包括专用条款规定的要求以及买方后来发出的指示。

5) 保证

(1) 卖方应保证合同设备是崭新的、未使用过的,是最新的或目前的型号,工艺先进,以优良的材料制造,货物不应含有设计上和材料上的缺陷,并完全符合合同规定的质量规格和性能的要求。卖方应保证合同设备不会因设计、材料、工艺的原因而有任何故障和缺陷。

(2) 卖方应保证提交的技术文件、图纸的完整、清楚和正确,达到合同设备设计、安装、运行和维护要求。技术文件如有不准确或不完整,卖方应在接到买方通知后15日内进行更改或重新提供。

(3) 在合同设备安装、调试、接收试验期间,如发现因卖方原因造成的合同设备的缺陷或损坏,卖方应尽快免费更换和修复并补偿由此而来的买方的一切直接损失。卖方应承担此项更换和修复工作的一切风险和费用。卖方应保证合同设备在接收试验时各项技术参数满足合同要求。

(4) 质量保证期(简称质保期)为业主签发接收通知书之日起算12个月。

(5) 在质保期间,如果因为卖方原因造成合同设备有缺陷或不能满足合同规定,买方有权提出索赔。在买方提出索赔之后,卖方应尽快对合同设备进行修复并承担全部费用。如果卖方对索赔有异议,应在收到买方索赔7日之内提出,双方进行协商。如卖方在此期限之前没有答复则被视为接受索赔要求。卖方应在接到索赔要求后15日内对合同设备进行修复或替换。替换和修复工作的期限,除买方与业主同意的期限外,不得超过2个月。对于小的缺陷,在卖方同意的情况下,可以由业主修复,费用由卖方负担。

(6) 如因卖方原因在质保期内工程系统运行不得不因合同设备维修而停止,则相应合同设备质保期应根据系统停运时间延长。对于维修量大或重新更换的合同设备，质保期应重新计算，为业主验收接受维修或更换合同设备后12个月。由买方在质保期内发现的缺陷而提出的索赔要求在质保期后30日内仍然保持有效。

6.5 FIDIC 施工合同条件

6.5.1 FIDIC 合同条件概述

1. FIDIC 合同条件概述

FIDIC 即国际咨询工程师联合会(Fédération Internationale Des Ingénieurs Conseils)的法文缩写，它于1913年在欧洲成立。FIDIC 是世界上多数独立的咨询工程师的代表，是最具权威的咨询工程师组织。FIDIC 专业委员会编制了一系列规范性合同条件，构成了 FIDIC 合同条件体系。

目前使用的 FIDIC 合同条件是1999年在原合同条件基础上出版的4份新的合同条件，具体如下：

(1) 施工合同条件(condition of contract for construction，简称"新红皮书")。新红皮书与原红皮书相对应，但其名称改变后合同的适用范围更大。该合同主要用于由发包人设计的或由咨询工程师设计的房屋建筑工程(building works)和土木工程(engineering works)。施工合同条件的主要特点表现为，以竞争性招标投标方式选择承包商，合同履行过程中采用以工程师为核心的工程项目管理模式。

(2) 永久设备和设计-建造合同条件(conditions of contract for plant and design-build，简称"新黄皮书")。新黄皮书与原黄皮书相对应，其名称的改变便于与新红皮书相区别。在新黄皮书条件下，承包人的基本义务是完成永久设备的设计、制造和安装。

(3) EPC 交钥匙项目合同条件(conditions of contract for EPC/turnkey，简称"银皮书")。银皮书又可译为"设计-采购-施工交钥匙项目合同条件"，它与橘皮书(原来的设计-建造和交钥匙(工程)合同条件(conditions of contract for design-build and turnkey，简称"橘皮书"))相似但不完全相同。它适于工厂建设之类的开发项目，是包含了项目策划、可行性研究、具体设计、采购、建造、安装、试运行等在内的全过程承包方式。承包人"交钥匙"时，提供的是一套配套完整的可以运行的设施。

(4) 合同的简短格式(short form of contract，简称"绿皮书")。该合同条件主要适于价值较低的或形式简单，或重复性的，或工期短的房屋建筑和土木工程。

2. FIDIC 系列合同条件的特点

FIDIC 系列合同条件具有国际性、通用性和权威性。其合同条款公正合理，职责分明，程序严谨，易于操作。考虑到工程项目的一次性、唯一性等特点，FIDIC 合同条件分成了"通用条件"(general conditions)和"专用条件"(conditions of particular application)两部分。

通用条件适于某一类工程，如红皮书适于整个土木工程(包括工业厂房、公路、桥梁、水利、港口、铁路、房屋建筑等)。专用条件则针对一个具体的工程项目，是在考虑项目所在国法律法规不同、项目特点和发包人要求不同的基础上，对通用条件进行的具体化的修改和补充。

FIDIC合同条件的应用方式通常有如下几种：

(1) 国际金融组织贷款和一些国际项目直接采用；

(2) 合同管理中对比分析使用；

(3) 在合同谈判中使用；

(4) 部分选择使用。

6.5.2 FIDIC施工合同条件

1. 概述

FIDIC《施工合同条件》(1999年第1版)即“红皮书”。由三部分组成：①通用条件；②专用条件编写指南；③投标函、合同协议书和争端裁决协议书格式。

1) 通用条件

通用条件由三部分组成：20条163款、附录(争端裁决协议书通用条件)、附件(程序规则)。其中,通用条件的20条分别为：一般规定；业主；工程师；承包商；指定的分包商；职员和劳工；设备、材料和工艺；开工、误期与停工；竣工检验；业主的接收；缺陷责任；计量与计价；变更与调整；合同价格预付款；业主提出终止；承包商提出停工与终止；风险与责任；保险；不可抗力；索赔、争端与仲裁。

2) 专用条件编写指南

专用条件编写指南包括编写招标文件注意事项、专用条件、附件(担保函格式)。其中,专用条件与通用条件对应。编写指南说明如何在专用条件中对通用条件20条款进行修改,以适应具体工程建设的需要。

附件(担保函格式)包括：附件A：母公司保函范例格式；附件B：投标保函范例格式；附件E：预付款保函范例格式；附件F：保留金保函范例格式；附件G：业主支付保函范例格式。

3) 投标函、合同协议书和争端裁决协议书格式

投标函、合同协议书和争端裁决协议书格式包括投标函、投标书附录、合同协议书、争端裁决书(用于一人争端裁决委员会)、争端裁决书(用于三人争端裁决委员会的每位成员)。

2. 业主、承包商及工程师的权利、义务

1) 业主的权利与义务

(1) 业主的权利

业主有权不接受最低标；

有权指定分包商；

在一定条件下可直接付款给指定的分包商；

有权决定工程暂停或复工；

在承包商违约时,业主有权接管工程或没收各种保函或保证金；

有权决定在一定的幅度内增减工程量；

不承担承包商因发生在工程所在国以外的任何地方的不可抗力事件所遭受的损失(因炮弹、导弹等所造成的损失例外)；

有权拒绝承包商分包或转让工程(应有充足理由)。

(2) 业主的义务

向承包商提供完整、准确、可靠的信息资料和图纸,并对这些资料的准确性负完全的责任;

承担由业主风险所产生的损失或损坏;

确保承包商免于承担属于承包商义务以外情况的一切索赔、诉讼,损害赔偿费、诉讼费、指控费及其他费用;

在多家独立的承包商受雇于同一工程或属于分阶段移交的工程情况下,业主负责办理保险;

按时支付承包商应得的款项,包括预付款;

为承包商办理各种许可,如现场占用许可、道路通行许可、材料设备进口许可、劳务进口许可等;

承担疏浚工程竣工移交后的任何调查费用;

支付超过一定限度的工程变更所导致的费用增加部分;

承担在工程所在国发生的特殊风险以及任何其他地区因炮弹、导弹对承包商造成的损失的赔偿和补偿;

承担因后继法规所导致的工程费用增加额。

2) 承包商的权利和义务

(1) 承包商的权利

有权得到提前竣工奖金;

收款权;

索赔权;

因工程变更超过合同规定的限值而享有补偿权;

暂停施工或延缓工程进度速度;

停工或终止受雇;

不承担业主的风险;

反对或拒不接受指定的分包商;

特定情况下的合同转让与工程分包;

特定情况下有权要求延长工期;

特定情况下有权要求补偿损失;

有权要求进行合同价格调整;

有权要求工程师书面确认口头指示;

有权反对业主随意更换监理工程师。

(2) 承包商的义务

遵守合同文件规定,保质保量、按时完成工程任务,并负责保修期内的各种维修;

提交各种要求的担保;

遵守各项投标规定;

提交工程进度计划;

提交现金流量估算;

负责工地的安全和材料的看管;

对由承包商负责完成的设计图纸中的任何错误和遗漏负责；

遵守有关法规；

为其他承包商提供机会和方便；

保持现场整洁；

保证施工人员的安全和健康；

执行工程师的指令；

向业主偿付应付款项(包括归还预付款)；

承担第三国的风险；

为业主保守机密；

按时缴纳税金；

按时投保各种强制险；

按时参加各种检查和验收。

3）工程师的权利和义务

(1) 工程师的权利

有权拒绝承包商的代表；

有权要求承包商撤走不称职人员；

有权决定工程量的增减及相关费用，有权决定增加工程成本或延长工期，有权确定费率；

有权下达开工令、停工令、复工令(因业主违约而导致承包商停工情况除外)；

有权对工程的各个阶段进行检查，包括已掩埋覆盖的隐蔽工程；

如果发现施工不合格情况，监理工程师有权要求承包商如期修复缺陷或拒绝验收工程；

承包商的设备、材料必须经监理工程师检查，监理工程师有权拒绝接受不符合规定标准的材料和设备；

在紧急情况下，监理工程师有权要求承包商采取紧急措施；

审核批准承包商的工程报表的权利属于监理工程师，付款证书由监理工程师开出；

当业主与承包商发生争端时，监理工程师有权裁决，虽然其决定不是最终的。

(2) 工程师的义务

工程师作为业主聘用的工程技术负责人，除了必须履行其与业主签订的服务协议书中规定的义务外，还必须履行其作为承包商的工程监理人而尽的职责。FIDIC条款针对工程师在建筑与安装施工合同中的职责规定了以下义务：

必须根据服务协议书委托的权力进行工作；

行为必须公正，处事公平合理，不能偏听偏信；

应虚心听取业主和承包商两方面的意见，基于事实作出决定；

发出的指示应该是书面的，特殊情况下来不及发出书面指示时，可以发出口头指示，但随后以书面形式予以确认；

应认真履行职责，根据承包商的要求及时对已完工程进行检查或验收，对承包商的工程报表及时进行审核；

应及时审核承包商在履约期间所作的各种记录，特别是承包商提交的作为索赔依据的各种材料；

应实事求是地确定工程费用的增减与工期的延长或压缩；

如因技术问题需同分包商打交道时，须征得总承包商同意，并将处理结果告知总承包商。

3. 其他主要条款

1）风险责任

（1）业主的风险

战争、敌对行动（不论宣战与否）、入侵、外敌行动；

工程所在国内的叛乱、恐怖活动、革命、暴动、军事政变或篡夺政权，或内战；

暴乱、骚乱或混乱，完全局限于承包商的人员以及承包商和分包商的其他雇用人员中间的事件除外；

工程所在国的军火、爆炸性物质、离子辐射或放射性污染，由于承包商使用此类军火、爆炸性物质、辐射或放射性活动的情况除外；

以音速或超音速飞行的飞机或其他飞行装置产生的压力波；

业主使用或占用永久工程的任何部分，合同中另有规定的除外；

因工程任何部分设计不当而造成的，而此类设计是由业主的人员提供的，或由业主所负责的其他人员提供的；

一个有经验的承包商不可预见且无法合理防范的自然力的作用。

（2）承包商对工程的照管

从工程开工日期起直到颁发接收证书的日期为止，承包商应对工程的照管负全部责任。此后，照管工程的责任移交给业主。如果就工程的某区段或部分颁发了接收证书（或认为已颁发），则该区段或部分工程的照管责任即移交给业主。

在责任相应地移交给业主后，承包商仍有责任照管任何在接收证书上注明的日期内应完成而尚未完成的工作，直至此类扫尾工作已经完成。

在承包商负责照管期间，如果工程、货物或承包商的文件发生的任何损失或损害不是由于业主的风险所致，则承包商应自担风险和费用弥补此类损失或修补损害，以使工程、货物或承包商的文件符合合同的要求。

承包商还应为在接收证书颁发后由于他的任何行为导致的任何损失或损害负责。同时，对于接收证书颁发后出现，并且是由于在此之前承包商的责任而导致的任何损失或损害，承包商也应负有责任。

2）合同的转让和分包

（1）禁止转包

承包商不得将本合同工程转包给其他单位或个人，或者将本合同工程肢解之后以分包的名义分别转包给其他单位或个人。否则将按承包商违约处理。

（2）分包

事先未报经工程师审查并取得业主批准，承包商不得将本合同工程的任何部分分包出去。分包商应具有相应专业承包资质或劳务分包资质；不允许分包商将其承接的工程再次分包。分包工程不准压低单价，分包管理费视工程情况限制在分包合同价的1%以内。分包协议书，包括工程量清单应报工程师核备。

承包商取得批准分包并不解除合同规定的承包商的任何责任或义务，他应对分包商加强监督和管理，并对分包商的工程质量及其职工的行为、违约和疏忽完全负责。分包商就分包项目向业主承担连带责任。

业主对承包商与分包商之间的法律与经济纠纷不承担任何责任和义务。对于承包商提出的劳务分包，分包商应具有相应的劳务分包资质，报经监理工程师审查并报业主核备。劳务人员应加入到承包商施工班组，并持项目经理签发的劳务人员证上岗。

若承包商将工程分包给不具备相应资质条件的单位；或合同中未有约定，又未经业主批准，承包商将承包的部分建设工程交由其他单位完成；或承包商将建设工程主体结构或关键性工作的施工分包给其他单位；或分包商将其承包的建设工程再行分包的，按承包商违约处理。

3）工程颁发证书程序

FIDIC合同条款下共有五种证书：中期支付证书、初验证书、终验证书、最终支付证书和合同终止时的评估证书。

（1）中期支付证书：按月向承包商支付已经完成工程量的支付证书，即根据工程师代表和承包商双方同意已经测量的工程量签发支付证书。业主必须在工程师收到承包商的付款请求后的56天内支付承包商。如果支付被延迟，则承包商有权对未支付部分按合同约定的利率计算方式收取利息，若延迟时间超过合同规定的期限，承包商有权提出暂时停工。

（2）初验证书：承包商按合同规定对已完成的工程或合同规定的部分工程提出申请后的28天内，如检验合格，工程师应对申请的整个工程或合同规定的部分工程出具初验证书。

（3）终验证书：工程时应在缺陷责任期过后28天内，在对所有工程进行验收并确认所有缺陷则认证书中所列缺陷得到纠正的基础上，向承包商出具终验证书。对承包商而言，只由工程师出具终验证书后才能被认为工程被业主正式接受。

（4）最终支付证书：在出具终验证书后，工程师必须在合同规定的期限内向承包商出具最终支付证书。

（5）合同终止时的评估证书：按合同规定，业主决定终止合同，工程师应在终止日对工程进行评估并出具评估证书。

习题

1. 合同的特征和基本原则分别是什么？
2. 什么是建设工程合同？在我国建设工程合同主要有哪些？
3. 建设工程监理合同是如何订立的？
4. 建设工程物资采购合同分几种？有何区别？
5. 建设工程施工合同示范文本中关于发包人和承包人的权利义务是如何定义的？
6. 简述建设工程施工合同示范文本的主要内容。
7. 简述FIDIC条款的主要内容。

建设工程施工索赔

建设工程，尤其是规模大、工期长、结构复杂的工程，由于受到水文气象、地质条件变化的影响，以及规划变更和其他人为因素的干扰，超出合同约定的条件及相关事项的事情时有发生，当事人尤其是承包方往往会遭受意料之外的损失，这时，从合同公平原则及诚实信用原则出发，法律应该对当事人提供保护，允许当事人通过索赔对合同约定的条件进行公正、适当的调整，以弥补其不应承担的损失。工程索赔在建筑市场上主要是承包人保护自身正当权益、弥补工程损失、提高经济效益的重要和有效手段。许多国际工程项目，通过成功的索赔能使工程收入得到改善，达到工程造价的10%～20%，有些工程的索赔额甚至超过了工程合同额本身。在我国，《合同法》、《建筑法》中都对工程索赔作出了相应规定，各种合同示范文本中也有相应的索赔条款。

7.1 索赔的基本理论

1. 索赔的定义

索赔(claim)一词具有较为广泛的含义，其一般含义是指对某事、某物权利的一种主张、要求、坚持等。

工程索赔通常是指在工程合同履行过程中，合同当事人一方因非自身因素(包括风险责任)或对方不履行或未能正确履行合同而受到经济损失或权利损害，通过一定的合法程序向对方提出经济或时间补偿的要求。这是维护建设工程合同签约者合法权益的一种根本性管理措施，它与合同条件中双方的合同责任一样，构成严密的合同制约关系。

2. 索赔的特征

(1) 索赔是双向的

承包人可以向业主索赔，业主同样可以向承包人索赔。但由于工程承包市场的特点是"买方市场"，承包人作为卖方承担着更多的风险。在索赔处理中，业主始终处于主动和有利地位，其可以直接从应付工程款中扣抵或没收履约保函、扣留保证金甚至留置承包人的材料设备作为抵押等来实现自己的索赔要求。

(2) 只有实际发生了经济损失或权利损害，一方才能向对方索赔

经济损失是指因为对方因素造成合同外的额外支出，如人工费、材料费、机械费、管理费等额外支出；权利损害是指虽然没有经济上的损失，但造成了一方权利上的损害，如由于恶劣气候条件对工程进度的不利影响，承包人有权要求工期延长。

(3) 索赔是一种未经对方确认的单方行为

它同工程签证不同。在施工过程中,签证是承发包双方就额外费用补偿或工期延长等达成一致的书面证明材料和补充协议,它可以直接作为工程款结算或最终增减工程造价的依据;而索赔是单方面行为,对对方尚未形成约束力,这种索赔要求能否得到最终实现,必须要通过确认后才能实现。

3. 索赔与违约责任的区别

(1) 索赔事件的发生,不一定在合同文件中有约定;而工程合同的违约责任,则必然是合同所约定的。

(2) 索赔事件的发生,既可以是一定行为造成的,也可以是不可抗力事件所引起的;而追究违约责任,必须要有合同不能履行或不能完全履行的违约事实的存在,发生不可抗力可以免除追究当事人的违约责任。

(3) 索赔事件的发生,可以是合同当事人一方引起的,也可以是任何第三人行为引起的;而违约责任则是由于当事人一方或双方的过错造成的。

(4) 一定要有造成损失的结果才能提出索赔,因此索赔具有补偿性;而合同违约不一定要造成损失结果,因为违约具有惩罚性。

(5) 索赔的损失结果与被索赔人的行为不一定存在法律上的因果关系。

4. 索赔的原因

与其他行业相比,建筑业是一个索赔多发的行业。这是由建筑产品、建筑生产过程、建筑产品市场经营方式决定的。工程索赔主要由以下几个方面的原因造成:

1) 工程项目的特殊性

现代承包工程的特点是工程量大、投资多、结构复杂、技术和质量要求高、工期长。这就使得工程本身和工程的环境有许多不确定的因素。它们在工程实施过程中经常会发生各种各样的变化,比如地质条件发生变化、建筑市场和建材市场变化、货币的贬值、国家政策和法律法规的变化等,这些变化都会使工程的计划实施过程和实际情况不一样,进而影响工期和成本。

2) 工程合同的特殊性

建设工程合同都是在工程开始前签订的,因此是基于对未来情况的预测。对于如此复杂的工程和环境,合同不可能对所有的问题作出预见和规定。工程承包合同条件越来越复杂,合同中难免会有缺陷和不足之处,比如措辞不当、说明不清楚、有歧义等,这些都会导致合同双方对合同理解造成差异,而且双方的立场、角度不同,会造成实施中双方对责任、义务和权利的范围和界限划定理解不一致,进而导致争执,影响到工程的工期和成本。

3) 业主要求的变化

在工程施工过程中,业主的要求经常会发生变化,如建筑的功能、形式、质量标准、实施方式和过程、工程量、工程质量等,这些变化会导致大量的工程变更,而合同中的工期和价格是以业主招标文件确定的要求为依据的,这些变更都会导致工期和成本发生变化,进而引起索赔。

4) 工程建设主体的多元化

由于工程参与的建设单位多,各方面的技术和经济关系错综复杂,互相联系又互相影响。各方面技术和经济责任的界限常常很难明确划分。在实际工作中,管理上的失误又是不可避免的，一方的失误不仅会造成自己的损失，而且会殃及其他合作者，影响整个工程的实施。在这种情况下，应按合同原则平等对待各方的差异，受损失者有权提出索赔。

以上这些原因在任何工程承包合同的实施过程中都不可避免，所以无论采取什么合同类型，也无论合同多么完善，索赔都是不可避免的。

7.2 索赔的分类

7.2.1 按索赔目标分类

按索赔目标，索赔可分为以下两种：

1. 工期索赔

工期索赔(claim for extension of time)即由于非承包人自身原因造成拖期的，承包人要求业主延长工期，推迟竣工日期，避免违约误期罚款。

一般而言，工程承包合同中都有工期和工程延缓的罚款条款，如果工程延期是由承包人管理不善造成的，则承包人必须承担法律责任，接受合同规定的处罚。而对于外界干扰引起的工期延误，承包人可以通过索赔，取得业主对合同工期延长的认可，在这个范围内则可免去对承包人的合同处罚，同时承包人也可能获得由于工期延长造成的费用增加方面的补偿。

2. 费用索赔

对于非承包人责任造成的工程成本增加，使承包人增加额外的费用、蒙受经济损失，可以根据合同规定提出费用索赔(cost claim)要求。如果该要求得到监理工程师和业主的认可，业主应追加支付，以补偿损失。

7.2.2 按索赔的依据分类

按索赔的依据，索赔可分为以下几种：

1. 合同内索赔

合同内索赔(contractual claim)是指索赔所涉及的内容可以在合同条款中找到依据，并可根据合同规定明确划分责任。一般情况下，合同内索赔的处理和解决要顺利些。

【案例 7-1】

S公司在E国以逾期利润为负数的报价，取得一项总价为2.27亿美元的大型建筑工程，合同工期长达4年。施工期间，该地区发生大规模的政治动乱，工程所在地位于戒严地区，S公司停工半个月，将外籍雇员遣散回家。

S公司利用该国的政治事件向业主提出了巨额索赔，索赔的动因是发生了不可抗力事件。索要8000万美元，占合同总价的35%。经过艰苦的讨价还价，历时半年，S公司在免除了因误期罚款的前提下，获得了6000万美元的巨额赔偿，该金额占到工程总价的26.4%。

S公司及时抓住索赔机会，索赔的动因是不可抗力事件，它依据了合同中规定暴乱为不可抗力事件，而且E国政府明确宣布发生暴乱，因此暂时停工和遣散外籍员工，保护施工现场，就成了理所当然的事情。由此而产生的费用的增加、时间的延长，必然要向业主索赔。

S公司的索赔报价利用无国际惯例可依据的机会，采用了高上限的报价，争取到了巨额赔偿。

2. 合同外索赔

合同外索赔(non-contractual claim)是指索赔的内容和权利难以在合同条款中找到依据,但可以从合同引申含义和合同适用法律或政府颁发的有关法规中找到索赔的依据。

【案例7-2】

P公司在法国承包一项咖啡生产工程,合同条款中关于不可抗力的定义没有提出罢工是否应视为不可抗力事件。

施工期间,法国因为闹学潮而触发了大规模罢工,该咖啡生产线项目也受到罢工影响,一些工人因交通阻塞而缺勤,P公司因此致函业主,提出索赔,指出罢工应视为不可抗力事件。

法国的宪法规定,罢工是非法的,但在执行时对罢工却是默许的,从来不曾视为不可抗力事件,因此业主拒绝P公司的索赔要求,由此引起双方的争端,最终诉请国际仲裁。

仲裁法庭在裁决该案时,首先查阅承包合同,未发现对罢工有明确的规定。接着根据国际惯例和FIDIC合同条款,但未能找到对罢工一事带有普遍性的处理方法。合同中有一款规定:"凡本合同未涉及的事项,依据国际惯例或国家现行法律执行",于是,仲裁法庭根据宪法裁定P公司胜诉。

本案中,承包人成功利用合同中的漏洞,根据默示条款取得索赔成功。实际承包人并非不知道该国的宪法与实际执行情况的差别,但在缔约时没有提出,而是等到时机成熟时再利用合同的漏洞提出索赔要求,这也是常用的索赔技巧之一。

3. 道义索赔

道义索赔(ex-gratia payment)是指承包人在合同内或合同外都找不到可以索赔的合同依据或法律依据,因而没有提出索赔的条件和理由,但承包人认为自己有要求补偿的道义基础,而对其遭受的损失提出具有优惠性质的补偿要求,即道义索赔。道义索赔的主动权在业主手中,业主在下面4种情况下,可能会同意并接受这种索赔:第一,若另找其他承包人,费用会更大;第二,为了树立自己的形象;第三,出于对承包人的同情和信任;第四,谋求与承包人更能互相理解或更长久的合作。

7.2.3 按索赔处理方式分类

按索赔处理方式,索赔可分为以下几种:

1. 单项索赔

单项索赔(singal case claim)就是采取一事一索赔的方式,即每一索赔事件发生时或发生后,由合同管理人员立即处理,并在合同规定的索赔有效期内向业主或监理工程师提交索赔要求和报告。单项索赔通常原因单一,责任单一,分析起来相对容易,由于涉及的金额一般较小,双方容易达成协议,处理起来也比较简单。因此,合同双方应尽可能地用此种方式来处理索赔。

单项索赔要求合同管理人员能够迅速识别索赔机会,对索赔事件作出快速反应,根据合同要求,在规定时间内向对方提出索赔要求。

2. 综合索赔

综合索赔(compound claims)又称一揽子索赔,一般在工程竣工前,承包人将实施过程中因各种原因未能及时解决的单项索赔集中起来进行综合考虑,提出一份综合索赔报告,由合同双方在工程交付前后进行最终谈判，以一揽子方案解决索赔问题。

采用综合索赔是在特定情况下的一种被迫行为。在合同实施过程中，有些单项索赔问题比较复杂，不能立即解决，为不影响工程进度，经双方协商同意后留待以后解决。有的是业主或监理工程师对索赔采用拖延办法，迟迟不作答复，使索赔谈判旷日持久。有时，在施工过程中受到严重的干扰，承包人的施工活动和施工计划有很大不同，原合同规定的工作和变更后的工作相互混淆，承包人无法为索赔提供准确的成本记录资料，无法分辨哪些费用是原来合同规定的，哪些是新增的工作量，只能在工程接近完工时，对整个工程的实际总成本与原预算成本进行比较，提出一揽子索赔。

由于在一揽子索赔中许多干扰事件交织在一起，影响因素比较复杂而且相互交叉，责任分析和索赔值计算都很困难，索赔涉及的金额往往又很大，双方都不愿意或不容易作出让步，使索赔的谈判和处理都很困难。因此，综合索赔的成功率比单项索赔要低得多。承包人在采取综合索赔时，应该向工程师证明下列内容：

(1) 承包人的投标报价是合理的，承保人不存在故意低报价格的行为。

(2) 实际发生的成本是合理的。

(3) 承包人对成本的增加没有任何责任，成本的增加是由于业主工程变更或其他费承包人的原因引起的。

(4) 不能采取其他方法准确地计算出实际发生的损失。承包人只能比较工程总成本与原来的预算成本，提出索赔。

即使承包人能够证明确实存在费用损失，采用综合索赔方法因为涉及的因素太多，也很难获得满意的结果。

7.2.4 按索赔当事人分类

按索赔当事人分类，索赔可分为以下几种。

1. 承包人与发包人之间的索赔

这类索赔大都是有关工程量计算、变更、工期、质量和价格方面的争议，也有中断或终止合同等其他违约行为的索赔。

2. 总承包人与分包商之间的索赔

其内容与前一种大致相似，但大多数是分包商向总包商索要付款和赔偿及承包人向分包商罚款或扣留支付款等。

3. 承包人其内容多系商贸方面的争议

如货品质量不符合技术要求，数量短缺、交货拖延、运输损坏等。

4. 承包人向保险公司的索赔

此类索赔多系承包人受到灾害、事故或其他损害或损失，按保险单向其投保的保险公司索赔。

以上两种在工程项目实施过程中的物资采购、运输、保管、工程保险等方面活动引起的索赔事项，又称商务索赔。

7.2.5 按索赔事件的性质分类

按索赔事件的性质，索赔又可分为以下几种：

1. 工期延误索赔

因业主未按合同要求提供施工条件，如未及时交付设计图纸、施工现场、道路等，或因业主指令工程暂停或不可抗力事件等原因造成工期拖延的，承包人对此提出索赔。这是工程中最常见的一类索赔。

2. 工程变更索赔

由于业主或监理工程师指令增加或减少工程量或增加附加工程修改设计、变更工程顺序等，造成工期延长和费用增加，承包人对此提出索赔。

3. 工程终止索赔

由于业主违约或发生了不可抗力事件等造成工程非正常终止，承包人因蒙受经济损失而提出索赔。

4. 工程加速索赔

因为业主或监理工程师指令承包人加快施工速度，缩短工期，引起的承包人的人、财、物的额外开支而提出的索赔。

5. 意外风险和不可预见因素索赔

在工程施工过程中，因人为不可抗力的自然灾害、特殊风险以及一个有经验的承包商通常不能合理预见的不利施工条件或外界障碍，如地下水、地质断层、溶洞等引起的索赔。

6. 其他索赔

如因货币贬值、汇率变化、物价上涨、工资上涨、政策法令变化等原因引起的索赔。

7.3 索赔的证据及程序

7.3.1 索赔的证据

1. 常见的索赔证据

索赔证据是当事人用来支持其他索赔成立或和索赔有关的证明文件和资料。索赔证据作为索赔文件的组成部分，在很大程度上关系到索赔的成功与否。常见的索赔证据有：

(1) 各种合同文件，包括工程合同及附件、中标通知书、投标书、标准和技术规范、设计施工图、工程量清单、工程报价单或预算书、有关技术资料和要求等。

(2) 经监理工程师批准的承包人施工进度计划、施工方案、施工组织设计和具体的现场实施情况记录。各种施工报表有：①工程施工记录表；②施工进度表；③施工人员计划表和人工日报表；④施工用材料和设备报表。

(3) 施工日志及工长工作日志、备忘录等。施工中发生的影响工期或工程资金的所有重大事件均应写入备忘录存档，备忘录按年、月、日顺序编号，以便查阅。

(4) 工程有关施工部位的照片及录像等。保存完整的工程照片和录像能有效地显示工程进度，因而除了合同中规定需要定期拍摄的工程照片和录像外，承包人自己应经常注意拍摄工程照片和录像，注明日期，作为自己查阅的资料。

(5) 工程各项往来信件、电话记录、指令、信函、通知、答复等。有关工程的来往信件内容常常包括某一时期工程进展情况的总结以及与工程有关的当事人，尤其是这些信件的签发日期对计算工程延误时间具有很大的参考价值。因而来往信件应妥善保存，直到合同全部履行完毕，所有索赔均获解决时为止。

(6) 工程各项会议纪要、协议及其他各种签约、定期与发包人代表或监理工程师代表的谈话记录等。

(7) 发包人或监理工程师发布的各种书面指令书和确认书，以及承包人要求、请求、通知书。

(8) 气象报告和资料。如有关天气的温度、风力、雨雪资料等。

(9) 投标前发包人提供的参考资料和现场资料。

(10) 施工现场记录。工程各项有关设计交底记录、变更图、变更施工指令、施工图及其变更记录、交底记录的送达份数及日期记录，工程材料和机械设备的采购、订货、运输、进场、验收、使用等方面的凭据及材料供应清单、合格证书等。

(11) 工程各项经发包人或监理工程师签认的签证。如承包人要求预付通知、工程量核实确认单。

(12) 市场行情资料。包括市场价格、官方公布的物价(工资指数、中央银行的外汇比率等)资料，是索赔费用计算的重要依据。

2. 索赔证据的基本要求

1) 真实性

索赔证据必须是在实施合同过程中确实存在和实际发生的，是施工过程中产生的真实资料，能经得住推敲。

2) 及时性

索赔证据的取得及提出应当及时，这种及时性反映了承包人的态度和管理水平。

3) 全面性

所提供的证据应能说明事件的全部内容。索赔报告中涉及的索赔理由、事件过程、影响、索赔值都应有相应证据，不能零乱和支离破碎。

4) 关联性

索赔的证据应当与索赔事件有必然联系，并能够互相说明、符合逻辑，不能互相矛盾。

5) 有效性

索赔证据必须具有法律效力。一般要求证据必须是书面文件，有关记录、协议、记录必须是双方签署的，工程中重大事件、特殊情况的记录、统计必须由监理工程师签证认可。

7.3.2 索赔的程序

具体工程的索赔的程序，应在双方签订的施工合同中规定。在工程实践中，比较详细的索赔工作程序一般可以分为以下几个步骤。

1. 施工索赔的程序和时限的规定

在工程项目施工阶段，每出现一个索赔事件，都应该按照国家有关规定、国际惯例和工程项目合同条件的规定，认真及时地协商解决，我国《建设工程施工合同(示范文本)》中对索赔的程序和时间要求有明确而严格的规定，主要包括：

甲方未能按合同约定履行自己的各项义务或发生错误，以及出现应由甲方承担责任的其他情况，造成工期延误；或甲方延期支付合同价款，或因甲方原因造成乙方的其他经济损失，乙方可按下列程序以书面形式向甲方索赔：

(1) 造成工期延误或乙方经济损失的事件发生后28天内，乙方向工程师发出索赔意向通知；

(2) 发出索赔意向通知后28天内，乙方向工程师提出补偿经济损失和(或)延长工期的索赔报告及有关资料；

(3) 工程师在收到乙方送交的索赔报告和有关资料后，于28天内给予答复，或要求乙方进一步补充索赔理由和证据；

(4) 工程师在收到乙方送交的索赔报告和有关资料后28天内未予答复或未对乙方进一步要求，则视为该项索赔已被认可；

(5) 当造成工期延误或乙方经济损失的该项事件持续进行时，乙方应当阶段性向工程师发出索赔意向，在该事件终了后28天内，向工程师送交索赔的有关资料和最终索赔报告；

(6) 乙方未能按合同约定履行自己的义务或发生错误给甲方造成损失，甲方也按以上各条款规定的时限和要求向乙方提出索赔。

2. 施工索赔的工作过程

施工索赔的工作过程，就是施工索赔的处理过程。施工索赔工作一般有以下几个步骤：索赔要求的提出、索赔证据的准备、索赔文件(报告)的编写、索赔文件(报告)的报送、索赔文件(报告)的评审、索赔谈判与调解、索赔仲裁与诉讼。现分述如下：

1) 索赔要求的提出

当出现索赔事件时，承包商应在现场与工程师磋商，如果不能达成妥协方案时，则应审慎地检查自己索赔要求的合理性，然后决定是否提出书面索赔要求。按照FIDIC合同条款，书面的索赔通知书应在引起索赔事件发生28天内向工程师正式提出，并抄送业主，逾期提送，将遭到业主和工程师的拒绝。

索赔通知书一般都很简单，仅说明索赔事项的名称，根据相应的合同条款，提出自己的索赔要求。至于索赔金额的多少或应延长工期的天数，以及有关的证据资料，可稍后再报给业主。

2) 索赔证据的准备

索赔证据资料的准备是施工索赔工作的重要环节。承包商在正式报送索赔文件(报告)前，要尽可能地使索赔证据资料完整齐备，以免造成对方的不愉快而影响索赔事件的解决。索赔金额的计算要准确无误，符合合同条款的规定，具有说服力，力求文字清晰，简单扼要，要重事实、讲理由，语言婉转而富有逻辑性。索赔资料包括：

(1) 事态调查

事态调查即寻找索赔机会。通过对合同实施的跟踪、分析、诊断，如发现索赔机会，则应进行详细的调查和跟踪，以了解事件经过、前因后果，掌握事件详细情况。

(2) 损害事件原因分析

损害事件原因分析即分析这些损害事件是由谁引起的，责任应由谁来承担。一般只有非承包商责任的损害事件才有可能提出索赔。在实际工作中，损害事件的责任往往是多方面的，故必须进行责任分解，划分责任范围，按责任大小承担损失，否则极易引起合同双方的争执。

(3) 索赔根据

索赔根据即索赔理由,主要指合同文件。必须按合同判断自己具有索赔权。

(4) 损失调查

损失调查即为索赔事件的影响分析。它主要表现为工期的延长和费用的增加。

(5) 收集证据

索赔事件发生后,承包人应抓紧收集证据,并在索赔事件持续期间一直保持有完整的同期记录。

3) 索赔文件(报告)的编写

索赔报告是承包商向监理工程师(或业主)提交的要求业主给予一定的经济(费用)补偿或工期延长的正式报告。一个完整的索赔报告应包括如下内容:

(1) 题目。索赔报告的标题要简要、准确地概括索赔的中心内容,如"关于……事件的索赔"。

(2) 事件。详细描述事件过程,主要包括事件发生的工程部位,发生的时间、原因和经过、影响的范围以及承包人当时采取的防止事件扩大的措施,事件持续时间,承包人已经向发包人或监理工程师报告的次数及日期,最终结束影响的时间,事件处置过程中的有关主要人员办理的有关事项等,也包括双方信件交往、会谈,并指出对方如何违约、证据的编号等。

(3) 理由。指索赔的依据,主要是法律依据和合同条款的规定。合理引用法律和合同的有关规定,建立事实与损失之间的因果关系,说明索赔的合理、合法性。

(4) 结论。指出事件造成的损失及损害及其大小,主要包括要求补偿的金额及工期,这部分只需列举各项明细数字及汇总数据即可。

(5) 详细计算书(包括损失估价和延期计算两部分)。为了证实索赔金额和工期的真实性,必须指明计算依据及计算资料的合理性,包括损失费用、工期延长的计算基础、计算方法、计算公式及详细的计算过程及计算结果。

(6) 附件。包括索赔报告中所列举的事实、理由、影响等各种编过号的证明文件和证据、图表。

4) 索赔文件(报告)的报送

索赔报告编写完毕后,应在引起索赔的事件发生后28天内尽快提交给监理工程师(或业主),以正式提出索赔。索赔报告提交后,承包商不能被动等待,应隔一定的时间主动向对方了解索赔处理的情况,根据对方所提出的问题进一步作资料方面的准备,或提供补充资料,尽量为监理工程师处理索赔提供帮助、支持和合作。

5) 索赔文件(报告)的评审

工程师或业主接到承包商的索赔报告后,应该马上仔细阅读其报告,并对不合理的索赔进行反驳或提出疑问,工程师可以根据自己掌握的资料和处理索赔的工作经验提出意见和主张。如:

(1) 索赔事件不属于业主和监理工程师的责任,而是第三方的责任;

(2) 承包商未能遵守索赔意向通知的要求;

(3) 合同中的开脱责任条款已经免除了业主补偿的责任;

(4) 索赔是由不可抗力引起的,承包商没有划分和证明双方责任的大小;

（5）承包商没有采取适当的措施避免或减少损失；

（6）承包商必须提供进一步的证据；

（7）损失计算夸大；

（8）承包商以前已经明示或暗示放弃了此次索赔的要求。

但工程师提出这些意见和主张时，也应当有充分的根据和理由。评审过程中，承包商应对工程师提出的各项质疑作出圆满的答复。

6）索赔谈判与调解

当某项施工索赔要求不能在每月的施工进度款中得到解决，而需要采取合同双方面对面地讨论决定时，应将未解决的索赔问题列为会议协商的专题，提交会议协商解决。这种会议一般由工程师主持，承包人和业主代表出席讨论。

一般来说，第一次协商采取非正式的形式，双方交换意见，互相探讨立场观点，了解可能的解决方案，友好求实地协商，争取通过一次或数次会议，达成解决索赔问题的协议。如果多次会议均不能达成协议时，则需要采取进一步的协商解决措施，如邀请中间人调解，或报送DAB(Dispute Adjudication Board，争端裁决委员会)解决等方案。

在直接谈判中需要讲究技巧，不仅要熟悉有关的法律条款，了解工程项目的技术情况和施工进程，而且要善于同对方斗智，在不失原则的前提下灵活退让，最终达成双方满意的协议。

当争议双方直接谈判无法取得一致的解决意见时，为争取友好解决的方式解决索赔争端，根据施工索赔的管理，可由争议双方协商邀请中间人进行调停，通常也能够比较满意地解决索赔争端。

中间人，可以是争议双方都信赖熟悉的个人，比如工程技术专家、律师、估价师或有威望的人士，也可以是一个专门的组织，比如工程咨询机构或监理工程公司、工程管理公司、索赔争端评审组、合同争端评委会等。

中间人调解的过程，也是争议双方逐渐接近而趋于一致的过程。中间人通过与争议双方单独地或共同地交换意见，在全面调查研究的基础上，可以提出一个比较公正而合理的意见。这个调解意见只作为调解人的建议，对争议双方都没有约束力。但由于仲裁或诉讼等解决方案需要花费大量的时间和较高的成本，而独立的第三方的调解成本较低，合同双方为避免更大费用，一般在中间人的调解下，能够达成共识。

7）索赔仲裁与诉讼

与其他合同争端一样，对于索赔争端，最终的解决途径是通过仲裁或诉讼来解决。仲裁虽然不是一个理想的解决方法，但当一切协商都不能奏效时，仍可以作为一个有效的最终解决途径。因为仲裁具有法律权威，对合同双方都有约束力，可以强制执行。

7.4 费用索赔

7.4.1 费用索赔的基本概念

1. 费用索赔的含义

费用索赔是指承包人向业主要求补偿不应该由承包人自己承担的经济损失或额外开支，它是工程索赔的核心。费用索赔的存在是由于建立合同时还无法确定的某些应由业主承担的风险因素导致的结果。承包人的投标报价中一般不考虑应由业主承担的风险对报价的影响，因此一旦这类风险发生并影响承包人的工程成本时，承包人提出费用索赔就是一种正常现象和合情合理的行为。

2. 费用索赔的基本原则

1）实际损失原则

费用索赔都必须以赔偿实际损失为原则。所谓实际损失，是指干扰事件对承包人工程成本和费用的实际影响，这个实际损失应该包括直接损失和间接损失两个方面。直接损失通常表现为承包人成本的增加和实际费用的超支，间接损失是指承包人可能获得利益的减少，比如业主拖欠工程款，使承包人失去存款利息的收入。

另外，这些干扰事件造成的损失都应有具体的证据，包括费用支出的账单、工资表、现场用工用料用机的证明、工程成本核算资料等。如果在索赔报告中没有证据，承包人的索赔要求是很难成立的。

在实际工程中，许多承包人常常以自己的实际生产值、实际生产效率、工资水平和费用开支水平计算索赔值，这样做常常会过高地计算索赔值，从而使索赔报告被对方否定。在索赔计算中必须要扣除承包人自己责任造成的损失，即由承包人自己管理不善、组织失误等原因造成的损失由承包人自己负责。

2）合同原则

合同原则是指费用索赔的计算方法必须符合合同的规定，具体包括：

（1）符合合同规定的赔偿条件，扣除承包人应承担的风险。在任何工程承包合同中都有承包人应承担的风险条款。对风险范围内的损失由承包人自己承担。

（2）符合合同规定的计算基础。合同是索赔计算的依据，合同中的人工费单价、材料费单价、机械费单价、各种费用的取值标准和各分部分项工程合同单价都是索赔的计算基础，在索赔计算中，必须以此为依据。

3）合理性原则

（1）符合规定的或通用的会计核算原则。索赔值的计算是在成本计划和成本核算基础上，通过计划和实际成本对比进行的。实际成本的核算必须与计划成本的核算有一致性，而且符合通用的会计核算原则。例如采取正确的成本项目的划分方法、各成本项目的核算方法、工地管理费和总部管理费的分摊方法。

（2）符合工程惯例。即采用能为业主、调解人、仲裁人认可的，在工程中常用的计算方法。

4）有利原则

如果选用不利的计算方法，会使索赔值计算过低，使自己的实际损失得不到应有的补偿或失去可能获得的利益。对于重大的索赔，在最后的解决中，承包人常常必须作出让步，在原索赔值上打折扣，因此在索赔计算中必须要留有余地，索赔要求应大于实际损失值，最终解决才会有利于承包人。

7.4.2 费用索赔值的计算

1. 可索赔费用的组成

1）人工费

包括人员闲置费、加班工资、额外工作所需人工费用、劳动效率降低和人工费的价格上涨等费用。但不能简单地用计日工费计算。

索赔中的人工费主要考虑以下几个方面：

(1) 完成合同计划外的工作所花费的人工费用；

(2) 由于非承包商责任的施工效率降低所增加的人工费用；

(3) 超过法定工作时间的加班劳动费用；

(4) 法定人工费的增长；

(5) 由于非承包商的原因造成工期延误致使人员窝工增加的人工费等。

2) 材料费

材料费在直接费用中占有很大比重。由于索赔事项的影响，在某些情况下，会使材料费的支出超过原计划材料费支出。索赔的材料费主要包括以下内容：

(1) 由于索赔事项材料实际用量超过计划用量而增加的材料费；

(2) 对于可调价格合同，由于客观原因材料价格大幅度上涨；

(3) 对于非承包商的责任使工期延长导致材料价格上涨；

(4) 由于非承包商的原因致使材料运杂费、材料包装费、材料的运输损耗等。

索赔的材料费中应包括材料原价、材料运输费、材料包装费、材料的运输损耗等。但由于承包商自身管理不善等原因造成材料损坏、失效等费用损失不能计入材料费索赔中。

3) 施工机械使用费

由于索赔事项的影响使施工机械使用费增加，主要体现在以下几个方面：

(1) 由于完成工程师指示的超出合同范围的工作所增加的施工机械使用费；

(2) 由于非承包商的责任导致施工效率降低所增加的施工机械使用费；

(3) 由于业主或工程师的原因导致机械停工的窝工费等。

4) 管理费

(1) 工地管理费。工地管理费的索赔是指承包商为完成索赔事项工作，业主指示的额外工作及合理的工期延长期间所发生的工地管理费用，包括工地管理人员的工资、办公费、通信费、交通费等。

(2) 总部管理费。索赔款中的总部管理费是指索赔事项引起的工程延误期间所增加的管理费用，一般包括总部管理人员的工资、办公费用、财务管理费用、通信费用等。

(3) 其他直接费和间接费。国内工程一般按照相应费用定额计取其他直接费和间接费等项，索赔时可以按照合同约定的相应费率计取。

5) 利润

承包商的利润是其正常合同报价的一部分，也是承包商进行施工的根本目的。所以当一个索赔事件发生的时候，承包商会相应地提出利润的索赔，但是对于不同性质的索赔，承包商可能得到的利润补偿是不一样的。一般由于业主方工作失误造成承包商的损失，可以索赔利润，而由于业主方也难以预见的事项造成的损失，承包商一般不能索赔利润。在 FIDIC 合同条件中，对于以下几项索赔事项，明确规定了承包商可以得到相应的利润补偿：

(1) 工程师或者业主提供的施工图或指示延误；

(2) 业主未能及时提供施工现场；

(3) 合同规定或工程师通知的原始基准点、基准线、基准标高错误；

(4) 承包商服从工程师的指示进行试验(不包括竣工试验),或由于业主应负责的原因对竣工试验的干扰;

(5) 因业主违约,承包商暂停工作及终止合同;

(6) 一部分应属于业主承担的风险;

(7) 其他应予以补偿的费用,包括利息、分包费、保险费及各种担保费等。

如果工程进行分包,分包商的索赔款同样也包括上述各项费用。当分包商提出索赔时,其索赔要求如数列入总包商的索赔要求中一起向工程师提交。

2. 索赔费用值的计算

1) 总费用索赔的计算

总费用法又称为总成本法,是指在索赔事件发生后,计算出该项索赔事件的实际总费用,再从实际总费用中减去投标报价的估算费用,得出要求补偿的索赔款额。具体公式为:

索赔款项=实际总费用－投标报价估算总费用

总费用法是一种简单的计算方法,要求承包人必须出示足够的证据,证明其全部费用是合理的,否则,发包人将不接受承包人提出的索赔款额。通常用得较少,只有在无法按分项方法计算索赔费用时才可使用。

总费用索赔法在实际应用中,又衍生出一些改进的方法,其总的思路是承包人易于证明其索赔款额,同时,便于发包人和监理工程师进行核实,确定索赔费用。具体方法是:

(1) 按多个索赔事件发生的时段,分别计算每时段的索赔费用,再汇总出总费用;

(2) 按单一索赔事件计算索赔的总费用。

以上两种方法,由于时段的限制或单一事件的限制,其索赔总费用额较小,在处理索赔时发包人也较易接受,同时承包人也能尽快得到索赔款。

2) 单项索赔值的计算

(1) 人工费的计算

人工费的各项费率取值分别为:

人员闲置费费率=工程量表中适当折减后的人工单价

加班费率=人工单价×法定加班系数

额外工作所需人工费率=合同中的人工单价或计日工单价

劳动效率降低索赔额=(该项工作实际支出工时－该项工作计划工时)×人工单价

(2) 材料费计算

材料费用的索赔包括两个方面:实际材料用量超过计划用量部分的费用索赔和材料价格上涨费用的索赔。在材料费索赔计算中,要考虑材料运输费、仓储费以及合理损耗费用。其中:

额外材料使用费=(实际用量－计划用量)×材料单价

增加的材料运杂费、材料采购及保管费用按实际发生的费用与报价费用的差值计算。

某种材料价格上涨费用=(现行价格－基本价格)×材料用量

基本价格是指在递交投标书截止日期以前第 28 天该种材料的价格;现行价格是指在递交投标书截止日期前第 28 天后的任何日期通行的该种材料的价格;材料用量是指在现行价格有效期内所采购的该种材料的数量。

(3) 施工机械使用费的计算

施工机械使用费包括以下几方面：

机械闲置费＝计日工表中机械单价×闲置持续时间

增加的机械使用费＝计日工表或租赁机械单价×持续时间

机械作业效率降低费＝机械作业发生的实际费用－投标报价的计划费用

(4) 现场管理费的计算

现场管理费的索赔费用是指承包商完成额外工程，可进行索赔的工作和工期延长期间的现场管理费用，包括现场管理人员、办公、通信、交通等多项费用。

① 根据计算出的索赔直接费款额计算现场管理费索赔值，即

增加的现场管理费＝(现场管理费总额÷工程直接费总额)×直接费索赔总额

② 根据工期延长值计算现场管理费索赔值，即

每周现场管理费＝投标时计算出的现场管理费总额÷要求工期(周)

现场管理费索赔值＝每周现场管理费×工期延长周数

其中，要求工期是指合同中监理工程师最后批准的项目工期。

(5) 企业管理费的计算

企业管理费的索赔计算类同于现场管理费的索赔计算。具体如下：

① 根据工期延长值计算企业管理费索赔值，即

每周企业管理费＝投标时计算出的企业管理费总额÷要求工期(周)

企业管理费索赔值＝每周企业管理费×工期延长周数

其中，要求工期是指合同中监理工程师最后批准的项目工期。

② 根据计算出的索赔直接费款额计算企业管理费索赔值。该方法是按照投标报价书中的企业管理费占合同直接费的比例(如3%～9%)计算企业管理费索赔值。

企业管理费索赔值＝索赔直接费款额×合同中企业管理费比例

(6) 利润

利润索赔通常是指由于工程变更、工程延期、中途终止合同等使承包人产生利润损失。

利润索赔值的计算方法如下：

利润索赔值＝利润百分比×(索赔直接费＋索赔现场管理费＋索赔企业管理费)

(7) 利息

利息索赔主要分为两种情况：一是指由于工程变更和工程延期，使承包人不能按原来计划收到合同款，造成资金占用，产生利息；二是延迟支付工程款利息。在计算利息索赔值时，可根据合同条款中规定的利率，或根据当时银行贷款利率进行计算。

7.4.3 不允许索赔的费用

在工程施工索赔过程中，有些费用是不允许索赔的。常见的不允许索赔费用如下：

(1) 由于承包人的原因而增大的经济损失

如果发生了发包人或其他原因造成的索赔事件发生，而承包人未采取适当的措施防止或减少经济损失，并由于承包人的原因使经济损失增大，则不允许进行这些经济损失的补偿索赔。这些措施可以包括保护未完工程，合理及时地重新采购器材，重新分配施工力量，如人员、材料和机械设备等。若承包人采取了措施花费了额外的人力、物力，则可向发包人要

求对其“所采取的减少损失措施”的费用予以补偿。

(2) 承包人的索赔准备费用

承包人的每一项索赔要获得成功，必须从索赔机会的预测与把握，保持原始记录，及时提交索赔意向通知和索赔账单进行索赔具体分析和论证，到承包人和监理工程师和发包人之间的索赔谈判已达成协议，承包人需要花费大量的人力和精力去进行认真仔细的准备工作。有些复杂的索赔情况承包人还需要聘请专家来进行索赔的咨询工作等。所有这些索赔的准备和聘请专家都要开支款额，但这种款额的花费是不允许从索赔费用里得到补偿的。

(3) 索赔金额在索赔处理期间的利息

对于某些工程项目的索赔事件所发生的索赔费用是很大的金额。而索赔处理的周期总是一个比较长的过程，这就存在承包人应索赔款额的利息问题。一般情况下，不允许对索赔款额再加入利息，除非有确凿证据证明发包人或监理工程师故意拖延了对索赔事件的处理。

有关索赔费用的具体计算和归类是灵活多变的，有些不允许索赔的费用，在其他方面亦可得到补偿；有些允许索赔的费用，若承包人对索赔注意不够或处理不当，也可无法得到相应的费用补偿。另外，在处理索赔事件的过程中，往往由于承包人和监理工程师对索赔的看法、经验和计算方法等不同，双方所计算的索赔金额差距会较大，承包商应注意这一点。

【案例 7-3】 人工费索赔

某框架结构工程有钢筋混凝土柱 $68m^3$，测算模板 $547m^3$，支模工作内容包括现场运输、安装、拆除、清理、刷油等。由于发生许多干扰事件，造成人工费的增加。现承包商对人工费索赔如下：

预算支模用工 $3.5h/m^2$，工资单价为 35 元/天。

模板报价中人工费 $(3.5h/m^2 \times 547m^2) \div 8h/天 \times 35$ 元/天 $= 8376$ 元

在实际工程施工中按照监理工程师测算、用工记录、承包人的工资报表记录：由于监理工程师指令工程变更，实际钢筋混凝土工程量为 $76m^3$，模板工程量为 $610m^2$，模板小组 18 人共工作了 16 天(8h/天)。

实际模板工资应支出 35 元/天×16 天×18＝10 080 元

实际工作人工费增加 10 080 元－8376 元＝1704 元

承包人工人等待变更停工 6h，增加人工费：18×35 元/天×6h÷8h/天＝472.5 元

人工费共增加 1704 元＋472.5 元＝2176.5 元

监理工程师对承包人的索赔进行分析、核实如下：

由于设计变更和等待变更指令属于业主的责任和风险，所以设计变更所引起的人工费变化

$3.5h \times (610-547)m^2 \times 35$ 元/天 $\div 8h/天 = 964.7$ 元

停工等待变更指令引起的人工费增加 18×35 元/天×6h÷8h/天＝472.5 元

人工费增加总额 964.7 元＋ 472.5 元＝1437.2 元

承包人有理由提出费用索赔的数量为 1437.2 元。

7.5 工期索赔

工期索赔是指合同的一方根据工程项目合同的规定，在工期超出合同规定的条件下，提出的工期补偿要求，以弥补本身遭受的损失。

在建筑工程施工过程中，由于项目的建设周期比较长，在施工过程中容易受到外界因素的干扰，比如水文气象、地质条件的变化、规划及设计的变更、所在国家的法律的变化或其他人文的因素等，这些干扰因素都有可能造成工程不能按照合同工期按时完成，造成工期延误。工程工期是业主和承包人经常发生争议的问题之一，工期索赔在整个索赔中占据了很高的比例，也是承包人索赔的重要内容之一。

7.5.1 工期索赔的原因

在施工过程中，由于各种因素的影响，使承包人不能在合同规定的工期完成工程，造成工期拖期。造成拖期的一般原因有以下几方面。

1. 非承包人原因

由于下列非承包人原因造成的工期拖延，承包人有权获得工期延长：

(1) 合同文件含义模糊或歧义；

(2) 监理工程师未在合同规定的时间内颁发施工图和指示；

(3) 承包人遇到一个有经验的承包人无法合理预见到的障碍或条件；

(4) 处理现场发掘出具有地质或考古价值的遗迹或物品；

(5) 监理工程师指示合同中未规定的检验；

(6) 监理工程师指示暂时停工；

(7) 发包人未能按合同规定的时间提供施工所需的现场和道路；

(8) 发包人违约；

(9) 工程变更；

(10) 异常恶劣的气候条件；

(11) 不可抗事件。

上述原因可归结为三大类，即发包人的原因、监理工程师的原因和不可抗力原因。

2. 承包人原因

承包人在施工过程中可能由于下列原因造成工程延误：

(1) 对施工条件估计不充分，制定的进度计划过于乐观；

(2) 施工组织不当；

(3) 其他承包人自身的原因。

7.5.2 工期拖延的分类及处理措施

工期拖延分为以下 3 种情况：

1. 由于承包人原因造成的工程拖期

由于承包人原因造成的工期拖延，称为工程延误，承包人必须向发包人支付误期损害赔偿费。在这种情况下，承包人无权获得工期延长。

2. 由于非承包人原因造成的工期拖延

由于非承包人原因造成的工程拖期，称为工程延期，承包人有权要求发包人给予工期延长。它是由于发包人、监理工程师或其他客观因素造成的，承包人有权获得工期延长，但是能否获得经济补偿要视具体情况而定。

3. 共同延误下工期索赔的有效期处理

承包人、监理工程师或发包人，或某些客观因素均可造成工期拖期，但在实际施工过程中，工期拖期经常是由上述两种以上的原因共同作用产生的，称为共同延误。

在共同延误情况下，要具体分析哪一种延误是有效的，即承包人可以得到工期延长，或既可延长工期，又可得到经济补偿。在确定拖期索赔的有效期时，可依据以下原则：

(1) 首先判别造成拖期的哪一种原因是最先发生的，即确定"初始延误"者，它应该对工期拖期负责。在初始延误发生作用期间，其他并发的延误者不承担拖期责任。

(2) 如果初始延误者是发包人，则在发包人造成的延误期内，承包人既可得到工期延长，也可得到经济补偿。

(3) 如果初始延误者是客观因素，则在客观因素发生影响的时间段内，承包人可以得到工期延长，但很难得到经济补偿。

【案例 7-4】

某建筑公司(乙方)于某年 5 月 20 日签订了建筑面积约为 4600m^2 工业厂房的施工合同。乙方编制的施工方案和进度计划已获监理工程师批准。该工程的基坑开挖土方量为 5000m^3，每天开挖土方量 500m^3，假设开挖土方直接费单价为 5 元/m^3，基础混凝土浇筑量为 3000m^3，每天混凝土浇筑量为 200m^3。甲、乙双方合同约定 6 月 11 日开工，6 月 20 日完成。在实际施工中发生了以下几项事件：

(1) 在施工过程中，因租赁的挖掘机出现故障，造成停工 2 天、人工窝工 10 个工作日。

(2) 因业主延迟 8 天提交施工图，造成停工 8 天、人工窝工 200 个工作日。

(3) 在基坑土方开挖过程中，因遇软土层，接到监理工程师停工 5 天的指令，进行地质复查，配合用工 20 个工作日。

(4) 接到监理工程师的复工令，同时提出基坑开挖深度加深 2m 的设计变更通知单，由此增加土方开挖量 1000m^3。

(5) 接到监理工程师的指令，同时提出混凝土基础加深 2m 的设计变更通知单，由此增加基础混凝土浇筑量 800m^3。

【问题】

1. 上述哪些事件建筑公司可以向厂方要求索赔，哪些事件不能向厂方要求索赔？并说明原因。

2. 每项事件工期索赔各是多少天？工期索赔总计多少天？

7.6 索赔管理

7.6.1 索赔管理的特点和原则

1. 索赔管理的特点

索赔管理具有以下特点：

(1) 索赔工作贯穿于工程项目始终

合同当事人要做好索赔工作，必须从签订合同起，直至履行合同的全过程，要注意采取预防保护措施，建立健全索赔业务的各项管理制度。

在工程项目的招标、投标和合同签订阶段，作为承包人应仔细研究国家的法律、法规及合同条件，特别是关于合同范围、义务、付款、工程变更、违约及罚款、特殊风险、索赔时限和争议解决等条款，必须在合同中明确规定当事人各方的权利和义务，以便为将来可能的索赔提供合法的依据和基础。

在合同执行阶段，合同当事人应密切关注对方的合同履行情况，不断地寻求索赔机会；同时，自身应严格履行合同义务，防止被对方索赔。

(2) 索赔是一门融工程技术和法律于一体的综合学问和艺术

索赔问题涉及的层面相当广泛，既要求索赔人员具备丰富的工程技术知识与实际施工经验，使得索赔问题的提出具有科学性和合理性，符合工程实际情况，又要求索赔人员通晓法律与合同知识，使得提出的索赔具有法律依据和事实证据，而且还要求在索赔文件的准备、编制和谈判等方面具有一定的艺术性，使索赔的最终解决表现出一定程度的伸缩性和灵活性。

(3) 影响索赔成功的相关因素较多

索赔能否成功，除了以上所述的条件外，还与企业的项目管理基础工作密切相关，主要有以下4个方面：

① 合同管理。合同管理与索赔工作密不可分，有的学者认为索赔就是合同管理的一部分。从索赔角度看，合同管理可分为合同分析和合同日常管理两部分。合同分析的主要目的是为索赔提供法律依据。合同日常管理则是收集、整理施工中发生事件的一切记录，包括施工图、订货单、会谈纪要、来往信件、变更指令、气象图表、工程照片等，并加以科学归档和管理，形成一个能清晰描述和反映整个工程全过程的数据库，其目的是为索赔及时提供全面、正确、合法有效的各种证据。

② 进度管理。工程进度管理不仅可以指导整个施工的进程和次序，而且可以通过计划工期与实际进度的比较、研究和分析，找出影响工期的各种因素，分清各方责任，及时地向对方提出延长工期及相关费用的索赔，并为工期索赔值的计算提供依据和各种基础数据。

③ 成本管理。成本管理的主要内容有编制成本计划、控制和审核成本支出、进行计划成本与实际成本的动态比较分析等，它可以为费用索赔提供各种费用的计算数据和其他信息。

④ 信息管理。索赔文件的提出、准备和编制需要工程施工中的各种信息，这些信息要在索赔时限内高质量地准备好，这要求当事人平时就重视信息管理工作，而且应采用计算机

进行信息管理。

2. 索赔管理工作应遵循的原则

在进行施工索赔管理工作中，合同双方的合同管理人员应遵循以下一些原则：

1）客观性原则

合同当事人提出的任何索赔要求，首先必须是真实的。合同当事人必须认真、及时、全面地收集有关证据，实事求是地提出索赔要求。

2）合法性原则

当事人的任何索赔要求，都应当限定在法律和合同许可的范围内。没有法律上或合同上的依据不要盲目索赔，或者当事人所提出的索赔要求至少不应为法律所禁止。

3）合理性原则

索赔要求应合情合理，一方面要采取科学合理的计算方法和计算基础，真实反映索赔事件所造成的实际损失；另一方面也要结合工程的实际情况，兼顾对方的利益，不要滥用索赔，多估冒算，漫天要价。

7.6.2 承包人在施工索赔中应注意的问题

1. 充分认识施工索赔的重要意义

(1) 施工索赔是施工合同管理的重要环节

施工索赔和合同管理有直接的联系，施工合同是施工索赔的依据，整个施工索赔处理的过程是履行合同的过程。所以，工程实践中常称索赔为合同索赔。

承包人从工程投标之日开始就要对合同条件进行分析。项目开工以后，合同管理人员要将每日施工合同的情况与原合同分析的结果相对照，一旦出现合同规定以外的情况，或合同实施受到干扰，承包人就要研究是否就此提出索赔。日常的单项索赔处理可由合同管理人员来完成，对于重大的一揽子索赔，要依靠合同管理人员从日常积累的工程文件中提供证据，供合同管理方面的专家进行分析。因此，要想索赔就必须加强合同管理。

(2) 施工索赔是计划管理的动力

计划管理一般涉及项目的实施方案、进度安排、施工顺序、劳动力、机械设备及材料的使用与安排。而索赔必须分析在施工过程中实际实施的计划与原计划的偏离程度。比如，工期索赔就必须通过项目的实际与原计划的关键路线分析比较才能成功，费用索赔往往也是基于这种比较分析基础之上。因此，从某种意义上讲，离开了计划管理，索赔将成为一句空话。反过来讲，要索赔就必须加强项目的计划管理，索赔管理是计划管理的动力。

(3) 施工索赔是挽回成本损失的重要手段

承包人在投标报价中最重要的工作是计算工程成本。承包人应按招标文件规定的工程量和责任、给定的投标条件以及项目的自然、经济环境作出成本估算。在施工合同履行中，如果由于这些条件和环境的变化，使承包人的实际工程成本增加，承包人要挽回这些实际工程成本的损失，只有通过索赔这种合法的手段才能做到。

施工索赔是以索赔实际损失为目的，这就要求有可靠的工程成本计算依据。所以，要搞好施工索赔，承包人必须建立完善的成本核算体系，及时、准确地提供整个工程以及分项工程的成本核算资料，索赔计算才有可靠的依据。因此，索赔又能促进工程成本的分析和管理，以便确定挽回损失的数量。

总之,承包人施工索赔是利用经济杠杆进行施工项目管理的有效手段。随着我国建筑市场体系的建立和完善,施工索赔管理将成为施工项目管理中越来越重要的问题。对承包人来说,施工索赔管理水平的高低,将成为反映其施工项目管理水平高低的重要标志。

2. 努力创造索赔处理的最佳条件

在施工索赔处理时,承包人已完的工程和工作令发包人满意,承包人所提出的索赔要求较顺利地获得发包人认可,这是双方都认为的理想的事。工程实践中,经常在解决索赔时发生承发包双方或其中一方不满意,一般情况下并不是因为当事人的主观意愿,而是因为缺乏索赔解决的最佳条件。

承包人要努力创造索赔处理的最佳条件,就必须认真实施施工合同,同时考虑承发包双方的利益。

承包人认真实施施工合同,以积极合作的态度履行合同职责,不仅能够反映企业的管理水平,形成良好的社会信誉,而且能够与发包人建立良好的合作关系,从而为索赔的处理打下良好的基础。具体体现在:

(1) 承包人应按照合同规定的质量、数量、时间完成工程任务,守信誉,不偷工减料,不以次充好,无违约行为。

(2) 承包人应积极主动地配合发包人和工程师开展工作。如认真审查施工图,发现错误及时提出修改,发现遗漏及时提出补充,协助发包人克服困难,采用质量好、费用低的先进施工方法等。

(3) 做一个诚实可信的合作伙伴,做到工程师在场不在场一个样。

(4) 在施工过程中,如遇到工程师发出错误或不当的指令时,除执行指令外,应及时友好地提醒对方,并注意减少损失,切不可幸灾乐祸,讥讽嘲笑。

(5) 事先不可预料的事件发生后,承包人应及时采取有效措施,遏制事态发展,降低工程损失。切不可任其发展,伺机大开口,从中渔利。

(6) 对于发包人有时发生的一些对工程进展无重要影响的违约现象,承包人一般应适当采取容忍、谅解的态度。如承包人进场时,发包人仍没有能够按合同规定的日期和内容完成点交场地的工作,但只要暂不影响工作的开展,就不宜提出索赔意向;发包人在发送图纸、工程拨款等方面偶然发生比合同规定时间延迟的现象,只要不是有意识的且不影响工程进展,应以谅解为宜。

(7) 遵守"诚信原则",考虑双方利益。

施工合同的签订,本身就是承发包双方相互信任的结果。施工合同的履行也要求双方能够按照"诚信原则"实事求是地处理可预见或不可预见的问题。因此,承发包双方对合同中的内容表达,不能以疏忽作为借口进行辩解。但由于事实上的施工合同文件不可能对任何情况都预先作出详细规定,也不可能没有缺陷,若在工作中遇到施工合同对某些问题没有作出规定或规定不明确的情况时,双方都应遵守"诚信原则",考虑双方利益,找出双方都能接受的公平合理的解决方案,使双方继续顺利地合作下去。

在友好、和谐、互相信任和依赖的合作气氛中,不仅施工合同能够顺利进行,就连承包人实事求是地提出索赔要求,发包人也容易认可。

3. 着眼于重大索赔,着眼于实际损失

着眼于重大索赔,主要是指集中精力抓住索赔事件中对工程影响程度大、索赔额高的事件提出索赔,相对于重大索赔的小项索赔可采用灵活的方式处理。如可告诉对方,出于双方友好合作的考虑,准备放弃由某某事件、某某变更、停水、停电等原因引起的索赔要求,有时也可将小项索赔作为索赔谈判中让步的余地。承包人某种自愿让步,往往也引导发包人"不宜过分计较"的心态,获得重大索赔的成功,如此结果远比承包人递上一大堆索赔报告请求补偿的做法好得多。

着眼于实际损失,是指计算索赔额要实事求是,不宜弄虚作假,这也是双方友好处理索赔问题的条件之一。因为一个索赔事件发生后,对工程能造成多大的影响,对承发包双方来说,并非深不可测难以掌握的事,有人自以为聪明,常常高估冒算,最终并非多获利益,相反的是给发包人留下不诚实的印象,从而给以后的索赔解决工作投下了阴影。

4. 注意索赔证据资料的收集

一般情况下,承包人提出索赔要求时,必须有足够的证据证明自己的索赔要求的合理性,这是因为工程师或发包人在审查索赔要求时,总要提出这样或那样的质疑。因此,收集完整详细的索赔证据资料是十分重要的工作。

(1) 建立健全的文档资料管理制度

承包人应将文档资料管理制度作为项目管理的一个组成部分,应规定所收集资料的内容、标准、要求、份数、保存办法、使用办法、管理人员的责任等。

(2) 要建立一个专人管理责任分工的组织体系

收集资料贯穿于工程施工的整个过程及各个方面,因受业务条件的限制,一个人难以做好此项工作,而可能接触索赔证据资料的工作人员又太多,这个矛盾只有通过有效的组织过程来解决。也就是说,承包人的任何一个工作人员都应有索赔意识,对任何一件与合同有关的事项变化都应认真记录或办理必要的手续,专职管理人员应对所发生事件的资料及时整理、归档、保存,同时还应时常督促有关人员收集相关资料。

(3) 对重大事件的相关资料应有针对性地收集

当发生比较重大的索赔事件时,承包人的主管人员应分析研究该事件可能产生的不利影响,使有关人员有意识地注意这些方面的情况,收集相关资料。这样收集来的索赔证据资料一般都对索赔要求有较好的作用。

【案例 7-5】

P公司通过投标承包一项污水管道安装工程。铺设路线中有一处需要从一条交通干线的路堤下穿过。在交通干线上有一条旧的砖砌污水管,设计的新污水管要从旧管道下面穿过,要求在路堤以下部分先做好导洞,但招标单位明确告知没有任何有关旧管道的走向和位置的准确资料,要求承包商报价时考虑这一因素。

施工时,当承包商从路堤下掘进导洞时,顶部出现塌方,很快发现旧的污水管道距导洞的顶部非常近,并出现开裂,致使导洞内注满水。P公司遂通知监理工程师赴现场处理,监理工程师赴现场后当即口头指示承包商切断水流,暂时将水流排入附近100m远的污水管检查井中,并抽水修复塌方。

修复工程完毕,承包商向其保险公司索赔,但遭到保险公司的拒绝。理由是发生事故时,承包商未曾通知保险公司。而且保险公司认定事故是因设计错误引起的,因为新污水管离旧污水管太近，如果不存在旧污水管，则不会发生此事故。因此，保险公司认定应由设计人承担或者由业主或监理工程师来承担责任，因为建立工程师未能准确地确定污水管的位置。总之，保险公司认定该事故不属于第三者责任险的责任范围。

于是P公司遂向监理工程师提出了上述数额的索赔报告。其索赔的原因是：①设计错误造成塌方；②工程师下达的指令构成变更令，修复塌方属于额外工作。

该索赔报告又遭到监理工程师的拒绝。理由是：①工程师下达的指令不属于工程变更令，承包商为抢救而付出的工作是为了弥补自己的过失，属于其合同义务；②新管道的设计位置在旧管道之下2m，承包商有足够的空间位置足以支撑地面压力的导洞支撑；③招标单位在招标时已经告知没有关于旧管道走向及位置的详细资料，承包商在报价时已经考虑到了这一因素。

双方经过协商无效，遂诉诸仲裁，结果承包商败诉。

解析：根据本案例反映的情况，承包商无疑是受害者，是牺牲品。按客观情况，承包商完全有权获得补偿或赔偿，但问题出在承包商自己身上。我们既不能责怪保险公司无情，也不能指责业主方无赖，只能怪承包商自己无主见，在处理事故时没有考虑将来的索赔问题，致使责任方互踢皮球，推卸责任。

如果在事故发生时，承包商认定事故属于第三者责任的责任范围，应立即通知保险公司赴现场察看，在保险索赔报告中强调保险事故，不提工程设计或监理工程师问题，堵住保险公司推卸责任的后路，则保险索赔很可能成功。

或者，如果P公司认定向业主索赔，则在事故修复后立即要求工程师出面确认其关于抢救的口头指示，或者在事故发生前即致函监理工程师指出可能会发生的风险，事故发生后要求监理工程师下达指令切断水流。这样该抢救修复工作指令即有可能被视为变更指令，从而成为索赔依据。

第三种办法是致函工程师，指出该事故是有经验的承包商所无法预见的，尽管招标时业主方面已告知没有任何有关旧管道的走向和位置的准确资料，但投标时承包商无法获取也没有义务获取地下埋藏物的资料，承包人只能根据地面和基土情况作判断。从这方面着手，同样可以获得索赔的成功。

总之，承包商在事故发生时就应该想到将来应向谁索赔，认定索赔对象，早做准备，不应等到最后盲目索要，以致被责任方推来推去，最后一事无成，白白做出重大牺牲。

7.7 反索赔

7.7.1 反索赔的基本概念

1. 反索赔的含义

反索赔(count claim)，顾名思义就是反驳、反击或防止对方提出的索赔，不让对方索赔成功或全部成功。对于反索赔的含义一般有两种理解：一是认为向发包人提出补偿要求即为索赔，而发包人向承包人提出补偿要求则认为是反索赔；二是认为索赔是双向的，发包人和承包人都可以向对方提出索赔要求，任何一方对对方提出的索赔要求的反驳、反击则认为是反索赔。

2. 反索赔的作用

反索赔与索赔具有同等重要的地位，其作用主要表现在：

(1) 减少或预防损失的发生。由于合同双方利益不一致，索赔与反索赔又是一对矛盾，如果不能进行有效的、合理的反索赔，就意味着对方索赔获得成功，则必须满足对方的索赔要求，支付赔偿费用或满足对方延长工期、免于承担误期违约责任等要求。因此，有效的反索赔可以预防损失的发生，即使不能全部反击对方的索赔要求，也可能减少对方的索赔值，保护自己正当的经济利益。

(2) 一次有效的反索赔不仅会鼓舞工程管理人员的信心和勇气，有利于整个工程的施工和管理，也会合理地影响到对方的索赔工作；相反地，如果不进行有效的反索赔，则是对对方索赔工作的默认，被索赔者会在心理上处于劣势，进而丧失工作中的主动权。

(3) 做好反索赔工作不仅可以全部或部分否定对方的索赔要求，使自己免于损失，而且可以从中重新发现索赔机会，找到向对方索赔的理由，有利于自己摆脱被动局面。

(4) 反索赔工作与索赔一样，也要进行合同分析、事态调查、责任分析、审查对方索赔报告等工作，既要有反击对方的合同依据，又要有事实证据，离开了企业的基础管理工作，反索赔是不能成功的。因此，有效的反索赔有赖于企业科学、严格的基础管理；反之，正常开展反索赔工作，也会促进和提高企业基础管理工作水平。

3. 反索赔的内容

反索赔的工作内容可包括两个方面：一是防止对方提出索赔；二是反击或反驳对方的索赔要求。

1) 防止对方提出索赔

要成功地防止对方提出索赔，应采取积极防御的策略。

(1) 严格履行合同中规定的各项义务，防止自己违约，并通过加强合同管理，使对方找不到索赔的理由和根据，避免自己处于被索赔的地位。

(2) 如果在工程实施过程中发生了干扰事件，则应立即着手研究和分析合同依据，收集证据，为提出索赔或反击对方的索赔做好准备。

(3) 积极防御策略常常是采用先发制人的手段，即首先向对方提出索赔。

2) 反击或反驳对方的索赔要求

如果对方先提出了索赔要求或索赔报告，则应采取各种措施来反击或反驳对方的索赔要求。常用的措施有：

(1) 抓住对方的失误，直接向对方提出索赔，以对抗或平衡对方的索赔要求，达到最终解决索赔时互作让步或互不支付的目的。

(2) 反击或反驳对方的索赔报告。针对对方的索赔报告，进行仔细、认真的研究和分析，找出理由和证据，证明对方的索赔要求或索赔报告不符合实际情况和合同规定、没有合同依据或事实依据、索赔值计算不合理或不准确等，反击对方不合理的索赔要求或索赔要求中的不合理部分，推卸或减轻自己的赔偿责任，使自己不受或减少损失。

对对方索赔报告的反驳或反击，一般可以从以下几个方面进行：

(1) 索赔意向或报告的时限性。审查对方在干扰事件发生后，是否在合同规定的索赔时限内提出了索赔意向或报告，如果对方未能及时提出书面的索赔意向和报告，则将失去索赔的机会和权力，提出的索赔则不能成立。

(2) 索赔事件的真实性。索赔事件必须是真实可靠的，符合工程实际情况，不真实、不肯定或仅是猜测甚至无中生有的事件是不能提出索赔的，索赔当然就不能成立。

(3) 干扰事件原因、责任分析。如果干扰事件确实存在，则要通过对事件的调查，分析事件产生的原因和责任归属。如果事件责任是由于索赔者自己疏忽大意、管理不善、决策失误或因其自身应承担的风险等造成，则应由索赔者自己承担损失，索赔不能成立；如果合同双方都有责任，则应按各自的责任大小分担损失。只有确属是自己一方的责任时，对方的索赔才能成立。

(4) 索赔理由分析。索赔理由分析就是分析对方的索赔要求是否与合同条款或有关法规一致，所受损失是否属于不应由对方责任的原因所造成的。反索赔与索赔一样，要能找到对自己有利的法律条文或合同条款，才能推卸自己的合同责任，或找到对对方不利的法律条文或合同条款，使对方不能推卸或不能全部推卸其自身的合同责任，这样可从根本上否定对方的索赔要求。

(5) 索赔证据分析。索赔证据分析就是分析对方所提供的证据是否真实、有效、合法，是否能证明索赔要求成立。证据不足、不全、不当，没有法律证明效力或没有证据，索赔是不能成立的。

【案例 7-6】

某承包人投标获得一项工业厂房的施工合同，他是按招标文件中介绍的地质情况以及标书中的挖方余土可用做道路基础垫层用料而计算的标价。工程开工后，该承包人发现挖出的土方潮湿易碎，不符合路基垫层要求，承包人怕被指责施工质量低劣而造成返工，不得不将余土外运，并另外运进路基填方土料。为此，承包人提出了费用索赔。

但监理工程师经过审核认为：投标报价时，承包人承认考察过现场，并已了解现场情况，包括地表以下条件、水文条件等，因此认为换土纯属承包人责任，拒绝补偿任何费用。承包人则认为这是业主提供的地质资料不实造成的。监理工程师认为：地质资料是正确的，钻探是在干季进行的，而施工时却处于雨季期，承包人应当自己预计到这一情况和风险，仍坚持拒绝索赔，认为事件责任不在业主，此项索赔不成立。

7.7.2 反索赔的种类和具体内容

1. 工程质量缺陷反索赔

工程承包合同都严格规定了工程质量标准，有严格细致的技术规范和要求。工程质量的好坏与发包人的利益和工程的效益直接相关，发包人只承担因设计所造成的质量问题，监理工程师虽然对承包人的设计、施工方法、施工工艺工序以及对材料进行过批准、监督、检查，但并不能因此而免除或减轻承包人对工程质量应负的责任。在工程施工过程中，承包人所使用的材料或设备不符合合同规定或工程质量不符合施工技术规范和验收规范的要求，或出现缺陷而未在缺陷责任期满之前完成修复工作，发包人均有权追究承包人的责任，并提出因承包人所造成的工程质量缺陷所带来的经济损失的反索赔。

常见的工程质量缺陷表现为：

(1) 由承包人负责设计的部分永久工程和细部构造，虽然经过监理工程师的复核和审查批准，仍出现了质量缺陷或事故；

(2) 承包人的临时工程或模板支架设计安排不当，造成了施工后的永久工程的缺陷；

(3) 承包人使用的工程材料和机械设备等不符合合同规定和质量要求，从而使工程质量产生缺陷；

(4) 承包人施工的分项分部工程，由于施工工艺或方法问题，造成严重开裂、倾斜等缺陷；

(5) 承包人没有完成按照合同条件规定的工作或隐含的工作，如对工程的保护和照管、安全及环境保护等工作。

对于工程质量所出现的缺陷，若承包人没按监理工程师的要求进行修补或返工，监理工程师可以拒绝签发月工程进度付款证书，发包人可以暂停支付工程款。在缺陷责任期内，若承包人不修复由其造成的工程缺陷，发包人和监理工程师有权雇用其他承包人来修理缺陷，所需款项可以从保留金中支出(并扣回承包商的款项)。另外，发包人向承包人提出工程质量缺陷的反索赔要求时，往往不仅包括工程缺陷所产生的直接经济损失，也包括该缺陷带来的间接经济损失。

2. 拖延工期反索赔

如果由承包人的原因造成不可原谅的完工日期拖延，影响到发包人对该工程的使用和运营生产计划，而给发包人带来了经济损失，发包人有权向承包人索取“延期损失赔偿金”。此项发包人的索赔，并不是发包人对承包人的违约罚款，而只是发包人要求承包人补偿延期完工给发包人造成的经济损失。对此，承包人则应按签订合同时双方约定的赔偿金额以及拖延时间长短向发包人支付赔偿金，而不需寻找和提供实际损失的证据去详细计算。有关对承包人拖期损失赔偿金的具体计算和规定数额，一般在各具体的工程合同中都有规定。在有些情况下，延期损失补偿金按工程项目合同价的一定比例计算，若在整个工程完工之前，监理工程师已经对一部分工程颁发了移交证书，则对整个工程所计算的延误补偿金数额应给与适当的减少。

3. 经济担保的反索赔

在工程项目承包施工中，常见的经济担保有预付款担保和履约担保等，下面分别予以阐述。

1) 预付款担保反索赔

预付款是指在合同规定开工前或工程价款支付之前，由发包人预付给承包人的款项。预付款通常包括调遣预付款、设备预付款和材料预付款。预付款实质上是发包人向承包人发放的无息贷款。对预付款的偿还，施工合同中都规定承包人必须对预付款提供等额的经济担保。若承包人不能按期归还预付款，发包人可以从相应的担保款额中取得补偿，这实际上是发包人向承包人的索赔。另外，由于承包人的过失给发包人的材料设备造成损失或人员伤亡，发包人也有权要求承包人给予补偿；若由于承包人严重违约，给发包人造成重大的经济损失，用预付款担保亦不足以补偿发包人的损失时，发包人还可行使留置权，留置承包人在工程现场的材料、设备、施工机械及临时工程等财产以作赔偿。这些措施在保护发包人利益的同时也对承包人如期履约进行督促。

2) 履约担保反索赔

履约担保是承包人和担保方为了发包人的利益不受损害而做的一种承诺，担保承包人按施工合同所规定的条件进行工程施工。履约担保有银行担保和担保公司担保的方式，以银行担保较为常见。担保金额一般为合同价的10%～20%，担保期限为工程竣工期或缺陷责任期满。

当承包人违约或不能履行施工合同时，持有履约担保文件的发包人，可以在承包人担保人的银行取得经济补偿。一般发包人在向担保人索要金额之前应及时通知承包人，给予承包人改正错误的机会，并为促使履行合同及正常开展工程着想，而不是乱用履约担保金的权利威胁承包人，这对工程的开展是不利的。

3）保留金的反索赔

保留金的作用是对履约担保的补充。一般的工程合同中都规定有保留金的数额，约为合同价的5%，保留金是从应支付给承包人的月工程进度款中扣除合同价一定百分比的基金，由发包人保留，以便在承包人违约时直接补偿发包人的损失。一般应在整个工程或规定的单项工程完成时退还保留金款额的50%，最后在缺陷责任期满后再退还剩余的50%。

4）发包人其他损失的反索赔

根据合同规定，除了上述发包人的反索赔外，当发包人在受到其他由于承包人原因造成的经济损失时，发包人仍可提出反索赔要求。比如，由于承包人的原因，在运输施工设备或大型预制构件时损坏了旧有的道路或桥梁等。总之，发包人的反索赔的范围比较广泛，发包人要运用反索赔的权利保护自身利益并促使工程三大目标的实现，承包人应努力尽量减少和避免发包人反索赔。

7.7.3 反索赔的主要步骤

在接到对方的索赔报告后，就应着手进行分析、反驳。反索赔与索赔有相似的处理过程。通常对对方提出重大索赔的反驳处理过程，应该按照下面几个方面进行：

1. 合同的总体分析

反索赔同样是以合同作为反驳的理由和依据。合同分析的目的是分析、评价对方索赔要求的理由和依据。在合同中找出对对方不利、对本方有利的合同条文，以构成对对方索赔要求否定的理由。合同总体分析的重点是与对方索赔报告中提出的问题有关的合同条款，通常有：合同的法律基础及其特点；合同的组成及合同变更情况；合同规定的工程范围和承包商责任，工程变更的补偿条件、范围和方法；对方的合作责任；合同价格的调整的条件、范围、方法以及对方应承担的风险；工期调整的条件、范围和方法；违约责任；争执的解决方法等。

2. 事态调查

反索赔仍然是基于事实基础之上，以事实为根据的。这个事实必须有本方对合同实施过程进行跟踪和监督的结果，即各种实际工程资料作为证据，用以对照索赔报告中所描述的事情经过和所附证据。通过调查可以确定干扰事件的起因、事件经过、持续时间、影响范围等真实的详细的情况，应收集整理所有与反索赔相关的工程资料。

3. 三种状态分析

在事态调查的基础上，可以作如下分析工作：

(1) 合同状态的分析。即不考虑任何干扰事件的影响，仅对合同签订时的情况和依据作分析，包括合同条件、当时的工程环境、实施方案、合同报价水平，这是对方索赔和索赔计算的依据。

(2) 可能状态的分析。在任何工程中，干扰事件是不可避免的，所以合同状态很难保持。为了分析干扰事件对施工过程的影响，并分清双方责任，必须在合同状态分析的基础上加上对方有理由提出索赔的干扰事件的影响。这里的干扰事件必须符合两个条件：①非对方责任引起的；②不在合同规定对方应承担的风险范围内，符合合同规定的索赔补偿条件。最后，引用上述合同状态分析过程和方法再一次进行分析。

(3) 实际状态的分析。即对实际的合同实施状况分析。按照实际工程量、生产劳动力安排、价格水平、施工方案等，确定实际的工期和费用支出。

通过上述分析可以达到：全面地评价合同及合同实施状况，评价双方合同责任完成情况；对对方有理由提出索赔的部分进行总概括；分析出对方有理由提出索赔的干扰事件有哪些及索赔的大约值或最高值；对对方的失误和风险范围进行具体指认，以在谈判中有攻击点；针对对方的失误作进一步分析，以准备向对方提出索赔。这就是在反索赔中同时使用索赔手段。国外的承包商和业主在进行反索赔时，特别注意寻找向对方索赔的机会。

4. 对索赔报告进行全面分析，对索赔要求、索赔理由进行逐条分析评价

分析评价索赔报告，可以通过索赔分析评价进行。其中，分别列出对方索赔报告中的干扰事件、索赔理由、索赔要求，提出本方的反驳理由、证据、处理意见或对策等。

5. 起草并向对方递交反索赔报告

反索赔报告也是正规的法律文件。在调解或仲裁中，对方的索赔报告和本方的反索赔报告应一起递交调解人或仲裁人。反索赔报告的基本要求与索赔报告相似。通常，反索赔报告的主要内容有以下几项：

(1) 合同总体分析结果简述。

(2) 合同实施情况简述和评价。这里重点针对对方索赔报告中的问题和干扰事件，叙述实施情况。包括前三种状态的分析结果，对双方合同责任完成情况和工程施工情况作评价。重点应放在推卸自己对对方索赔报告中提出的干扰事件的合同责任。

(3) 反驳对方索赔要求。按具体的干扰事件逐条反驳对方的索赔要求，详细分析自己的反索赔理由和证据，全部或部分地否定对方的索赔要求。

(4) 提出索赔。对经合同分析和三种状态分析得出的对方违约责任，提出本方的索赔要求。对此有不同的处理方法。通常，可以在反索赔报告中提出索赔，也可另外出具索赔报告。

(5) 总结。反索赔的全面总结，通常包括如下内容：

① 对合同总体分析作简要概括；

② 对合同实施情况作简要概括；

③ 对对方索赔报告作总评价；

④ 对本方提出的索赔作概括；

⑤ 双方要求的比较，即索赔和反索赔最终分析结果比较；

⑥ 提出解决意见；

⑦ 附各种证据，即反索赔报告中所述的事件经过、理由、计算基础、计算过程和计算结果等的证明材料。

7.7.4 反索赔报告的注意事项

1. 索赔报告中常见的问题

反索赔报告,即找出索赔报告中的漏洞和薄弱环节,以全部或部分地否定索赔要求。任何一份索赔报告,即使是索赔专家做出的,总会存在漏洞和薄弱环节,问题在于能否找到这些问题。这完全在于双方的管理水平、索赔经验及能力的权衡和较量。

对对方(业主、总包商或分包商等)提出的索赔必须进行反驳,不能直接地全盘认可。通常在索赔报告中有如下问题存在:

(1) 对合同理解的错误。对方从自己的利益和观点出发解释合同,对合同解释有片面性,致使索赔理由不足。

(2) 对方有推卸责任、转嫁风险的企图。在国际工程中,甚至有无中生有或恶人先告状的现象,索赔根据不足。

(3) 索赔报告中所述干扰事件的证据不足或没有证据。

(4) 索赔值的计算多估冒算,漫天要价,将自己应承担的风险和失误也都纳入其中。

2. 反索赔报告的撰写

对一索赔报告的反驳通常可以从如下几方面着手:

(1) 索赔事件不真实、不肯定、没有根据,或仅处于猜测的事件是不能提出索赔的。事件的真实性可以从两方面证实:

① 对方索赔报告中的证据。不管事实怎样,只要对方索赔报告中未提出事件经过的有力证据,本方即可要求对方补充证据,或否定索赔要求。

② 本方的合同跟踪的结果。从中寻找对对方不利、构成否定对方索赔要求的证据。

通过这两个方面的比较,即可得到干扰事件的实情。

(2) 干扰事件责任分析

干扰事件和损失是存在的,但责任不在本方。通常有:

① 责任在于索赔者自己,由于其疏忽大意、管理不善造成损失,或在干扰事件发生后未采取有效的措施降低损失等,或未遵守工程师的指令、通知等。

② 干扰事件是其他方引起的,不应由本方赔偿。

③ 合同双方都有责任,则应按各自的责任分担损失。

(3) 索赔理由分析

反索赔和索赔一样,要能找到对自己有利的法律条文,推卸自己的合同责任,或找到对对方不利的法律条文,使对方不能推卸或不能完全推卸自己的合同责任。这样可以从根本上否定对方的索赔要求。例如:对方未能在合同规定的索赔有效期内提出索赔,故该索赔无效;该干扰事件(如工程量扩大、通货膨胀、外汇率变化等)在合同规定的对方应承担的风险范围内,不能提出索赔要求,或应从索赔中扣除这部分;索赔要求不在合同规定的赔(补)偿范围内,如合同未明确规定,或未具体规定补偿条件、范围、补偿方法等;虽然干扰事件为本方责任,但按合同规定本方没有赔偿责任。

(4) 干扰事件的影响分析

分析干扰事件的影响,可通过网络计划分析和施工状态分析两方面得到其影响范围,如在某工程中,总承包商负责的某种装饰材料未能及时运达工地,使分包商装饰工程受到干扰而拖延，但拖延天数在该工程活动的时差范围内，不影响工期，且总包已事先通知分包，而施工计划又允许人为作调整，则不能对工期和劳动力损失作赔偿。又如业主拖延交付图样造成工期延期，但在此期间，承包商又未能按合同规定日期安排劳动力和管理人员进场，则工期可以拖延，但工期延长对费用的影响很小。

(5) 证据分析

证据不足、证据不当或仅有片面的证据，索赔是不成立的。证据不足，即证据还不足以证明干扰事件的真相、全过程或证明事件的影响而需要重新补充；证据不当，即证据与本索赔事件无关或关系不大，证据的法律证明效力不足。

(6) 索赔值的审核

如果经过上面的各种分析、评价，仍不能从根本上否定该索赔要求，则必须对最终认可的合情合理的索赔值进行认真细致的索赔值的审核。因为索赔值的审核工作量大，涉及资料多，过程复杂，要花费许多时间和精力，包含许多技术性工作。

实质上，经过本方三种状态的分析，已经很清楚地得到对方有理由提出的索赔值，按干扰事件和各费用项目整理，即可对对方的索赔值计算进行对比、审查与分析，双方不一致的地方也将一目了然。对比分析的重点如下：

(1) 各数据的准确性。对索赔报告中所涉及的各个计算基础数据都必须审查、核对，以找出其中的错误和不恰当的地方。例如：工程量增加或附加工程的实际量结果；工地上劳动力、管理人员、材料、机械设备的实际使用量；支出凭据上的各种费用支出；各个项目的计划和实际量差分析；索赔报告中所引用的单价；各种价格指数等。

(2) 计算方法的选用是否合情合理。尽管通常都用分项法计算索赔值，但不同的计算方法对计算结果影响很大。在实际工程中，这种争执常常很多，对于重大的索赔，须经过双方协商谈判才能使计算方法达到一致。

习题

1. 分析工程索赔的原因。
2. 索赔依据包括哪些？
3. 索赔款的计算方法包括哪几种？
4. 承包商在施工索赔中应注意哪些问题？
5. 反索赔有哪些步骤？

参考文献

[1] 高群,张素菲.建设工程招投标与合同管理实务[M].北京:机械工业出版社,2010.
[2] 张志勇.工程招投标与合同管理[M].北京:高等教育出版社,2009.
[3] 刘钦.工程招投标与合同管理[M].北京:高等教育出版社,2009.
[4] 李媛.工程招投标与合同管理[M].北京:清华大学出版社,北京交通大学出版社,2009.
[5] 田恒久.工程招投标与合同管理[M].北京:中国电力出版社,2009.
[6] 刘伊生.建设工程招投标与合同管理[M].北京:机械工业出版社,2008.
[7] 王艳玉,王霞.工程招投标与合同管理[M].北京:中国计量出版社,2010.
[8] 李惠强.国际工程承包管理[M].上海:复旦大学出版社,2008.
[9] 林密.工程项目招投标与合同管理[M].2版.北京:中国建筑工业出版社,2007.
[10] 朱永祥,陈茂明.工程招投标与合同管理[M].武汉:武汉理工大学出版社,2005.
[11] 陈俊,常保光.建筑工程项目管理[M].北京:北京理工大学出版社,2009.
[12] 刘匀,金瑞珺.工程概预算与招投标[M].上海:同济大学出版社,2007.
[13] 赫杰忠.建筑工程施工项目招投标与合同管理[M].2版.北京:机械工业出版社,2007.
[14] 杨平.工程合同管理[M].北京:人民交通出版社,2007.
[15] 朱晓轩,张植.建筑工程招投标与施工组织合同管理[M].北京:电子工业出版社,2009.
[16] 余群舟.工程合同管理[M].北京:化学工业出版社,2008.
[17] 刘黎虹.工程招投标与合同管理[M].北京:机械工业出版社,2012.
[18] 梁鉴,潘文,丁本信.建设工程合同管理与案例分析[M].北京:中国建筑工业出版社,2004.
[19] 李洪军,源军.工程项目招投标与合同管理[M].北京:北京大学出版社,2009.
[20] 雷胜强.简明建设工程招标投标工作手册[M].北京:中国建筑工业出版社,2005.
[21] 梅阳春.建设工程招投标及合同管理[M].2版.武汉:武汉大学出版社,2012.
[22] 杨庆丰.工程招投标与合同管理[M].北京:北京大学出版社,2010.